# 内陆河流域干旱演化模拟评估与风险调控技术

梁犁丽 冶运涛 等 著

中国水利水电出版社
www.waterpub.com.cn
·北京·

## 内 容 提 要

本书以西北典型内陆河——新疆玛纳斯河流域为例,在探讨干旱类型、发生演化机理的基础上,基于二元水循环理论和改进的 SWAT 模型,模拟了内陆河流域干旱形成与演化过程,利用综合评估技术评估了其干旱风险,根据具体情况研究了风险管理和调控措施,并综合上述成果建立了干旱演化模拟评估与风险调控平台。

本书共分为 9 章,由理论到应用实践,较为翔实地介绍了相对封闭的内陆河流域各类干旱的发生、发展及相互演化过程,对流域干旱做了综合评估,并提出了应对干旱风险的管理和调控措施。本书可供水文水资源学科的科研人员、大学教师和相关专业的研究生,以及从事水利工程规划与管理工作的技术人员参考。

### 图书在版编目(CIP)数据

内陆河流域干旱演化模拟评估与风险调控技术 / 梁犁丽等著. -- 北京 : 中国水利水电出版社,2017.10
ISBN 978-7-5170-6011-6

Ⅰ. ①内… Ⅱ. ①梁… Ⅲ. ①玛纳斯河—流域—干旱—研究 Ⅳ. ①P426.61 6

中国版本图书馆CIP数据核字(2017)第262385号

| 书 名 | 内陆河流域干旱演化模拟评估与风险调控技术<br>NEILUHE LIUYU GANHAN YANHUA MONI PINGGU YU FENGXIAN TIAOKONG JISHU |
|---|---|
| 作 者 | 梁犁丽 冶运涛 等 著 |
| 出版发行 | 中国水利水电出版社<br>(北京市海淀区玉渊潭南路 1 号 D 座　100038)<br>网址:www.waterpub.com.cn<br>E-mail:sales@waterpub.com.cn<br>电话:(010)68367658(营销中心) |
| 经 售 | 北京科水图书销售中心(零售)<br>电话:(010)88383994、63202643、68545874<br>全国各地新华书店和相关出版物销售网点 |
| 排 版 | 中国水利水电出版社微机排版中心 |
| 印 刷 | 北京市密东印刷有限公司 |
| 规 格 | 170mm×240mm　16 开本　16.5 印张　314 千字 |
| 版 次 | 2017 年 10 月第 1 版　2017 年 10 月第 1 次印刷 |
| 印 数 | 0001—1000 册 |
| 定 价 | 60.00 元 |

# 前　　言

在全球气候变化与人类剧烈活动双重因素的交织作用下，我国西北地区干旱发生频率增加，危害程度加重，成为影响社会经济可持续发展的瓶颈，而对干旱的研究基础相对薄弱，远不能满足抗旱减灾工作需要。加强对西北内陆河流域干旱演化机理、干旱过程模拟、综合评估模型和干旱风险管理模式的研究，能够有力地促进干旱评估理论方法体系的完善，西北干旱区社会经济-水资源-生态系统的协调、平稳和快速发展，以及新时期国家防灾减灾战略的落实、风险管理模式的转变具有重要的科学研究和生产实践意义。

本书围绕变化环境下我国干旱风险应对的重大实践需求，以西北内陆河流域为研究对象，从自然-社会二元水循环的角度，以天然水循环的降水-蒸发-渗漏-产汇流为主线，以人工侧支循环的引水-供水-用水-耗水-排水为辅线，分析研究区干旱形成的机理，构建了基于分布式水文模型——SWAT模型的新疆玛纳斯河流域干旱演化模拟模型；在分析和挖掘模拟结果及多源数据的基础上，建立了气象、水文、农业和生态干旱模糊评估子模型及综合评估模型；研究了内陆河流域干旱等级区划方法，对玛纳斯河流域干旱评估的结果进行了图形展示和定性、定量分析，提出了基于水资源合理配置的干旱风险管理模式，初步建立了集业务应用、基础信息服务和仿真平台基本功能于一体的玛纳斯河流域干旱演化模拟与评估仿真系统。

本书共分9章。第1章绪论，介绍研究背景及主要科学问题，由梁犁丽、廖丽莎撰写。第2章内陆河流域干旱形成演化机理分析，由梁犁丽、徐海卿撰写。第3章介绍基于二元水循环的干旱演化模拟模型，由梁犁丽、冶运涛撰写。第4章介绍内陆河流域干旱综合评估模型，由梁犁丽、李匡撰写。第5、6、7章分别介绍玛纳斯河流域干旱过程模拟、干旱综合评估，以及干旱风险管理与调控，由梁犁丽、冶运涛、于兴晗、侯煜、李匡、廖丽莎撰写。第8章干旱演化模拟与风险调控平台，主要介绍基于OpenGVS的干旱演化模拟评估综合平台，由冶运涛、梁犁丽撰写。第9章主要成果与展望，由梁犁丽、廖丽莎撰写。全书由冶运涛、曹引、廖丽莎统稿校核，由梁犁丽最终审定。

本书研究工作得到了国家重点研发计划资助课题"水资源立体监测协同机理与国家水资源立体监测体系研究"（编号：2017YFC0405801）、国家自然科学基金项目"干旱区内陆河尾闾湖泊湿地生态需水及保护研究——以玛纳斯湖湿地为例"（编号：51209223）、国家自然科学基金项目"冲积河流过程水沙输移模型不确定性分析及数据同化方法研究"（编号：51309254）、"十二五"国家科技支撑计划课题"基于物联网的流域信息获取技术研究"（编号：2013BAB05B01）的资助。在上述项目研究以及本书的编写过程中，水利部水利水电规划与设计总院汪党献教授级高级工程师给予了具体指导，中国水利水电科学研究院王浩院士，严登华、谢新民、蒋云钟、胡宇丰、陆玉忠教授级高级工程师等给予了较大帮助，在此谨向他们表示诚挚的谢意！

由于本书所涉及研究内容的复杂性，加之时间仓促和水平所限，书中错漏之处敬请读者批评指正。

作者
2017年5月

# 目　　录

# 第1章 绪 论

## 1.1 研究背景

　　干旱指因水分的收支或供求不平衡而形成的水分短缺现象,可分为永久性干旱和偶发性干旱。它是一种长期存在的世界性灾害,全球一半以上的国家不同程度地受到干旱的影响。据统计,1992—2001 年间全球气象灾害事件占各类灾害的 90% 左右,估计经济损失占所有自然灾害损失的 65% 左右,而旱灾损失占气象灾害损失的 50% 以上,仅 1951—2001 年的 50 年间就有 13 年发生严重干旱。近年来,由于全球气候变化和人类剧烈活动的影响强度不断加大,旱灾发生频率增加,尤其我国湿润区 2010 年和 2011 年 5 月连续发生极端干旱事件,更凸显了干旱问题的复杂性和严峻性。作为极端气候的表现形式之一,旱灾已成为世界范围内的重大灾害问题。

### 1.1.1 国际旱灾频发,波及范围广

　　自 1968 年始,非洲西部大陆的萨赫勒和苏丹相继发生严重干旱,伴随着太平洋厄尔尼诺现象的强烈发展,1972 年出现了世界范围的干旱,如西非大陆、澳大利亚、印度尼西亚、印度西北部、美洲南部、美洲中部、中国大部分地区以及前苏联的欧洲领土等,都相继发生了严重干旱。20 世纪 70 年代中后期,特别是进入 80 年代以来,世界范围的特大干旱时有发生,西非和东非的干旱更是越来越严重。1982—1983 年,赤道太平洋发生了 20 世纪最强的厄尔尼诺事件,随后发生了全球性的严重干旱,旱灾波及非洲、大洋洲、印度、东南亚、南美、北美等地,其影响程度远超过 1972—1973 年的大旱。非洲萨赫勒和苏丹地区从 20 世纪 60 年代末到 90 年代,创下了近代干旱持续时间最长、影响最大、灾情最重的记录,造成地下水干涸、河水断流,面积为 2.5 万 km² 的乍得湖面积缩小了 50% 以上,并伴有大量的牲畜死亡和人口饥荒、疾病。美国在 1980 年、1983 年和 1988 年出现三次大旱与热浪,导致每年粮食减产 1/3 以上,造成的损失分别为 210 亿美元、131 亿美元和 390 亿美元;1988 年的特大干旱导致美国许多部门产生了严重的经济及环境问题,造成了重大损失。干旱还影响航运、城市供水、发电、野生生物的生存繁殖,触发森林大火等[1]。日本在 1984 年、1986 年和 1987 年先后出现大旱;1988—1990 年欧洲

的地中海地区发生大旱灾。进入 21 世纪后，旱灾发生的频次和严重程度更是有增无减：自 2009 年 9 月到 2010 年初，越南遭遇百年来最大旱灾，红河水位低于 1902 年以来的最低记录；2010 年初，正值夏季的澳大利亚西海岸的珀斯遭受了 120 年来最严重的干旱。种种迹象显示，未来 30 年旱灾将是影响世界各国粮食安全和经济发展的重大因素之一，人们对旱灾的危害及影响认识日益深刻。

## 1.1.2 我国旱灾频发，造成严重损失

旱灾自古以来就是我国的主要自然灾害之一，近几十年来我国由气象灾害引起的损失占灾害总损失的 71%，旱灾损失占气象灾害损失的 55%，受灾人数居各灾害之首，且具有易发性、涉及范围广、历时长、损失严重等特点。

### 1.1.2.1 旱灾发生日趋频繁，影响范围日益扩大

历史上发生的特大旱灾往往导致"赤地千里，饿殍遍野"，严重破坏了社会生产力，甚至导致大量人口死亡，引发社会动荡。据历史旱灾资料统计，自公元前 206 年至 1949 年的 2155 年中，我国发生的较大旱灾有 1056 次，平均每两年发生一次；1951—1990 年，我国平均每年发生干旱 7.5 次，最多的年份达 11 次，最少也有 3 次；1949—1997 年我国发生 10 次严重干旱（1960 年、1961 年、1972 年、1978 年、1986 年、1988 年、1989 年、1992 年、1994 年、1997 年），平均 5 年发生一次。进入 21 世纪以来，我国几乎年年发生干旱，见表 1.1。

表 1.1　　　　　　　　　　我国 2000—2011 年出现的大旱

| 时间 | 涉及省份 | 旱 情 |
|---|---|---|
| 2011 年 | 长江中下游地区，包括湖北、湖南、江西、江苏、安徽等省 | 降水达 50 年来最低值，江河来水不足，水位持续偏低。截至 5 月 27 日，5 省共有 3483.3 万人受灾、423.6 万人、107 万头大小牲畜发生饮水困难；作物受灾面积 5557.65 万亩，其中绝收面积 250.2 万亩；直接经济损失 149.4 亿元 |
| 2010 年 | 西南五省市（云南、贵州、广西、四川、重庆） | 百年一遇特大旱灾，截至 3 月 30 日，耕地受旱面积 1.16 亿亩，其中作物重旱 2851 万亩、干枯 1515 万亩；2425 万人和 1584 万头大牲畜发生饮水困难 |
| 2009 年 | 华北、黄淮、西北、江淮等地 15 个省 | 严重干旱，连续 3 个多月未见有效降水，冬小麦、大小牲畜、农民生产生活、工业生产、城市和生态用水均受影响 |
| 2008 年 | 云南 | 连续近 3 个月干旱，作物受灾面积达 1500 多万亩，仅昆明山区就有近 28.5 万亩农作物受旱，13 多万人饮水困难 |
| 2007 年 | 全国 22 个省 | 全国耕地受旱面积 2.24 亿亩，897 万人和 752 万头牲畜发生临时性饮水困难 |

续表

| 时间 | 涉及省份 | 旱 情 |
|------|---------|-------|
| 2006 年 | 华北、西北东部及云南、重庆、四川等地 | 3月、4月份华北、西北东部及云南等地严重春旱,重庆、四川发生百年一遇旱灾,重庆市伏旱日数普遍在53天以上,12区县超过58天,直接经济损失71.55亿元,作物受旱面积1979.34万亩,815万人饮水困难 |
| 2005 年 | 华南南部、云南、西北东部以及内蒙古等地 | 华南南部发生严重秋冬春连旱,云南发生近50年来少见严重初春旱,西北东部以及内蒙古等地发生夏秋连旱,农业经济损失53亿元、工业经济损失约80亿元 |
| 2004 年 | 南方、东北西部、内蒙古东部 | 南方遭受53年来罕见秋旱,东北西部、内蒙古东部发生百年一遇夏连旱,经济损失40多亿元,720多万人出现饮水困难 |
| 2003 年 | 江南和华南、西南部分地区及东北地区 | 江南、华南、西南等地严重伏秋连旱,东北部分地区严重春旱,湖南、江西、浙江、福建、广东等省部分地区旱情严重 |
| 2002 年 | 山东、河北东南部、京津地区等 | 严重干旱,持续4年 |
| 2001 年 | 长江流域及其以北地区 | 受旱范围广、持续时间长,受旱面积约5.77亿亩,成灾面积3.56亿亩 |
| 2000 年 | 我国多省 | 受灾面积6.09亿亩,成灾面积4.02亿亩,可能是新中国成立以来最为严重的干旱 |

由于独特的自然地理条件,我国旱灾涉及范围通常较大。1959—1961年连续3年的旱灾先后影响到我国19个省(自治区、直辖市);1972年全国干旱少雨,重灾区为京、津、冀、陕北、辽西、鲁西北等;20世纪80年代以后,我国华北地区持续偏旱;进入90年代,干旱从华北平原向黄河上中游地区、汉江流域、淮河流域、四川盆地扩展[2]。2009年初,北方冬麦区30年一遇的严重冬春连旱,黑龙江及内蒙古东北部发生严重春旱;西藏东部发生严重初夏旱,辽宁、吉林、内蒙古东部等地出现严重高温伏旱并延续至初秋,南方黔、桂、湘多省区初秋旱严重;河南遭受自1951年以来特大旱情,受灾面积达63.1%,同时,山东、安徽、甘肃、陕西等18个省份受灾严重;湖南省95个县市出现干旱,洞庭湖出现历史罕见低水位。2010年的西南大旱已引起各界关注,而2011年持续至6月初的长江中下游地区更遭遇了50年来最严重的干旱。

### 1.1.2.2 经济社会发展加快,旱灾损失不断增加

我国旱灾造成了严重的直接和间接损失。1949—1997年全国平均每年受旱面积3.1亿亩,相当于全国耕地面积的1/5,其中成灾面积1.26亿亩。

1951—2006 年年均因旱受灾面积为 3.29 亿亩，是同期年均雨涝受灾面积的 2.25 倍。20 世纪 90 年代后，由于受气候变化和社会经济快速发展的影响，社会用水需求急剧增加，我国许多地区水资源供需矛盾突出，旱灾对社会经济和生态环境的影响越来越大，造成更加严重的损失。21 世纪以来，每年都有近千万人因旱出现临时性饮水困难。2008 年，干旱造成的经济损失达 10 亿元以上，其中新疆北部发生春夏秋连旱，旱情仅次于 1974 年，是历史上第二个严重干旱年，造成 2.8 亿亩天然草场干枯，高达 70 多万亩小麦绝收。同时，干旱还造成新疆河流蒸发量增大，下游水资源减少，全疆湖泊、水库水质总体处于中度污染。2009 年，全国有 2.74 亿亩耕地面积受旱。2010 年，仅西南 5 省的世纪大旱就造成 5000 多万人受灾，农作物受灾面积近 0.75 亿亩。综上，干旱给我国经济社会发展和人民生活带来了严重损失和较大影响。

### 1.1.3 干旱及其灾害、适应性对策研究日益受到重视

21 世纪初，世界各国加强了对各种自然灾害及其风险的讨论和研究。2000 年 3 月荷兰海牙召开的第二次世界水大会上发表的部长宣言《21 世纪的水安全》，确定将"风险管理"（针对洪水、干旱、污染及其他与水相关的灾害）列为七个挑战领域之一。2000 年 8 月联合国组织启动的《世界水资源的评价计划（WSSD）》中，"风险管理"也被列为重点领域之一。2003 年 3 月的第三次世界水大会上，部长宣言的主题就为《减灾与风险管理》[3]。旱灾作为自然灾害的主要灾种，日益受到世界各国政府、科学家和公众的重视，干旱研究已成为当前水利学科的研究热点和重点。

我国经过六十多年的水利建设，抗旱减灾能力大大增强，特大旱灾导致大范围饥荒和社会动荡的现象已基本绝迹。但是，由于我国特殊的自然气候条件，降雨时空分布极度不均，水资源与耕地、人口及经济布局不匹配，尤其是社会经济的高速发展对水资源的需求大大增加，导致干旱缺水的现象越来越严重，旱灾的发生已不局限于干旱气候区，在水资源丰沛的西南和南方地区也不断发生。我国每年因旱造成的农田成灾面积和粮食作物减产损失占各种自然灾害所造成损失的一半以上，严重威胁着我国的粮食安全，制约着我国农业和工业的稳定、健康和可持续发展。旱灾除了对农业、牧业、工业等产业造成直接经济损失外，连续干旱还导致河道断流、湖泊干涸、湿地干枯、地下水位下降，甚至引起植被退化和动植物灭绝等问题，严重影响灾区的生态系统稳定，威胁人类的生存环境。因此，增强对干旱规律的认识，加强对干旱问题的研究，尽可能避免或降低旱灾损失，是我国当前乃至今后很长一段时间必须面对的艰巨任务。

## 1.2　研究意义

我国干旱的易发性、持续性、广泛性和危害性，决定了解决干旱问题的复杂性和艰巨性[2]。干旱在所有气候区都可能出现，只是在不同气候区表现出不同的特征，这就需要针对不同气候区的特点，探寻干旱发生规律，逐个击破，化艰巨复杂的任务为具体、明了和可操作的行动方案。相对于洪水预报和洪涝灾害研究，目前国内外对干旱的研究，无论在理论体系还是在应用方法层面均较为薄弱，特别是在我国西北干旱区，针对干旱评估、区划、预报预警及旱灾风险管理等方面的研究成果尚不多见。以西北内陆河流域为典型气候区进行干旱研究，对西北内陆河流域经济-水资源-生态系统协调发展和国家防灾减灾战略落实、风险管理模式转变均具有重要意义。

### 1.2.1　保障西北内陆河流域经济-水资源-生态系统协调发展

西北干旱区降水量少，生态环境脆弱，极易受旱灾的威胁。近半个世纪来，在气候暖湿变化和频繁剧烈人类活动的综合影响下，西北内陆河流域冰川和常年积雪消融速度加快，水文气象及下垫面条件均发生了一定变化，流域水循环转化和生态水文过程正在发生变化，不稳定因素增加，干旱等自然灾害发生的不确定性也在增强。干旱区内陆河流域绿洲的生态安全是其社会、经济和环境可持续发展的基础，随着西北地区社会经济的不断加速，区域用水竞争激烈，工业用水挤占农业、生态用水的现象时有发生，农业干旱发生频率和对生态方面的危害日益增加。系统开展西北内陆河流域干旱研究，准确模拟和评估干旱的发生、发展、缓解及消除过程，提出基于流域水资源合理配置和高效利用的干旱风险调控与应对措施，对促进区域经济结构布局的调整、绿洲生态系统的健康发展和水资源的合理利用，保障区域社会经济-水资源-生态系统的协调、平稳和快速发展，具有重要的战略意义和实践价值。

### 1.2.2　满足新时期国家防灾减灾战略的需求

长期以来，国内外对洪水灾害的研究主要涉及灾害评估、灾害风险管理和风险区划等方面。在新的历史时期和气候变化形势下，目前国内外研究重点已从直接救灾向灾害风险管理方向发展，即采取各种减灾行动及改善运行能力的计划来降低或避免灾害事件带来的损失。我国每年因干旱造成的损失并不比洪水小，但相对于洪水风险研究，对干旱及其风险的认识和研究深度及广度还远远不够，抗旱措施仍是以防为主，过分依赖工程措施，非工程措施相对薄弱，尤其在西北干旱区的内陆河流域。随着国家"风险控制向风险管理"和"由单一的农业抗旱向生产、生活、生态全面抗旱转变"等减灾新思路的提出,干旱研究已提升到国家战略层次,研究内容已不再局限于对干旱规律的认知,而进一步扩展到对干旱前期预报预警与风险管理预案的编制、干旱期减灾措施的制定、后期干旱解除后的保障措施落实等风险管理模式研究上。因此,从国家需求出发,加强对干旱的研究,积极探索干旱风险及其影响因素,深刻认识旱情发展的过程,提前预知旱情的严重程度并作出相应的预防措施,以较小的投入将旱灾损失降低到最低,对新时期国家抗旱减灾工作的开展具有重要的战略意义。

### 1.2.3　为转向全新的干旱风险管理模式提供技术支撑

干旱成因复杂,影响因素多,时空不确定性大。尽管国际上对干旱及其风险已开展了许多研究,但仍缺乏统一的理论基础,干旱定义仍不明晰,对干旱规律的认识长期停留在区域干旱发生频率的概率统计和相关分析上,对干旱的形成机理研究较少,更缺乏干旱演化过程实时模拟和分析的工具或平台,对发生干旱灾害的预测能力还很薄弱。在干旱评估方面,虽然国内外针对不同的干旱类型已经提出了一些干旱评估指标、旱灾程度评价方法、干旱风险等级划分与监测方法,但由于各地气候差异大,旱灾成因不同,上述研究成果的普适性不足,无法进行时空比较。因此,干旱研究不仅需要完善现有干旱评估方法和理论体系,对干旱发生、发展、缓解和解除的演化过程做到准确评估,为干旱实时预报预警奠定基础,而且需要能有效地为区域或流域主动预防和应对干旱灾害、制定综合性抗旱减灾措施,以及我国很多省市正在进行的抗旱规划编制提供技术支撑。

## 1.3　相关研究进展

根据不同学科及研究对象,研究者通常将干旱分为气象干旱、水文干旱、农业干旱和社会经济干旱,近来也出现了生态干旱的说法。国内外对干旱评估研究已开展了大量工作,国外始于 19 世纪末,国内始于 20 世纪初。目前主要集中在气象干旱和农业干旱上,内容涉及干旱成因、干旱特征、致灾机理分析、干旱评估方法、干旱监测技术与评估指标、农作物受旱风险分析与区划等方面。

### 1.3.1　干旱及其风险评估方法研究进展

干旱及其风险评估研究的目的是为了探求干旱成因,掌握干旱发生的规律及未来发生的概率等,实施相应的措施以减轻或降低干旱风险带来的损失,其中干旱评估是其核心。干旱程度的评定主要建立在干旱评估指标的基础上，干旱指标可分为单因子指标、综合性指标和指标体系。目前，基于干旱指标的风险评估方法主要有：①基于成因机理分析的风险评估方法，即通过对历史灾害的形成条件、活动状况和活动规律建立模型，估算灾害发生的可能性和可能活动规模等；②基于统计分析的风险评估方法，即通过统计灾害的活动规模、频次、密度以及灾害的主要影响因素，建立灾害活动的评估模型，估算灾害危险区的范围、规模和发生时间等；③基于预测模型的干旱风险评估方法，即通过系统模型对干旱发生概率或危害进行评估或预测；④基于水文模型的干旱风险评估方法，即利用水文模型的物理机制和水文要素模拟结果，筛选指标或和其他指标相结合，得到综合评估指标或评估模型。总的来看，目前基于统计分析的风险评估方法应用较为广泛，国内常用的评价模型主要是概率风险模型和可能性风险模型[4]；而基于水文模型的风险评估方法处于刚刚起步和探索阶段，国内应用尚不多见。

### 1.3.1.1 基于干旱成因机理分析的研究

陈玉琼[5]根据近 500 年来黄淮海平原 21 个站的旱涝资料，提出了通过为各站旱涝等级赋予不同权重计算区域干旱程度的方法；袁林[6]依据灾区大小将历史资料转化为干旱等级量化资料，分析了陕西历史旱灾发生的规律；宫德吉等[7]对内蒙古地区旱灾致灾因子的研究结果认为，作物需水和供水状况是旱灾发生与否的关键，降水变异、土壤含水层的调蓄、作物不同生育期及人类活动对旱灾也产生影响；王石立等[8]根据华北地区冬小麦受旱特点，建立了干旱概率、产量损失、抗灾性能和承灾体密度四个子模型，作出了华北地区冬小麦旱灾损失风险评估；李翠金[9]分别采用降水距平和区域性干旱指数进行了单站和多站干旱等级确定，通过干旱指标与灾害面积、经济损失之间的关系，建立了旱灾评估模式；朱琳等[10]以实际产量和趋势产量计算得到的气象减产量确定旱灾强度，并根据作物生长期的降水量与最大可能蒸发量确定干旱年份；沈良芳等[11]利用南京 1905—2004 年的月降水资料，利用 Palmer 指数和 Z 指数建立了反映旱涝演变过程的监测指标；沈桂霞等[12]结合 Palmer 指数和 SPI 指数提出了综合气象干旱指数 DI，并比较了 DI 与农业受灾/成灾面积、径流丰枯的相互关系。

这些评估大多侧重气象干旱和农业干旱，指标多选用降水量、蒸发量、降水与作物需水的关系、降水与产量的关系等，缺乏对农业生产过程中的灌溉、耕作等非气象因素的研究，而这些因素对承灾体的脆弱性起着重要作用，可对旱灾起到缓解或强化作用。因此，干旱成因机理分析应综合考虑区域农业系统结构和状态[13]，以 GIS、RS 等手段为基础，加强对非气象因素的观测分析，剖析干旱的成因与机理。

### 1.3.1.2 基于统计分析的干旱评估研究

黄朝迎[14]分析了长江流域40年来旱涝灾害的统计特征;李柞泳等[15]采用分形理论计算了四川旱涝灾害时间分布序列的分数维,初步证实了四川旱涝灾害时间分布在一定区间范围内的无标度性;郭毅等[16]采用标度变换法测算了陇中地区1368—1948年各旱灾等级及旱季序列的时间分维数,及其线性特征、随时间演化的趋势;薛晓萍等[17]对棉花各生育期气象产量与气候因子进行统计分析而得到产量的主要影响因子,根据当年降水对产量造成的损失程度进行评估,建立了区域棉花旱灾损失评估模型;冯利华[18]用正态分布模型做了基于信息扩散理论的气象要素风险分析;任鲁川[19]根据信息熵理论与方法,将宏观热力学熵的概念和理论引入区域灾害风险研究,提出了一个可以表征区域灾害风险总体水平的综合指标——区域灾害加权熵;丁晶等[20]用符合P-Ⅲ型分布的负轮长统计特性,对中国主要河流177个站的干旱特性作了统计分析,以年径流量序列的负轮长(以多年平均值为切割水平)作为水文干旱现象的定量指标,指出平均负轮长的分布具有较明显的区域差异;近年来,Copula函数在水文分析中得到了成功应用[21],袁超[22]利用Copula函数建立了干旱历时与干旱烈度联合分布模型,分析不同干旱历时与干旱烈度组合值时干旱事件的发生规律,由于其具有两两变量之间的相互关系分析功能,今后有望在干旱因素之间的关系分析方面取得进一步成果。

上述干旱评估多侧重于利用统计学的方法对旱灾发生的可能性和损失作出评估,考虑了影响旱灾灾情的某个或几个方面的特征或表现结果,而没有系统考虑下列因素[13]:致灾因子发生强度、区域范围、孕灾环境动态变化及其影响、承灾体脆弱性差异及成因等。由于近些年来新的水利工程和灌溉设施的修建,在一定区域内改变了旱灾的时空分布,基于统计资料所得出的旱情及干旱规律已不足以全面反映真实的旱灾风险[13]。未来的旱灾风险研究,应在分析系统整体特征的基础上,注重基于水资源利用的干旱机理研究,建立较完善的数学或物理干旱评估预测模型。

### 1.3.1.3 基于水文模型的干旱评估方法研究

孙荣强[23]于1994年用土壤水分平衡方程建立了两层干旱模拟模型,对河南、河北、陕西等七省的农业干旱进行了评估,得到了农业干旱的严重程度。顾颖[24]等根据农田水量平衡原理建立了两层土壤水量平衡模型,模拟了区域旱作物的生长过程及旱情的时空分布规律、旱情演变和发展过程。卞传恂等[25]建立了以土壤缺水量为指标的干旱模型,包括土壤蒸发模型和土壤下渗模型,宏观评估单站的干旱程度,然后利用多站评估结果绘制等值线图来表示区域的干旱状况;该模型能综合考虑气象因子、自然地理和人类活动的共同影响,但由于没有考虑灌溉、农作物结构和不同生长期需水情况,只能反映面上旱情。许继军等[26]提出了基于水文模型 GBHM 的 GBHM - PDSI 干旱指标，更加明确地描述了干旱机理，在客观表现干旱程度的空间分布特征和随时间的演变态势等方面具有优势。

分布式水文模型主要应用于流域水循环模拟、产流产沙过程、污染物运移过程和水资源评价等，利用水文模型进行干旱评估的应用研究还不多。但干旱为水分亏缺的表现形式，其发生与演化过程与水循环转化息息相关，而分布式水文模型在水分的时空分布模拟上具有独特的优势，结合干旱评估指标可以清楚地揭示干旱机理，模拟旱情的发展演化过程，提供实时预警信息，是未来干旱评估研究的发展方向。

### 1.3.1.4 基于预测模型的干旱评估方法研究

目前用于系统预测的方法主要有综合指数法、层次分析法、系统动力学法[27]等。综合指数法、层次分析法等属于线性分析方法；马尔科夫链（Markov）模型和元胞自动机（CA）模型均为时间离散、状态离散的动力学模型，是模拟预测中比较常用的方法；灰色关联分析方法是根据因素之间发展趋势的相似或相异程度，亦即"灰色关联度"作为衡量因素间关联程度的一种方法，灰色关联度分析对于一个系统发展变化态势提供了量化计算，适合动态历程分析。

国内外已有不少学者采用各种预测模型方法进行干旱及其风险的评估。Mishra 等[28]分析了世界上常用的干旱预报方法，提出了一种干旱预报随机模型，2007 年对该模型进行了改进，提出了随机理论与人工神经网络相结合的干旱预报模型[29]；Cancelliere 建立了基于 SPI 指数的干旱预报模型[30]；王良健[31]采用 GM1.1 灰色预测模型对湖南严重干旱进行了预报，王文明等[32]运用 GM1.1 灰色预测模型进行了玛纳斯河流量预测；朱廷举等[33]采用多站季节性随机径流模型生成长序列人工径流，利用模糊聚类分析方法对人工径流序列中的枯水年份进行了识别，通过对黄河中游测站径流序列中不同长度连续枯水段出现情况的统计分析，确定了几种条件下严重水文干旱的发生概率和重现期；张汉雄[34]用 Markov 模型预测了宁南山区旱情，陈育峰[35]则分析了我国旱涝空间型序列的静态和动态结构及演化趋势；阮本清等[36]针对黄河用水系统与其来水的不同步性，从描述系统的基本结构开始，先后就系统风险的识别、特定系统风险的概念描述、蒙特卡洛风险模拟模型的建立、随机模拟技术求解、风险模拟模型的原理等，系统地给出了一种供用水系统的风险分析与评价方法；韩宇平等[37]针对区域干旱现象的风险评估，给出了一个 Markov 风险评价模型。

预测模型方法是根据干旱因素之间的相关关系，在进行系统分析的基础上，应用随机理论方法对未来的干旱风险作出预测，这种方法本身应用较复

杂，对随机预测模型的选取和评估系列的生成带有一定的主观性，但作为对未来干旱事件不确定性分析的方法之一，不失为一种较好的选择，是干旱预测研究的重点方向之一。

### 1.3.2 干旱风险区划研究进展

干旱风险区划主要侧重于旱灾产生的机理及其时空分布规律研究，以及依据干旱指标对气象干旱和农业干旱的风险区划研究。

#### 1.3.2.1 旱灾时空分布研究

李克让等[38]利用全国 160 个站 1951—1991 年逐月的降水资料，根据前期降水短缺干旱指数分析了我国干旱的时空特征，指出我国主要存在四个干旱中心：黄淮海、东南沿海、西南和东北西部，并指出全国受灾和成灾面积存在三个高值期；潘耀忠[39]、王静爱[40]基于中国省级报刊自然灾害数据库分析并重建了 1949—2000 年中国旱灾时空格局；方修琦等[41]利用 1978—1994 年各省区的农业旱灾资料，以受灾率为灾情划分指标，采用经验正交函数分析了我国旱灾时空分布规律。此外，不少学者从区域角度研究了干旱风险，如王文楷等[42]根据旱涝地域特点，将河南省旱涝进行分区；杨志荣等[43]根据 1450—1949 年湖南历史气候资料，探讨了评估期内旱灾的时空分布规律；何素兰[44]依据华南地区 1951—1990 年 41 个站逐月降水资料，采用降水量距平百分率和累计频率分析了该地区的旱涝变化；朱爱荣等[45]利用关中地区 6 站 3—4 月的 40 年降水量资料进行了旱涝等级分析和谐波分析，揭示了其春旱基本特征；解明恩等[46]分析了云南气象灾害的时空分布规律，指出该地区春季和初夏旱灾最为严重。

这些研究所采用的方法和资料各异，在宏观上从不同角度揭示了我国旱灾的时空分异规律，具有较强的理论和实践价值。

#### 1.3.2.2 气象干旱风险等级划分研究

在气象干旱风险等级区划方面，罗培[47]应用模糊评价法建立了旱灾孕灾背景、灾害危险性、承灾体易损性数学模型，进行了重庆市干旱灾害的风险评估及其区划。对于气象干旱等级区划，最有影响的是国家气候中心于 1995 年开始研发的全国旱涝气候监测预警系统及评估指标。1998 年国家气候中心突破了原有单一指标与方法，研发了具有普适性的综合气象干旱指数（CI）；2006 年 11 月 1 日，国家标准《气象干旱等级》（GB/T 20481—2006）正式发布实施，为干旱监测和评估业务、产品的规范开展打下了基础。目前，国家气候中心干旱监测采用单项指标和综合气象干旱指数相结合的方法，将干旱划分为无旱、轻旱、中旱、重旱和特旱五个等级。五种单项指标为：降水量和降水量距平百分率、标准化降水指数、相对湿润度指数、土壤湿度干旱指数和帕尔默干旱指数；CI 指数选用全国 723 个基本、基准气象观测站，利用近 30 天（相当月尺度）和近 90 天（相当季尺度）降水量标准化降水指数，以及近 30 天相对湿润指数进行综合。既反映了短时间尺度（月）和长时间尺度（季）降水量气候异常情况，又反映了短时间尺度上的水分（影响农作物生长）亏欠情况。

同时，《气象干旱等级》界定了气象干旱发展不同进程的术语、干旱发生程度和范围的等级标准及其干旱监测指标，评定了不同等级的干旱对农业和生态环境的影响程度，具有空间和时间可比性，能较为客观地描述干旱的发生、发展、持续、解除等过程，目前应用较广泛。

### 1.3.2.3 农业干旱风险区划研究

我国是农业大国，对于农业干旱风险评估和区划的研究较多。在考虑非气象因素影响方面，朱琳等[10]通过对历史干旱强度和频率分析、冬小麦种植比例和产量分析以及灌溉比率，划分了陕西省冬小麦的干旱风险；张文宗等[48]以冬小麦年生育期降水量平均值、气象产量减产率和干旱灾害风险指数为指标，对有灌溉条件下的冀鲁豫地区冬小麦区因旱灾造成的减产风险进行了区划和评估。在传统风险评估方法的应用研究方面，王石立[8]等利用综合灾害模型、抗灾性模型、承灾体密度模型和灾损模型分析计算了华北地区冬小麦各发育阶段的干旱风险；何斌等[49]基于 1960—2002 年湖南省降雨资料，构建了干旱灾害危害性评价模型，对湖南省农业旱灾风险格局进行了分析；陈红等[50]利用 74 个站点的降水量距平百分率对黑龙江 1971—2000 年的农业干旱程度进行了划分，并分析了玉米旱灾高中低风险区。在利用因子间统计关系建立评价模型进行农作物产量风险评估及区划方面，杜鹏、李世奎[51]等建立了具体的适应性较广的风险分析模型，并以此模型分析了几种主要农业气象灾害的风险度；王素艳[52]建立了自然水分亏缺率与实际产量减产率之间的相关关系，根据提出的冬小麦旱灾损失综合风险指数区划指标，将北方冬小麦灾损划分为高、较高、中和低四个风险区。在应用新技术进行干旱风险评估方面，李世奎[53]采用直线滑动平均法和动态聚类分析法，对全国各省及地区粮食单产历史相对产量序列进行分布型判别，并采用灰色预测、Logistic 曲线、正交多项式法等组成的集成模型进行单产趋势分析，提出了具有普适性的风险指标进行评估及区划；李文亮等[54]采用信息扩散理论和 2004—2007 年的农作物受旱面积，对黑龙江干旱灾害进行了评估与区划。

这些研究针对某一具体作物或农业干旱的某一成因，利用各种技术手段和综合评估方法，对农业、农作物某方面的脆弱性进行了评估和区划研究，丰富了农业干旱评估和风险区划方法，但总体来说，基于统计分析的研究较多，基于作物生长发育机理的动态模拟和风险评估的研究尚不多见。

#### 1.3.2.4 自然灾害模糊风险区划研究

针对自然灾害系统的复杂性和数据资料的不完备性,国内外已开展了基于软计算思想[55]的自然灾害多指标或指标体系评估研究工作[56,57]。软计算思想的核心是模糊理论、粗集理论、遗传算法和概率算法等计算智能方法,其特点是能优化处理不完备信息,容忍不精确计算,从而使问题简单化。基于软计算思想提出的自然灾害模糊风险评估理论[58]的优越性在于,它能表达概率估计的模糊不确定性,为合理筛选减灾方案提供更多信息,从而为新一代自然灾害风险区划理论与方法研究提供了科学依据[59]。顾颖等[60]应用数学模糊聚类方法,依据农业抗旱影响因素分析,建立了农业抗旱能力综合评价指标体系,对我国农业抗旱能力进行了评价分类和等级评定;同时,根据我国各地水资源特点、农业受旱成灾情况及水利设施抗旱能力,综合考虑农业受旱频率、农田受旱率、成灾率、耕地灌溉率及当地水资源状况等因素,构造了层次分析模型,对全国农业干旱脆弱性进行了分区[61]。

### 1.3.3 西北地区干旱研究进展

在西北地区干旱研究中,关于气候和农业干旱成因、绿洲景观稳定及其格局变化、生态风险与生态安全的研究目前较为常见。在为数不多的干旱类型及其风险的研究中,有学者对西北地区干旱状况进行了评价,检验了单站单要素气象干旱指数降水量距平百分率、降水标准化变量和 Z 指数[62]、短期干旱预警指数[63]、径流指数[64],多要素综合指标帕尔默旱度模式[65]的适应性等;在单站干旱指数的基础上,进行区域干旱指标的计算和验证[62,66]。郭铌等[67]指出西北干旱半干旱地区下垫面状况复杂,MODIS 植被指数能够精确反映地表植被及其变化,对西北地区植被研究具有重要意义;利用 1982—2003 年 NDVI 数据计算 VCI 植被指数,对比分析了不同气候区 VCI 与降水量距平百分率的关系,指出 VCI 能较好地反映西北大部分气候干旱发生、发展和时空分布,并针对西北不同生态系统 NDVI 年际变化规律,提出了能客观反映干旱气候区常年干旱特点的 RVCI 指数[68]。张杰等[69]通过对西北半干旱区作物旱情的监测,研究了作物叶水势、作物水分胁迫指数及气孔导度 3 种作物干旱指标随时间的变化和对气象因子的响应。李香云等[70]基于月尺度的水文站径流资料,利用有序聚类分析法和游程检验法比较和分析了人类活动对塔里木河流域 6 个出山口水文站水文系列的干扰特征。徐素宁等[71]探讨了近 50 年来玛纳斯河流量的变化与年降水和气温的关系。程维明等[72]研究了绿洲开发和水资源利用造成的下游河段断流、尾闾湖泊干涸及其对流域生态环境的影响。莫献坤等[73]考虑降雨、径流、地下水及灌溉等影响因子,根据土壤水分平衡原理建立了土壤水分补给模型,推算了土壤补给量的空间分布,分析了玛纳斯河流域 1961—2000 年土壤水分补给量的时空变化规律。

## 1.3.4 生态干旱研究进展

我国学者对气象干旱和农业干旱的研究成果较多，水文干旱也有涉及，但对生态干旱的研究尚较少见，仅有少数研究者在生态风险评价的研究中有所提及[74]。迄今关于生态干旱尚未提出明确的定义。干旱是生态风险源之一，在生态风险评价中，干旱因素只不过是其中的一个评价因子或指标，因此目前尚未见针对生态干旱的评估方法，少数涉及生态干旱的研究也是借鉴生态风险评价方法构建评价指标体系。如贡璐等[75]利用景观生态学的方法对博斯腾湖的生态干旱风险进行了评估；张丽丽[76]等在评价生态系统健康的基础上，构建了白洋淀年均水位与生态系统健康相对隶属度关系的生态干旱评价函数。可见，国内生态干旱的研究刚刚起步，研究内容目前仅限于湖泊生态系统。随着对生态环境和旱灾风险管理的重视，对生态干旱的研究将越来越多，生态干旱研究必将单独成为干旱研究的类型之一，研究内容将扩展至河流、植被等生态系统，研究手段和方法将更加丰富。

## 1.3.5 其他相关研究进展

除上述干旱及其风险研究外，本书还涉及生态干旱和风险管理技术手段方面的相关研究。国内外对生态风险及生态安全方面的研究成果丰富，特别是西北地区绿洲生态安全研究，可为生态干旱及其风险研究提供一定的借鉴；流域三维虚拟现实技术作为数字流域研究的技术手段，已在水情和工程管理等方面得到了较广泛应用，可为干旱评估及干旱风险管理综合平台建设提供技术支撑。

### 1.3.5.1 生态风险研究

1. 生态风险及其评价

对于生态风险及其评价，不同的专家学者从不同的角度有不同的理解。钟政林[77]认为，生态风险指一个种群、生态系统和整个景观的正常功能受到外界胁迫，从而在目前和将来减小该系统内部某些要素或其本身的健康、生产力、遗传结构、经济价值和美学价值的可能性。李自珍、韩丽等[78,79]认为，生态风险可定义为一个特定生态系统中所发生的不理想事件的概率及其后果的严重性，定量上可用风险函数 $R = f(P, C)$ 表示，其中：$P$ 为不理想事件发生的概率，$C$ 为该事件产生的不利后果。许学工等[80]认为，生态风险评价是利用环境学、生态学、地理学、生物学等多学科的综合知识，采用数学、概率论等量化分析技术手段来预测、分析和评价具有不确定性的灾害或事件对生态系统及其组分可能造成的损伤。毛小苓等[81]认为生态风险评价的重点在于评估人为活动引起的生态系统的不利改变，生态风险评价还要提供各种信息，帮助决策者对可能受到威胁的生态系统采取相应的保护和补救措施，最终为风险管理提供决策支持。

在积极吸纳各相关学科、领域的研究成果基础上，生态风险评价方法由最初的单因子评价发展为多因子分析，由最初定性的简单描述发展为现在定量的精确判断。目前，生态风险的评价方法主要有数学模型法、生态模型法、景观生态模型法、数字地面模型法等[82]。由于评价标准、方法和风险因子不同，不同区域的生态风险评价很难具有可比性。

2. 生态安全与风险的关系

生态安全与生态风险的关系可以用图 1.1 来表示。

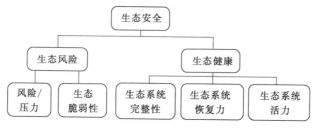

图 1.1　生态安全概念构成要素

生态风险是生态安全的一个方面，生态处于安全状况并不意味着没有风险的存在，脆弱性是生态安全的核心内容。目前生态安全研究主要集中在生态安全评价方面，生态安全评价技术与方法体系中的一项重要内容就是生态脆弱性的分析与评价，即生态风险评价内容之一。

脆弱性分析和评价研究的主要内容是要建立脆弱性评价指标和评价方法，生态终点的选择也是脆弱性评价的一部分。生态终点是指在具有不确定性的风险源作用下，风险受体可能受到的损害，以及由此而发生的区域生态系统结构和功能的损伤[80]。肖笃宁等[83]认为，生态安全研究在选择生态终点时，除了要考虑关键性的生态系统要素如某个关键性物种外，更要从系统功能出发，选择那些具有重要生态意义的受胁迫的生态过程如流域中的水文过程。干旱内陆河流域生态脆弱区的生态安全分析应以生态水文过程为核心[84]，研究水循环过程与生态系统完整性、稳定性的相互关系，保证生态过程的连续性以及生态系统健康和服务功能的可持续性。

### 1.3.5.2　绿洲生态安全研究

绿洲（Oasis）指存在于干旱区、以植被为主体、具有明显高于其周边环境的第一性自然生产力、依赖外源性自然水源存在的生态系统，《辞海》将其定义为"荒漠中水草丰美、树木滋生、宜于人居住的地方"。贾宝全[85]从景观生态学的视角，将绿洲定义为：在干旱气候条件下形成、在荒漠背景基质上发育、以天然径流为依托、具有较高第一性生产力、以中生或旱中生植物为主体植被类型的中、小尺度非地带性景观。即判别绿洲有三个条件：干旱气候、荒漠基质背景、依赖径流。绿洲不是一个简单的地理单元，而是一个包含了存在于其中的所有生物的生态系统，既包括林草、水域、湿地等天然生态系统，也包括农田系统、城镇村庄等人工生态系统，因此，以人类活动为标志，可将绿洲大致分为天然绿洲和人工绿洲。

绿洲生态安全分析主要从景观角度分析景观退化和生态风险，绿洲景观格局、形态及分布、绿洲景观指数分析、绿洲演化驱动因素分析等是干旱区生态安全研究的重要内容。一些学者将景观生态格局与过程、尺度与空间异质性、斑块-廊道-基质模式、等级结构理论等基本理论与绿洲地域特征相结合，对绿洲的概念、特性加以重新定义和阐述，为干旱区绿洲研究开辟了许多新思路和方法。关于绿洲演化、绿洲系统稳定性与未来发展规模等方面，中科院寒区旱区环境与工程研究所、中国科学院新疆生态与地理研究所、新疆大学的干旱生态环境研究所和资源与环境学院等单位已开展了不少研究。

1. 绿洲演化

绿洲的发展是水土资源和社会经济发展共同作用的结果，其中水资源是其最重要的制约因素。在时间尺度上，绿洲的发展经历了以牧为主、半农半牧、以农为主三个发展时期；在成因上，主要分为三种类型：人为干扰引起的、气候波动引起的和地质构造活动导致的绿洲演变[86]，其中人为干扰无论在空间上还是时间上对绿洲演变都起到主要作用。人为干扰变化迅速且具有不确定性，成为影响绿洲演变的调控因素，同时也是干预绿洲演变、实施有序管理的重要途径[86,87]。方创琳等[88]从地理学、生态学等角度研究绿洲演变规律，从水资源的决定性作用出发，探讨水的变迁对绿洲稳定性的影响。

干旱内陆河流域景观格局的动态演变实际上是在大的环境变化和人类活动共同作用下绿洲区土地利用/土地覆被变化的结果，因此，可通过分析干旱区景观格局的演替规律来揭示人类活动和绿洲景观格局变化的关系，以评价绿洲生态安全状况[89,90]。如王根绪等[91]以黑河下游额济纳荒漠绿洲为研究对象，利用20世纪80年代和90年代两期景观生态资料，对景观空间格局及其变化进行了分析，认为水资源对干旱区景观格局的影响最大，河流廊道是干旱区荒漠绿洲的主要生态流，河流廊道的变化是导致干旱区景观空间格局变化的驱动力。角媛梅等[92]基于景观类型空间邻接的生态安全评价分析初步反映了绿洲景观受沙漠化和盐渍化的威胁程度。

2. 绿洲稳定性

稳定性自20世纪50年代由MacArthur提出以后，各国生态学家从不同角度对其进行概念化，先后出现了恒定性（constancy）、持久性（persistence）、惯性（inertia）、弹性（elasticity）、周期稳定性（periodic stability）和轨迹稳定性（trajectory stability）等描述和表征生态系统稳定的概念。20 世纪 70 年代 May[93]指出生态系统的特性、功能等具有多个稳定态，稳定态之间存在"阈值和断点（thresholds and breakpoints）"。马世骏[94]认为，生态系统发育到一定阶段后出现稳定状态，稳定状态的一般含义是在一个连续体系内不出现暂短时间的明显变化，它是一个动态、多维的概念，是一定尺度下的稳定。多数研究者[95-100]认为，稳定性包含两个方面的内容：①系统保持现状的能力，即抗干扰的能力；②系统受到干扰后的恢复能力。基于这一共性认识，柳新伟[101]进一步给出生态系统稳定性的定义，即不超过生态阈值的生态系统的敏感性和恢复力。

　　潘晓玲[102]通过讨论绿洲蒸散与局地气候、植被覆盖、作物生理生态指标、下垫面之间的相互关系，指出绿洲的稳定性与这些因素的相互作用密切相关。周跃志[103]指出绿洲稳定性是具体尺度下的相对概念，提出了绿洲稳定性的多维多层尺度类型体系与尺度间的相互转化关系，并在生态系统尺度上多层次分析回答了绿洲稳定的概念、内涵、作用机理等基本问题。邓永新等[104]用系统动力学方法模拟了由人工绿洲、天然绿洲和水资源及其相关因子构成的复杂系统，对模型运行结果进行了回归分析，建立了合理的人工绿洲规模与水资源开发规模及利用水平之间的相关关系，进而对叶尔羌河平原绿洲的人工绿洲规模进行了预测。李并成[105]认为，绿洲随着水源的变化而迁移，若水资源量无大的变化，则绿洲的规模就不会发生大的改观。姜逢清等[106]从资源、环境与生态的角度提出了绿洲规模阈值，并建立了预警指标体系。王兮之等[107]对荒漠—绿洲景观类型进行分类并形成策勒绿洲的景观分类图，从斑块、类型和景观三个水平上详细计算了 70 多种相应的参数和景观指数，定量揭示了策勒绿洲的景观分布格局与类型特征。罗格平等[108]在景观尺度上，从绿洲景观多样性、景观廊道的复杂性以及土地利用及其生态环境效应等方面探讨了绿洲景观稳定性的内涵，通过制作和比较三工河流域 1978 年、1987 年和 1998 年三期景观分类图，分析了绿洲变化与人类活动的关系[109]。汤发树[110]等利用文献［109］所用资料及土壤、水文与社会经济数据，分析了表征影响因子对区域土地利用空间格局的影响程度，得到全区土地利用变化的主要驱动因素为人口和经济，主要限制因素为土壤肥力和地下水埋深。李新琪[111]根据 Markov 模型与 CA 模型的特点，将二者结合形成 CA－Markov 预测模型，利用该模型模拟和预测了新疆艾比湖流域景观格局的空间变化。

　　这些研究从 20 世纪 90 年代开始，在理论和实践方面对新疆绿洲的分类、演变、规模进行了探讨，并取得了大量的研究成果，但这些研究一方面定量研究不多，另一方面，多从景观生态学单个或多个指标方面进行分析，没有对绿洲的稳定性进行整体综合评价。由于生态系统在结构、功能上的复杂性及在时空上的动态变化,加上稳定性表达的多样化,使得生态系统稳定性的度量变得非常困难。著名生态学家 Odum[112] 依据系统的结构功能和能量流状态提出了生态系统稳定的 22 项指标;马世骏、王如松[113] 于 1984 年提出将社会、经济、自然三个方面结合起来评价生态系统稳定性,并给出了考虑区域可持续发展下生态保护或目标恢复的思路;1994 年 Andren[114] 有关生境破碎化一文的发表,再次引起生态学者及生态管理者对生态阈值的兴趣和广泛关注;徐明等[115] 通过建立分室模型的能量流模型,研究农业生态系统的稳定性及其动态;动物生态学家用动物在干扰前后种群密度的变化表达动物群落的稳定性[116],植物生态学家用干扰前后物种的组成、频度、盖度、丰富度、生物量变化进行群落稳定性测度[117,118,119];但至今仍没有一个统一的指标来表达生态系统的稳定性[100]。

### 1.3.5.3　流域三维可视化研究

信息是 21 世纪的重要资源,信息系统集成是当前地球科学和信息技术发展的一个重要趋势[120]。水利信息化,尤其是数字流域的建设,要充分利用现代信息技术,深入开发和广泛利用水利信息资源,包括水利信息的采集、传输、存储和处理等。另外,虚拟仿真技术及其衍生出的虚拟地理环境技术,能够在计算机上给出与真实世界相对应的虚拟环境,开辟了人类对世界认知的新方式,有着广阔的应用前景;目前已投入应用的典型实例有虚拟军事演习、航空训练、虚拟设计与制造、医学三维重建、虚拟空间会议、科学计算可视化中的虚拟风洞以及一系列高科技娱乐设施等。将虚拟仿真技术引入数字流域研究,以更先进的手段进行流域水资源综合管理,保证水资源的可持续发展成为信息时代的发展趋势。以"数字清江""数字都江堰""数字黄河""数字长江""数字黑河""南水北调工程"等重大工程为依托,国内许多学者研究了虚拟仿真技术在流域中的应用,取得了丰硕成果。

以"数字清江"为基础,华中科技大学开发了洪水演进模拟仿真系统,实现了流域地形及河床的三维可视化,有效地模拟了流域洪水的三维演进过程[121,122]。以都江堰为实例,清华大学王兴奎教授设计了"数字都江堰工程"的总体框架,探索了虚拟仿真技术在其中的运用[123];张尚弘等[124] 以都江堰虚拟现实系统构建为例,介绍了虚拟现实系统应用于流域模拟的关键环节,重点探索了多比例尺地形嵌套建模、水流模拟、场景模拟控制、多专题切换、工程设计仿真以及与外部数据库连接查询等问题的解决方法。在长江流域方面,张尚弘等[125] 开发了以三峡坝区虚拟查询仿真系统和三峡与葛洲坝间梯级调度仿真系统;李月臣等[126] 利用 Erdas Imagine 的 Virtual GIS 模块,集成多层数据,通过人机交互进行参数设定,实现了三峡库区的飞行模拟;黄健熙等[127] 开发了基于 MFC 的荆江流域三维仿真管理系统,进行了荆江流域大面积精确三维地形建模，并通过加入水利设施模型数据及属性数据实现了属性信息的查询和分析功能；黄少华等[128]开发了乌江彭水水电站虚拟仿真系统，在该水电站的辅助设计和建设方面取得了很好的效果。在黄河三维虚拟仿真系统构建方面，王光谦等[129]基于 VRMAP2.0 和 VB 开发了黄河流域三维虚拟仿真漫游查询系统，实现了黄河流域的整体漫游；王军良等[130]以黄河下游河道地理数据为基础，开发了黄河下游交互式三维视景系统，通过 GIS 技术、虚拟三维技术，把黄河小浪底以下河段直观、形象、系统地装进计算机，形成河道、堤防、工程的三维景观；刘桂芳等[131]开发了黄河河南段虚拟仿真系统，给出了包括数据源、三维仿真地形库、模型库和虚拟实现四大模块的系统建设方案，并探讨了系统构建的关键技术。

在调水工程的运行和管理方面，纪良雄等[132]实现了南水北调工程仿真系统三维视景子系统，并通过压缩 DEM 数据和使用缩微模型方式来减少场景的数据量；刘建民等[133]研发了南水北调中线工程三维仿真系统，张尚弘等[134]将整个中线工程及周边地形地貌在计算机上进行了虚拟再现，采用两级地形三级纹理分块动态载入的方法解决了大地形调度的问题；胡孟等[135]构建了南水北调中线北京段输水系统三维虚拟仿真系统。在黄土高原研究方面，王道军等[136]研究了黄土高原农业景观中多级环状水平梯田为微地貌的三维形态建模方法与技术流程；纪翠玲等[137]应用分形方法对黄土高原地貌形态进行模拟，取得了较好效果；李世华等和李壁成等通过三维地形模型的构建、纹理映射和实时动态立体技术开发了小流域虚拟现实景观[138,139]；段军彪等[140]实现了黄土丘陵沟壑区康家沟小流域地形具有交互性和真实感的三维模拟。在黑河流域研究中，王雪梅等[141]利用 Erdas Imagine 的 Visual GIS 模块实现了黑河流域的三维飞行模拟；甘治国等[142]利用 VRMAP 三维开发平台构建了黑河流域虚拟仿真系统，建立了黑河流域的虚拟场景并完成了查询浏览等相关功能。

除此之外，针对不同的流域和应用目的，很多学者对虚拟现实技术在流域中的应用进行了大量探索和研究。黄文波等[143]基于 Vega Prime 三维视景软件包开发了密云官厅水库上游流域仿真系统；江辉仙等[144]应用 VRGIS 技术建立了水土流失三维仿真系统；胡少军等[145]构建了宝鸡峡杨凌二支渠渠系仿真系统，真实再现了宝鸡峡渠的景观；宋洋等[146]研究了基于 VR 的水电站调度三维图形仿真。

## 1.3.6　综合评价

综合分析，目前干旱模拟、评估、风险区划及管理技术方法等方面的研究存在以下不足：

（1）在干旱内涵和外延方面，干旱定义仍不统一，分类不明确，尚未出现针对生态干旱的具体定义和相应的评估指标；在研究内容上，偏重于利用观测数据的统计分析和相关分析研究干旱成因、表象特征和灾害影响，干旱机理研究尚不多见。

（2）在干旱评估指标研究方面，无标准可依，建立一套科学合理的干旱评估指标体系，构建和完善基于一定物理机制的、适合干旱区内陆河流域的干旱评估模型方法，将是今后一段时间内干旱研究的重要任务。

（3）在干旱等级划分方面，关键技术是评估指标或结果分级阈值的确定。目前，大多数划分标准依据研究者经验确定，造成干旱等级因划分标准不一而出现差异的情况。如何合理确定各干旱指标或评估结果的临界值是今后需要研究的方向之一。

（4）在干旱风险区划理论与方法研究方面，在区划的目的与原则、风险分析的基本单元、区划尺度、区划方法和实用性等方面有待深入和系统研究。

（5）在干旱评估技术方法方面，现有的技术方法已不能满足旱情实时预测、评估和信息表达的需要，未来将更多地结合 RS、GIS 技术，以获取丰富、实时的数据；分布式水文模型能够从水循环角度将干旱发展演化过程的各环节串联起来，从而揭示干旱演化的过程和主要影响因素，为干旱机理和干旱演化规律的研究提供了新的技术手段。将分布式水文模型和评估指标体系有机结合起来进行干旱时空分布规律研究将是干旱评估研究的趋势。

（6）在干旱风险综合管理工具与平台建设方面，三维虚拟仿真技术在水情分析与工程管理方面已发挥了重要作用，但尚未见干旱过程模拟与评估方面的三维仿真系统。西北内陆河流域旱情严重，成因复杂，干旱管理工作困难，三维仿真技术以其逼真的沉浸感和高度的直观性为决策者提供了快速便捷的认知空间，以此为基础构建集旱情实时监测、预报、干旱模拟与评估、预警、信息传递、决策于一体的干旱模拟、评估与预警综合系统将是抗旱非工程措施的有效补充。

## 1.4　主要研究内容和技术路线

本书拟在干旱研究背景及意义分析、干旱评估及相关领域研究进展综合评介，以及西北地区干旱研究现状总结归纳的基础上，主要利用水文学、水资源学、生态学、经济学、管理学、统计学等多学科基础理论与方法，建立基于分布式水文模型的西北内陆河流域干旱演化模拟模型，结合模拟结果及其他多源数据，构建气象、水文、农业和生态干旱综合评估模型，并以天山北坡内陆河流域——玛纳斯河流域为例，进行典型流域应用、结果分析、图形展示和风险管理模式与对策研究，在此基础上初步搭建玛纳斯河流域干旱演化模拟与评估综合仿真平台。

### 1.4.1 主要研究内容

本书主要内容包括：

（1）内陆河流域干旱形成机理、时空分布特征及其与二元水循环的关系研究。内容包括：介绍干旱定义及其分类、风险致灾因子识别技术和内陆河流域各干旱类型的风险因子，提出干旱评估流程；总结内陆河流域干旱时空分布特征，研究内陆河流域气候、水文、农业和生态干旱形成机理；归纳自然-人工二元水循环特征，分析平原区水资源利用与生态干旱的关系，及二元驱动力下各环节水循环通量大小与干旱演化的关系，提出不同干旱类型间转化的主要影响因素。

（2）基于二元水循环理论和分布式水文模型——SWAT（Soil and Water Assessment Tool）模型的干旱过程模拟模型研究。内容包括：分析内陆河流域二元水循环过程，以及各环节水资源的循环转化与国民经济、生态用水之间的关系；概述 SWAT 模型的二元结构及模型原理，分析模型在内陆河流域的适用性和局限性；在对 SWAT 模型前处理、人工侧支水循环模拟细节和冰川融水模块输入参数稍作改进的基础上，构建具有一定物理机制的干旱区内陆河流域干旱演化模拟模型。

（3）内陆河流域各干旱类型模糊评估子模型和综合评估模型构建。主要内容有：总结提炼气象、水文、农业干旱的评估指标及计算方法，提出生态干旱评估内容、评估指标以及指标获取与计算方法；根据指标选取原则构建干旱评估指标体系；归纳指标赋权技术和综合模型构建方法，基于模糊数学和最大熵理论建立干旱综合评估模型。

（4）干旱评估理论方法在典型流域的应用研究。选择天山北坡的玛纳斯河流域为研究区，在充分了解掌握流域概况和未来气候变化趋势的基础上，对 SWAT 模型所需基础数据进行制备和处理，模拟并预测增温、增雨两种情景下玛纳斯河流域 1981—2007 年的水文生态过程；根据模拟结果和观测数据等，基于已构建的内陆河流域干旱综合评估指标体系和模糊综合评估模型，进行干旱指标值计算、指标赋权和基于最大熵理论的干旱模糊综合评估；根据评估结果，以 ArcGIS 为图形制作工具，进行部分单指标评估结果、典型年干旱综合评估结果和 2007 年月过程评估结果的干旱等级区划图制作；采用定性和定量相结合的方法，分析子流域和整个流域干旱状况的时空分析特征及各干旱类型的时空演化规律；最后探讨分析基于水资源合理优化配置原理的流域干旱风险管理模式和调控技术手段。

（5）以玛纳斯河流域为例，以系统平台的方式集成并拓展以上内容。基于三维虚拟仿真技术，初步搭建集干旱指标计算与评估、干旱过程模拟、统计分析、图形展示等业务应用功能，信息查询与显示、干旱参数时空可视化等基础信息服务功能，场景漫游、路径漫游、试点定位、文字标注等仿真平台基本功能于一体的干旱演化模拟与评估综合仿真平台，为干旱风险管理提供技术支撑和多样信息。

### 1.4.2 研究技术路线

本书以资料搜集为基础，以干旱评估基础理论方法和机理分析为依据，以干旱过程模拟模型和综合评估模型为技术手段，以模拟结果、干旱指标计算和综合评估结果为核心，以风险管理与调控措施为问题解决途径、以综合仿真平台为窗口，以完善和丰富干旱评估理论方法、解决实际问题为目的和根本出发点，研究内容涉及灾害学、水文学、水资源学、生态学、工程学、管理学、经济学、统计学等学科领域，研究技术路线见图1.2。

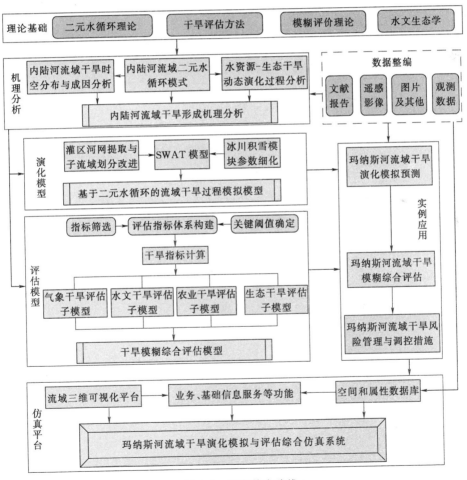

图 1.2 研究技术路线

在研究思路方面，以内陆河流域二元水循环模式及水分驱动下干旱形成机理、时空分布及演化规律分析为前提条件，以水文学、水资源学、生态学和统计学等学科基本理论和干旱评估方法为依据，提出模拟模型加综合评估模型的方法，为干旱评估提供技术支撑；利用模型结果、基础资料，并参考前人研究成果，为典型流域干旱评估提供数据支撑；初步建立典型流域评估结果分析、图形展示及干旱模拟与评估综合仿真平台，为本书提出的干旱评估理论和方法提供应用实例。

在资料获取方面，不仅利用模型技术，还综合利用 RS、GIS 等技术手段。资源环境的遥感研究与应用领域涉及资源、生态、环境、农业等，尤其在土地覆被/土地利用、植被长势、水资源和水污染、矿产资源调查等方面，可以实现不同尺度大气、水文、地表覆被的观测，随着遥感观测精度和频度的提高，大面积获取下垫面资料成为可能。本书部分利用这些遥感信息获取植被指数、覆盖度、湖泊水体水位和地下水埋深等指标的实时、动态信息，实现生态干旱的监测与评估。ArcGIS 具有强大的空间分析功能，结合 RS 获取的空间信息，能够通过简单的命令处理大量的空间数据。该工具在本书的数据空间分析和图形展示方面发挥了较大作用。

在研究内容方面，首先，考虑干旱在时间上的演化环节，包括前期气象条件的变化、水文波动的显现，中期对土壤墒情的影响，后期对植被在水分驱动下的演替规律、湖泊水位的变动、甚至生态系统的影响等。其次，考虑流域干旱在空间上的分布状况，结合自然条件、水利工程、作物品种和下垫面因素，综合分析干旱空间分布规律。再次，在干旱分类中考虑生态系统干旱，由于天然绿洲生态系统和人工绿洲生态系统对水分需求不同，人工绿洲考虑灌溉措施，而天然绿洲仅依靠地下水和少量降水维持生命，其受旱程度有较大差异，因此在内陆河流域，生态干旱是不可忽视的干旱类型之一，本书将其单独列出并进行评估。

## 1.5  拟解决的关键问题及创新点

本书拟解决的关键问题是，在分析干旱区内陆河流域水循环与干旱演化关系的基础上，构建基于分布式水文模型的干旱演化模拟模型；在总结归纳内陆河流域干旱成因和影响因子的前提下，构建干旱综合评估指标体系和干旱模糊综合评估模型；在耦合干旱模拟和评估模型的基础上，搭建干旱演化模拟与评估综合仿真平台，以丰富和完善内陆河流域干旱评估理论与方法体系。

（1）探讨提出生态干旱的概念，明确提出西北绿洲生态系统的干旱评估指标和指标计算与获取方法，在基于指标体系的模糊综合评估模型中建立生态干旱评估子模型；试图在长系列模拟结果的基础上，利用概率分析的方法确定干旱评估指标等级划分的关键阈值，丰富干旱评估理论体系。

（2）结合分布式水文模型和干旱综合评估指标体系，针对干旱区内陆河流域的特点，利用分布式水文模型——SWAT模型和基于模糊理论的干旱综合评估模型，构建具有一定物理机制的干旱演化模拟与评估技术体系。

（3）结合分布式水文模型和综合评估模型，集成模拟结果和观测数据等，初步构建干旱演化模拟仿真综合系统平台，实现干旱指标计算、干旱数据时空可视化、统计分析、信息查询、图形显示等专业应用和基础信息服务功能。

## 1.6　本章小结

在全球气候变化大背景下，干旱研究已受到了世界各国管理者和科学研究者的重视。相对于洪水风险评估，干旱及其风险评估研究基础较为薄弱，面对频发的旱灾和巨大的直接、间接损失，极需完善干旱评估理论方法体系，转变防灾减灾思路。

内陆河流域是干旱易发的主要气候区之一，本章在介绍国内外旱情及其危害和干旱研究意义的基础上，总结和分析了干旱及其风险评估研究进展、生态风险与西北地区绿洲生态安全和流域三维虚拟仿真技术的研究状况，提出了内陆河流域干旱演化模拟与评估理论方法研究的主要内容、技术路线及主要创新点。其中，将生态干旱作为内陆河流域干旱类型的一种，提出生态干旱的评估指标和研究内容，将分布式水文模型和综合评价模型相结合用于干旱过程模拟与评估，搭建干旱演化与评估综合仿真平台，对完善干旱评估理论方法体系具有重要的理论和实践意义。

# 第2章 内陆河流域干旱形成演化机理分析

干旱发生与演化和水循环各个环节中水分的多寡密切相关，即干旱内陆河流域水资源的循环转化影响着干旱的发展阶段和程度，干旱评估即评价水循环中水分的丰枯程度。本章首先介绍内陆河流域干旱分类、干旱风险影响因子及辨识方法，总结内陆河流域二元水循环演化模式，在此基础上进一步探讨干旱形成机理和水资源及生态干旱演化的关系，提出干旱评估流程，完善干旱评估理论体系。

## 2.1 干旱及其风险基本理论

我国干旱区内陆河流域深居大陆腹地，气候上大体属于东南季风的边缘区域，同时又受西风带环流、高原季风及高原天气系统的影响，夏秋季有时还会受到在我国东南沿海登陆台风的间接影响，天气复杂多变，降水少，蒸发量大，生态环境极其脆弱，水资源是其社会经济发展的命脉和生态环境变化的主导要素。特别是在西北气候由暖干向暖湿转变的大背景下，以积雪融水为主的内陆河水资源系统非常敏感，冰川融水变化导致的水资源变异正改变着水分的时空分布和水循环过程，直接或间接影响着该地区的干旱及其演化过程，干旱问题非常复杂。

### 2.1.1 干旱定义及其分类

#### 2.1.1.1 干旱相关概念

与干旱评估有关的概念包括干旱、旱情、旱灾和干旱风险。直观上理解，干旱是指一段时间内降水的持续减少。随着对干旱研究的深入，人们开始从水资源供需平衡的角度来认识干旱，认为干旱是供水不能满足正常需水的一种不平衡状态，不同的供需关系会产生不同的干旱。在供需关系中，影响供需水的自然因子包括降水、蒸发、气温和下垫面条件，人为因子包括土地利用方式、种植结构、人口和水利设施等[147]。但由于干旱成因及影响涉及气象、水文、农业、生态和社会经济等各学科，不同学科对干旱的理解和认识不尽相同，因此对干旱进行科学、确切的定义非常困难，至今尚无定论。目前，比较公认的干旱定义指水分收支或供需不平衡而形成的水分短缺现象,气象上最直接的表现是降水减少,水文上是河川径流量减少,农业上是土壤含水量降低。

旱情指干旱的表现形式和发生发展过程,包括干旱历时、影响范围、受旱程度和发展趋势等。旱灾指某一具体年、季、月的水分比平时显著偏少,导致工农业生产、城乡经济、居民生活和生态环境受到较大危害和损失的现象。它在干旱区、半干旱区、湿润区和半湿润区都可能发生,尤其在干旱区,发生的频率更高。风险一般指遭受损失、损伤或毁坏的可能性,1989 年 Maskrey 提出风险是危险性与易损性之和[148],1991 年联合国提出自然灾害风险是危险性与易损性两个因素的综合反映。其定义为在一定时期产生有害事件的危险性与易损性的乘积[149]。干旱风险的本质是干旱的量级、发生时间等不确定性的概率分布及其造成的损失。

### 2.1.1.2 干旱分类及其特点

在以往研究成果的基础上,从不同学科角度,根据干旱的主要影响对象和发展阶段,本书将干旱分为气象干旱、水文干旱、农业干旱、社会经济干旱和生态干旱五类,并尝试提出生态干旱的定义及其评估指标,但未对社会经济干旱做单独评估。

(1)气象干旱。气象干旱一般有两种类型:①由气候、海陆分布、地形等相对稳定的因素在某一相对稳定的地区常年形成的水分短缺现象,称为干燥或气候干旱;②由各种气象因子的年际或季节变化形成的小范围、随机性水分异常短缺现象[147],称为大气干旱。气候干旱和大气干旱都与降水多少有关,多数直接以降水量或降水量的统计数据作为评估指标,但干旱的发生主要取决于降水的稳定程度,所以干旱现象不仅在干燥气候区(干旱区)发生,在湿润区也可能由于长期水分短缺而发生,如我国 2010 年的西南大旱。本书所指的气象干旱主要指大气干旱,侧重研究大气的干湿程度。

(2)水文干旱。水文干旱是指某地区的水文循环中由于降水和地表水收支不平衡而造成的水分异常短缺现象。表现为河川径流量持续偏少,水库以及湖泊中的水量低于平均状态,难以满足需水要求。由于地表径流是大气降水与下垫面调蓄的结果,所以通常用某段时间内径流量、河流日均流量、水位小于某一数值作为评估指标,或采用地表径流与其他因子组合成多因子指标,如水文干湿指数、最大供需比指数、水资源量短缺指数等来分析,主要研究水资源的丰枯状况。

(3)农业干旱。农业干旱是由外界环境因素造成作物体内水分亏缺,影响作物正常生长发育,进而导致减产的现象。它涉及大气、土壤、作物和资源利用等多方面的因素,不仅是一种物理、生物过程,而且涉及社会经济,是各类干旱中最复杂的一种。按成因,可将农业干旱分为土壤干旱和作物生理干旱。

土壤干旱是指土壤有效水分减少到凋萎含水量以下，致使植物生长发育得不到正常供水的情形；作物生理干旱是指作物体内水分亏缺的生理现象，它可能是因根区土壤水分不足又伴随一定的蒸发势，也可能是土壤水分充足，但因过高的蒸发势而引起的作物体内暂时性缺水，它与作物品种和作物生育期有关。农业干旱通常表现为作物枯萎、粮食减产等，通常采用能反映农业生产中水分供需矛盾程度的某些物理量来评估：①采用降水量、水分供求差、帕尔默指数等指标，反映当地农业水分的供应状况；②从土壤-植物-大气系统出发，采用相对蒸散度、水分亏缺量、作物水分指数等反映作物生长与水分利用关系的指标，来判断水分亏缺的程度；③利用土壤水分，如重量（体积）百分比、土壤有效水分贮存量、土壤相对湿度等指标来反映土壤干旱程度。由于干旱区灌溉林牧业（不包括天然林草）的干旱机制与农业相同，本书将其归为农业干旱。

（4）社会经济干旱。社会经济干旱指自然系统与人类社会经济系统中水资源供需不平衡造成的异常水分短缺现象。它从水分影响社会经济领域的生产、消费活动等角度描述干旱，主要用因干旱造成的经济损失来评估，如建立降水、径流与粮食产量、发电量、航运效益以及生命财产损失等因素之间的关系。这种干旱也可以看作抗旱准备不足的结果，也有学者不同意经济干旱的提法，而把它看作是干旱对社会的经济影响[193]。由于社会经济需水通常分为工业需水、农业需水和生活与服务行业需水，考虑到本书干旱过程模拟的二元水循环结构，农业供需水采用农业干旱指标评估，生活和工业、服务业用水保证率高，除非特殊年份，基本不发生缺水问题，本书未将其单独评估。

（5）生态干旱。目前对于生态干旱暂无明确的定义，多表述为"干旱引起的生态环境变化"或归为农业干旱中。随着人们对生态环境的重视，近年来，越来越多的研究者开始采用具有物理机制的模型来研究干旱对生态系统的影响[150]，如吸取水文学的方法，将干旱与水文循环过程相结合，更真实客观地反映持续缺水对区域生态环境产生的严重影响和损害。目前还没有明确提出生态干旱方面的评估指标。

人工绿洲是西北干旱区社会经济发展的主要依托，而天然绿洲是人工绿洲的重要天然屏障，在生物多样性、抗旱耐盐、对环境变化的适应能力等方面有着人工绿洲无法比拟的优势[151]；绿洲和荒漠间的绿洲荒漠交错过渡带是绿洲生存的关键。因此，本书将西北干旱区生态干旱评估的对象确定为依靠地下水和径流存活的天然绿洲和绿洲荒漠过渡带植被，并根据内陆河流域水与生态过程的相互作用关系，定义生态干旱为：因持续的土壤水分和地下水短缺而引起的天然绿洲生态系统内部地下水位降低、植被退化、土地荒漠化等现象。依据影响天然植被生存发育的自然条件和反映其生长状况的因素，选择植被指数（vegetation index）、地下水位、植被多样性指数等作为生态干旱的评估指标。

### 2.1.1.3 干旱类型间的转化关系

上述干旱类型之间存在交、并、包含和被包含的关系，并且在时间和空间上具有一定的联系，气候变化条件下干旱发生过程和演变趋势见图 2.1。

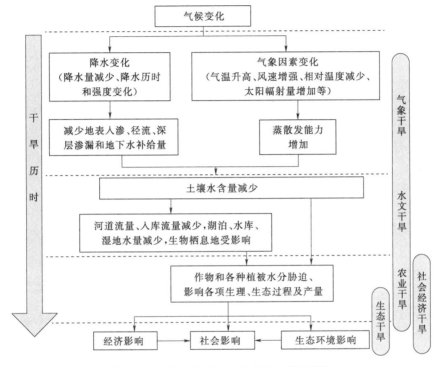

图 2.1 各干旱类型之间的关系与演化过程

需指出的是，在时间上前一种干旱的产生不一定是下一种干旱类型发生的充分条件，如气象干旱发生后不一定会发生水文干旱，特别是在西北干旱区，降水减少但气温升高，会造成夏季强消融期冰川消融量的增加，使河川径流量保持相对稳定；水文干旱的发生也并不一定导致农业干旱，如灌溉措施、跨流域调水和土地利用方式改变等人类活动缓和了农业供需水矛盾，从而在一定程度上减少了农业干旱的发生概率；但对于人类活动干扰较小的天然绿洲生态系统来说，气象、水文或农业干旱所引起的水分亏缺一定会导致生态干旱的发生。在空间上，受气候、水资源条件、下垫面和人为干扰等因素的影响，不同区域可能发生的干旱类型差异较大。

生态干旱与农业干旱的主要区别与联系在于：干旱内陆河流域的天然植被在长期的演化过程中，已经适应了干旱区严酷的生存环境（一般是耐旱植物），对水分的需求及保证率相对灌区农作物较低，因而在相同的条件下先发生农业干旱，后引起生态干旱。由于农业经济在干旱区所占比重一般较大，农业干旱易引起人们的警觉，而生态干旱时间尺度较大，对水分的反应相对不敏感，不易引起注意。农业干旱发生后并不一定随之发生生态干旱，而生态干旱发生时有可能农业干旱现象已经解除；但农业旱情的缓解在一定程度上也减轻了灌区周边生态干旱的程度，这部分植被大多靠灌区水分侧渗而存活。

## 2.1.2　干旱风险因子及辨识

"天有不测风云，人有旦夕祸福"道出了风险存在的普遍性和客观性。在风险管理对策研究中，最重要也是最困难的一项工作是寻找风险源和识别致灾因子，只有充分了解风险来源、辨别出最可能的致灾因子，才能准确地衡量风险概率及强度，有效降低风险的不确定性，更好地制定应对风险的措施。而对于干旱风险来说，干旱本身就是风险源，只需要辨别致灾因子即可。

### 2.1.2.1　风险相关概念

危害、事故与损失是风险辨别、评估与管理中的几个重要名词，它们与风险既有联系又有区别。危害指事物所处的状态，是事故发生的潜在原因，是造成损失的间接和内在原因；事故是使风险造成损失的可能性转化为现实的媒介，是引起损失的直接或外在原因，先后发生的多个事故最终会导致损失的产生；损失是指非故意、非计划和非预期的经济价值减少的事实，包括人员伤害、财产和生态环境破坏等。简言之，危险导致事故的发生，一个或多个事故的发生可能导致损失，这个过程充满了不确定性，称为广义风险；事故发生后损失的期望值称为狭义的风险。

风险度、风险值与灾害指数也是风险评估中常见的概念。风险度描述事件产生风险的大小，通常定义为随机事件 $X$ 的标准差 $D(X)$ 与其均值 $E(X)$ 的比值，即 $R = D(X)/E(X)$。风险事件的概率分布越分散，即实际结果偏离期值的概率越大，标准差越大，其风险也越大。风险值用来表示评价对象在不良事件影响下的整体损失，一般需要考虑各类风险的联合分布。灾害指数可定义为其概率与权重之积，它描述了灾害的大小以及损失程度，即：

$$D = \sum_{j=1}^{m} \sum_{i=1}^{n} P_{ij} W_{ij} \quad (i=1, 2, \cdots, n; \ j=1, 2, \cdots, m) \quad (2.1)$$

式中：$D$ 为灾害指数；$m$ 为灾害类型数；$n$ 为某种灾害的级数；$P_{ij}$ 为第 $j$ 种灾害第 $i$ 级风险发生的概率；$W_{ij}$ 为第 $j$ 种灾害第 $i$ 级风险发生的权重。

风险具有客观性、不确定性、危害性、相对性等特点。客观性指风险的存在不以人的意志为转移，无所不在、无时不有；不确定性说明风险在何时何地出现均不肯定，但这不意味着风险的不可度量；风险的危害性与它所带来的损失相关联；风险的相对性是指对不同的风险主体风险发生的程度不一。其中不确定性和危害性是风险的两个根本属性。

### 2.1.2.2　干旱风险因子识别方法

风险辨识是为了找出对某一事件可能产生影响的各种因素，原则上，风险识别可以从原因查结果，也可以从结果找原因，还可以从时空两个方面进行分段识别。实际操作中，任何有助于发现风险信息的方法都可作为风险识别工具，常用的有头脑风暴法、德尔菲法、情景分析法、故障树分析法、情景预测法、蒙特卡罗法和层次分析法等。

（1）头脑风暴法（brain storming），也称集体思考法，是以"宏观智能结构"为基础，通过发挥专家的创造性思维来获取信息的一种方法。该方法由美国人奥斯本于 1939 年提出，从 20 世纪 50 年代起得到了广泛应用。头脑风暴法一般在一个专家小组内进行，由会议主持人在发言中激起专家们的思维灵感，通过专家间的信息交流、相互启发和互相补充，诱发专家们产生"思维共振"，产生"组合效应"，获取更多的未来信息，使预测和识别的结果更准确。

（2）德尔菲法（delphi method），又称专家调查法，是依靠专家的直观能力对风险进行识别的方法。它产生于 20 世纪 50 年代初，在研究美国受前苏联核袭击风险时由美国 Rand 公司提出，并在世界上迅速盛行，现在其应用已遍及经济、社会、工程技术等领域。用德尔菲法进行风险识别的过程是，先选定适量相关领域的专家，并与这些专家建立直接的函询联系，收集和整理专家的意见后再匿名反馈给各专家，再次征询意见，这样反复四五轮，逐步使专家意见趋于一致，作为最后识别的根据。

（3）情景分析法（scenarios analysis），是 SHELL 公司的科研人员 Pierr Wark 于 1972 年提出的，它根据事件发展趋势的多样性，通过对系统内外相关问题的分析，设计出多种可能发生的未来情景。当一个事件持续时间较长时，通常需要考虑各种技术、经济和社会因素的影响，可用情景分析法来预测和识别其关键风险因素及其影响程度。情景分析法对以下情况特别有用：提醒决策者注意某种措施或政策可能引起的风险或危机性的后果；建议需要进行监视的风险范围；研究某些关键性因素对未来过程的影响等。情景分析法是一种适用于对可变因素较多的项目进行风险预测和识别的系统技术，它在假定关键影响因素有可能发生的基础上，构造出多重情景，提出多种未来的可能结果，以便采取适当措施防患于未然。情景分析法从 20 世纪 70 年代中期以来在国外得到了广泛应用，并衍生出了目标展开法、空隙添补法、未来分析法等具体应用方法。

（4）故障树分析法，它最早由美国贝尔实验室于 20 世纪 60 年代在从事空间项目研究时提出。故障树分析法主要是以树状图的形式表示所有可能引起主要事件发生的因素，揭示风险因素的聚集过程和个别风险事件组合可能形成的潜在风险事件，具有应用广泛、逻辑性强、形象化等特点，其分析结果具有系统性、准确性和预测性。故障树是由一些节点及其连线所组成的，每个节点表示某一具体事件，而连线则表示事件之间的关系，在构造分析树时，被分析的风险事件在树的顶端，树的分枝则是考虑到的所有可能的风险因素。它既能找到引起事故的直接原因，又能揭示事故发生的潜在原因，并能概括导致事故发生的各种风险因素。

（5）其他方法。如情景预测法、蒙特卡罗法和层次分析法等。

#### 2.1.2.3　干旱风险因子

从空间上来说，干旱风险因子来源于水库系统（引提水系统）、输水系统、配水系统、用水系统和排水系统；从时间角度来考虑，干旱风险存在于从降雨条件形成、降水发生到径流形成、再到水资源利用的整个过程中。从客观方面分析，气象水文条件、自然地理、下垫面和植被等因素都可能成为风险因子；从主观方面分析，大规模的人类活动也是造成干旱的因素之一。

本书将头脑风暴法、情景分析法和故障树法等相结合，从时空角度和主客观方面识别干旱风险因子，以确定不同干旱类型的影响因素。气象干旱与大气中水汽的循环相关，主要影响因子是气温、降水时空分布、风速等气象要素；水文干旱与地表水体储存的水资源量有关，主要影响因素有降水、水体前期储水量、社会经济取用水量；农业干旱影响因素较多，降水时空分布、土壤墒情、土壤类型、作物品种、生育期、灌溉措施、工程措施、管理措施等都有可能成为农业干旱的风险因子。内陆河流域生态干旱与影响天然绿洲生态系统稳定的因素有关，包括降水、地下水位、物种、植被覆盖度、水土资源利用方式等，人类活动引起的生态植被干旱风险尤为突出。

### 2.1.3　干旱评估流程

对于风险评价，美国环境保护署（U. S Environmental Protection Agency, EPA）提出了一套评估方法，该方法一般分为五个基本部分：风险因子分析、受体识别与分析、定量评估、风险表征、风险结果传递与管理。本书在参照该方法的基础上，提出流域干旱评估流程（见图2.2），将其主要分为四个步骤：

（1）干旱受体识别：在识别干旱风险因子的基础上，进行流域水文情势预测和水平衡供需分析，确定干旱"受体"为气象、水文、农业和生态系统四类干旱影响的对象，并指定评价终点为受到水分短缺影响的水循环过程或造成的损害。

（2）干旱评估：与水循环过程相结合，构建干旱评估指标体系，并建立干旱综合评估模型，对干旱发生发展过程进行清晰的定性和定量化研究。

（3）干旱风险表征：对干旱评估结果定量分析，以干旱等级区划的形式对干旱评估结果进行时空分布表示。

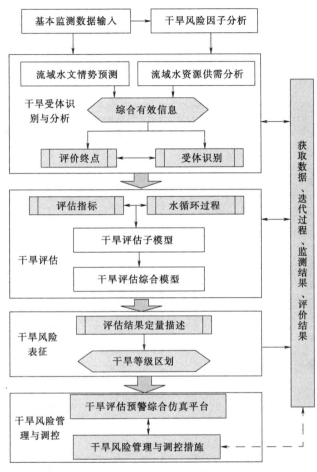

图2.2 流域干旱评估流程

（4）干旱风险管理与调控：以干旱评估结果和风险区划图为依据，提出相应的风险管理和调控措施，尽量降低干旱风险的影响和损失。

## 2.2 西北内陆河流域干旱时空分布特征及成因分析

西北地区地处青藏高原北侧，西邻中亚干旱区，干旱形成规律、机理和环境具有独特性。本节从气候方面入手，对干旱的时空分布特性和形成机理加以分析。

### 2.2.1 西北地区干旱时空分布特征

#### 2.2.1.1 干旱时空变化特征

据统计资料[152]，从旱情的年际变化看，1480—1948年的468年中，我国西北地区六省重大旱灾有 44 次，平均每 10 年发生一次（见表 2.1），平均 33 年发生一次 5 级干旱，平均 22 年发生一次 4 级干旱；1949 年以后，平均 5 年出现一次极旱年份，平均 1.5 年出现一次重旱年份（见表 2.2），发生频率大大提高。

表 2.1　　　　　1480—1948 年我国西北地区六省重大干旱灾害年

| 年份 | 内蒙古 | 陕西 | 宁夏 | 甘肃 | 青海 | 新疆 | 年份 | 内蒙古 | 陕西 | 宁夏 | 甘肃 | 青海 | 新疆 |
|---|---|---|---|---|---|---|---|---|---|---|---|---|---|
| 1483 | ○ | ○ | ○ |  |  |  | 1778 |  | ○ | ○ |  |  |  |
| 1484 |  | ● | ● | ● |  |  | 1785 |  | ○ |  |  |  |  |
| 1485 |  | ○ |  | ● |  |  | 1807 |  | ○ |  |  |  |  |
| 1488 |  | ○ |  | ○ |  |  | 1813 |  | ○ |  |  |  |  |
| 1527 |  | ○ |  |  |  |  | 1856 |  | ○ |  |  |  |  |
| 1528 |  | ● | ● | ● | ● |  | 1875 | ● | ○ |  |  |  |  |
| 1529 |  |  | ● | ○ | ○ |  | 1876 |  | ○ |  |  |  |  |
| 1586 |  | ● | ● | ○ |  |  | 1877 | ○ | ● | ● | ● |  |  |
| 1587 |  | ● |  |  |  |  | 1878 | ● | ● | ○ | ○ |  |  |
| 1637 |  | ○ |  |  |  |  | 1899 |  | ○ |  |  | ○ |  |
| 1638 |  | ● | ○ |  |  | ○ | 1900 | ○ | ● | ● | ● |  |  |
| 1639 |  | ● | ○ |  |  |  | 1907 | ○ |  |  |  |  |  |
| 1640 |  | ● | ● | ● | ● | ○ | 1916 | ○ | ○ |  | ○ |  |  |
| 1641 |  | ○ | ○ | ● | ○ |  | 1919 | ○ |  |  |  |  |  |
| 1642 |  |  |  |  | ○ |  | 1920 | ○ | ○ |  |  | ○ |  |
| 1643 |  |  |  |  |  | ○ | 1928 |  | ● | ● | ● | ● |  |
| 1671 | ○ |  |  |  |  |  | 1929 | ● | ● | ● | ● |  |  |
| 1690 | ○ | ○ | ○ | ○ |  |  | 1936 |  | ○ |  | ○ |  | ○ |
| 1691 |  | ● |  |  |  |  | 1941 | ○ | ○ | ○ |  |  | ● |
| 1721 |  | ● | ○ | ○ | ○ |  | 1942 | ○ | ○ |  | ○ |  |  |
| 1723 | ○ |  |  |  |  |  | 1943 | ○ |  |  | ○ |  | ● |
| 1777 |  | ○ | ○ | ○ |  |  | 1945 | ● |  |  | ○ | ● |  |

注　表中○和●分别代表旱涝 5 级划分中的 4 级干旱和 5 级干旱，干旱等级根据历史灾情划分。

32

表 2.2　　　　　　　1949—1990 年我国西北地区六省重大干旱灾害年

| 年份 | 内蒙古 | 陕西 | 宁夏 | 甘肃 | 青海 | 新疆 | 年份 | 内蒙古 | 陕西 | 宁夏 | 甘肃 | 青海 | 新疆 |
|---|---|---|---|---|---|---|---|---|---|---|---|---|---|
| 1951 | ○ |  | ○ |  |  |  | 1973 | ○ |  | ● | ● |  |  |
| 1953 |  |  | ● | ○ | ● |  | 1974 |  |  |  | ○ | ○ | ○ |
| 1955 | ○ | ○ |  |  |  |  | 1975 |  |  | ○ |  |  |  |
| 1957 |  | ○ | ○ | ○ | ○ |  | 1976 |  |  | ● |  | ○ |  |
| 1958 |  |  | ○ |  |  |  | 1977 |  |  | ○ |  |  |  |
| 1959 |  | ○ | ○ |  |  |  | 1978 | ○ | ○ |  |  |  |  |
| 1960 | ○ | ○ | ● | ● | ● |  | 1979 |  |  | ● | ○ |  |  |
| 1961 | ○ | ○ | ○ | ● | ● |  | 1980 | ● | ● |  | ○ |  |  |
| 1962 | ○ | ● | ● | ● | ○ | ○ | 1981 |  |  | ○ | ● |  |  |
| 1963 | ○ | ○ | ○ | ○ |  |  | 1982 |  |  | ● | ● |  |  |
| 1965 | ○ | ○ | ○ |  |  |  | 1983 |  |  |  |  |  |  |
| 1966 | ○ | ○ | ○ | ○ | ● |  | 1985 |  |  |  |  |  |  |
| 1968 |  |  | ○ |  |  |  | 1984 | ○ |  |  |  |  |  |
| 1969 |  |  |  | ○ |  |  | 1986 | ● | ● |  | ○ |  | ○ |
| 1970 |  |  | ○ |  |  |  | 1987 | ● | ● | ● | ● |  |  |
| 1971 | ○ | ○ | ○ | ● |  |  | 1988 | ○ |  |  |  |  |  |
| 1972 | ● | ● | ○ | ● |  |  | 1989 | ● | ○ |  | ○ |  | ○ |
| 极旱年数 | 5 | 5 | 8 | 7 | 4 |  | 重旱年数 | 16 | 15 | 12 | 11 | 7 | 4 |

注　表中○代表受旱率（受旱面积/播种面积）在 20%~40% 之间，成灾率（成灾面积/成灾面积）在 10%~20% 之间；●代表受旱率≥40%，成灾率≥20%。

从旱灾的空间分布特征看，陕北的定边和内蒙古中西部大部分地区为极旱区；宁夏南部山区，陕西榆林、延安、渭南，甘肃白银、庆阳及青海的海东地区为重旱区；内陆河流域耕地面积小而灌溉率高，河西走廊和新疆绿洲农业区一般为轻旱区。从区域大气候看，西北地区地处内陆，气候干旱少雨，年降水量在 400mm 以下，蒸发能力却高达 1800mm 左右。干旱与半干旱区的干燥度指数均在 2 以上，极端干旱区则高达 34（16 以上为特大干旱）。各省份农业灾情年际统计见表 2.3~表 2.5。资料来自文献 [152]。

表 2.3　　　西北各省区 1949—1990 年平均受旱、成灾面积统计

| 省区 | 受旱面积/万 hm² | 成灾面积/万 hm² | 受旱率/% | 成灾率/% |
|---|---|---|---|---|
| 内蒙古 | 93.01 | 45.99 | 20 | 9.9 |
| 陕西 | 85.77 | 51.11 | 16.7 | 9.9 |
| 甘肃 | 43.37 | 41.56 | 14.5 | 12.7 |
| 青海 | 4.77 | 3.04 | 10.2 | 6.5 |
| 宁夏 | 48.33 | 10.52 | 62.3 | 13.6 |
| 新疆 | 15.69 | 10.49 | 6.2 | 4.1 |

表 2.4　　　　　西北地区受旱粮食减产率和受旱人口率统计

| 流域 | 1949—1990 年平均 | | 1971—1990 年平均 | | 1981—1990 年平均 | | 受旱率/% | | 成灾率/% | |
|---|---|---|---|---|---|---|---|---|---|---|
| | 受旱粮食率/% | 受旱人口率/% | 受旱粮食率/% | 受旱人口率/% | 受旱粮食率/% | 受旱人口率/% | 最大值 | 年份 | 最大值 | 年份 |
| 新疆 | 5.2 | 2.3 | 5.8 | 2.3 | 7 | 2.8 | 11.4 | 1962 | 7.3 | 1962 |
| 内蒙古 | 8.3 | 17.8 | 8.6 | 18.1 | 8.8 | 19.3 | 30.4 | 1972 | 35.3 | 1989 |
| 西北 | 8 | 22.5 | 8.2 | 21.9 | 8 | 25.4 | 19.8 | 1962 | 44.2 | 1960 |

表 2.5　　　　　　　　　西北地区干旱灾害统计

| 分区 | 1949—1990 年平均 | | 1971—1990 年平均 | | 1981—1990 年平均 | | 受旱率/% | | 成灾率/% | |
|---|---|---|---|---|---|---|---|---|---|---|
| | 受旱率/% | 成灾率/% | 受旱率/% | 成灾率/% | 受旱率/% | 成灾率/% | 最大值 | 年份 | 最大值 | 年份 |
| 新疆 | 6.2 | 4.1 | 6.8 | 4.6 | 7.9 | 5.3 | 14.9 | 1989 | 9.7 | 1962 |
| 内蒙古 | 20 | 9.9 | 22.9 | 11.1 | 23.3 | 12.5 | 46.3 | 1972 | 28.6 | 1989 |
| 西北 | 19.3 | 11 | 22 | 13.5 | 22.5 | 13 | 36 | 1962 | 27.2 | 1962 |

## 2.2.1.2　季节性干旱变化规律

从农业季节性旱情看，新疆北部灌区多发生春旱，南部灌区多发生春、秋旱；宁夏多为春夏连旱，甘肃、青海多为春、夏旱（春旱指 3—5 月所发生的干旱，夏旱指 6—8 月，秋旱指 9—11 月）。西北地区内陆河流域主要是灌溉农业，其灌溉水源主要是河道径流（也有部分灌区是抽取地下水），而河道径流补给来源不一，可能来自高山冰雪融水，可能来自降水，也可能来自混合型补给，因而，气象要素的变化并不能客观反映农业干旱的规律性变化，水文干旱和农业干旱之间也具有明显的不同步性。从水文干旱发生的规律看，内陆河流域大多数河流河道来水最小月份发生在枯水季的 12 月到次年 2 月，春季来水3—5 月约占全年来水量的 10%~25%，秋季来水 9—11 月约占全年来水量的

10%～20%，故水文干旱一般发生在枯水季。从农业干旱发生的规律看，农作物多受灌溉期内灌溉水源年内、年际丰枯变化的影响。以河道来水作为主要补给源的区域，相对于农业灌溉期的3—11月而言，农业干旱大多发生在3—5月和9—11月，普遍发生春、秋旱的规律性比较明显，但对于河道来水四季较平稳且夏季农作物正值需水高峰期而河道来水相对不足的地区也是干旱季节。真正意义上因水源不足或因缺乏灌溉水利工程而造成的是夏旱，也有地区因农业灌溉面积规模发展过大而发生干旱。

## 2.2.2 西北内陆河流域干旱成因

### 2.2.2.1 气象干旱成因

对西北地区干旱问题的研究，早在20世纪50年代末高由禧等[153]就进行过融冰化雪改变西北干旱面貌的试验；"九五"期间，国家重大科技项目03子专题对西北干旱气候及形成机制开展了较系统深入的研究。概括起来，西北地区气象干旱的影响因素主要有[154]：①地理位置，西北干旱气候区位于中亚大陆腹地，远离海洋，海洋湿润空气不易到达；②地形，青藏高原的隆起使此气候区向北偏离副热带至中低纬度地区，且副热带大气环流在山脉背风坡做下沉运动；③青藏高原的热力作用使位于其北部的西北干旱区反气旋环流盛行，形成了不利于降水发生的下沉气流区；④尽管典型干旱区以感热为主[155]，但有降水发生时，潜热的重要性也不可忽略，由于下垫面为自由大气输送的水分极少，导致潜热释放也极少，使自由大气表现为"热汇"和"湿汇"，且下沉趋势加强，不利于降水发生；⑤大气中大量的沙尘使其稳定性增强，抑制了大气上升运动的发展；⑥沙漠或戈壁下垫面对太阳加热响应迅速，使地面蒸发力强，加重了干旱化程度；⑦北半球极涡活动、赤道太平洋海温、中纬度西风带扰动等因素影响了该区域的夏季降水。所有这些因素不仅造成西北干旱区偏离全球干旱气候带，而且面积更广大、旱情更重，且逐年加剧[156]。

### 2.2.2.2 水文干旱成因

内陆河流域降雨稀少、蒸发强烈，平原区的降雨虽能部分反映干旱规律，但河道天然来水量的变化更能反映干旱波动，河道径流变化规律与其补给形式关系密切，表现为：①季节性积雪融水补给型河流的特点是春季河道来水所占比重较大，集中在4月下旬至5月份，其干旱状况主要受气温影响；②高山冰川融水和降水混合型河流的特点是春季冰川融水量相对较少，但降雨量相对较多，夏季高山冰雪融水量增大且降雨量大，其径流受气温和降水双重因素影响；③主要以高山冰川融水补给为主的河流特点是洪水过分集中于夏季的7月或8月份，且峰高量大，其径流主要受夏季气温影响；④以降水补给为主的中小河流径流汇集区分布在高程较低的低山丘陵，其径流特点是春、夏河道来水随降雨过程变化，规律性差，年际间同样的河道年来水量因降水时间的不同而出现不同的干旱状况；⑤以泉水形式补给的河流径流补给源也是冰雪融水和降雨的混合水源，但由于特殊的地质构造，山区形成的径流经地下水贮水构造调蓄作用滞后一段时间后补给河道，使得这类河流径流年内变化相对平稳，春秋冬三季河道来水变化不大，只在夏季因暴雨形成较大的洪水，其径流主要受气温和降水影响，且有滞后性，此类河流夏旱出现的频次较高，春夏连旱也较常见。

### 2.2.2.3 农业干旱成因

灌溉农业是内陆河流域的主要特征，农业干旱的发生和发展受气象水文条件、灌溉水源、水利工程、作物类型等的综合影响而呈现明显的季节性变化规律。

首先，水文气象条件的变化是造成农业旱情季节变化的主要原因。降水是土壤-植物-大气系统水分平衡和水分循环中的主要过程，西北地区春季降水偏少，气温升高快，春季灌溉供用水矛盾突出，长期受春旱困扰；入秋季节遇到气温较常年偏高、干旱少雨的情况，会加剧农田失墒和农作物水分的蒸散，出现秋旱。其次，农业旱情的季节性变化与灌溉水源关系密切，内陆河流域河川径流年内分配不均、年际变化大，造成作物生长的季节性供水不足，农业旱情每年都有发生。以降水补给为主的河流径流量与流域内山区降水量有关，在3—8月作物灌溉期受旱的次数较多但连旱的情况不多；以冰雪融水补给为主的河流径流量与气温高低有关，春旱发生的频次最高，且由于提前在秋季和初冬进行播前灌，造成秋水不足，秋旱也时有发生；混合补给型河流春末夏初季节河道来水量相对于冬小麦二水及棉花播前灌溉需水量显出不足，易出现"卡脖子旱"。再次，水利工程供水能力对农业干旱也产生较大影响。在非汛期或来水偏少年份水利工程蓄水、引水和灌溉系统输配水能力不足则导致农业供水不能满足正常需求，导致季节性干旱发生，甚至部分地区连年持续干旱。最后，农作物种植结构的变化也会导致旱情的发生。不同的作物品种需水情况不一，调整种植结构在一定程度上能改变旱情的集中发生概率。此外，社会经济用水量的增大也加剧了农业旱情的发生发展。随着城市化进程的加快，工业和生活需水量剧增，应对策略多是压缩农业和生态需水量来保证生活和工业用水，造成正常来水年份农业需水也可能得不到满足。

### 2.2.2.4 生态干旱成因

内陆河流域生态本底脆弱而敏感，水资源是制约生态系统稳定和健康发展的主要因素。就自然生态系统而言，降水和地下水是天然植被赖以生存的主要水源，造成其干旱的原因主要是降水量的减少以及地下水位的下降，使生态需水得不到满足。

远离人工绿洲、沿河床分布的天然植被受地下水位和有限的降水影响较大；梭梭、白梭梭、柽柳、沙拐枣、沙蒿、三芒草等荒漠沙生植被主要受地下水位的影响。由于春季时间短促，一般内陆河流域平原区春季升温快、风多、降雨量相对偏少，而此时山区气温上升缓慢、融雪水量小，因此天然绿洲生态系统在春季受旱的可能性较大；入秋季节高温少雨的天气会加剧土壤水分的蒸散，天然草场可能遭受较严重干旱。降水因素基本不受人为控制，而地下水位主要受水资源开发利用的影响，由于社会经济需用水量的剧增，导致生态环境需水被挤占，地下水位不断降低，天然植被面积萎缩、退化，湖泊湿地面积大面积减少，河道径流量减少甚至断流长度增加，这种因素引起的生态干旱基本无季节变化，且旱情长期存在。

## 2.3 内陆河流域二元水循环与干旱类型演化关系

西北地区高山高原和山前盆地相间的地形特征，形成了干旱地带独特的水循环系统，构成了水力联系不甚密切的内陆河大、小流域。在人类活动的影响下，内陆河流域形成了具有层次结构和整体功能的复合系统，该系统由社会经济系统、生态环境系统、水资源系统组成。水资源在内陆河流域水循环过程中形成和转化，在社会经济和生态系统中此消彼长，因此，内陆河流域水循环各环节中水分的收支情况决定着干旱的发生与演化方向。

### 2.3.1 内陆河流域二元水循环特征

#### 2.3.1.1 天然状态下的水循环过程

内陆河上游山区为径流形成区，海拔较高而基本无人类活动，山区降水形成径流并沿程加大，水资源在形成转化的同时支撑了山地生态系统。出山口以下为降水稀少的平原区，大部分地区基本不产流。径流出山口后，地表水和地下水相互转换，期间不断发生蒸散发和渗漏，最终消失。平原盆地上中游的沿河两岸，属于径流消耗和地表-地下水强烈转化区，50%以上的出山口径流支撑了人工绿洲生态系统；平原盆地下游和人工生态系统周边地带属于径流排泄、积累和蒸散发区，水资源支撑了天然绿洲、内陆河尾闾水域及低湿生态系统；尾闾、天然绿洲周边及下游广大荒漠区属于水分严重稀缺的无流区，依靠极为有限的降水和大气凝结水支撑着脆弱的荒漠生态系统❶。

以玛纳斯河流域为例，内陆河流域天然水循环模式见图 2.3（图中箭头方向代表水循环转化方向，数字代表转化中的水量百分比）。可以看出，玛纳斯

---

❶ 摘自"九五"国家科技攻关专题"西北地区水资源合理配置和承载能力研究"报告。

河流域 85% 的降水发生在山区，其中 9% 降在冰川区。多年平均条件下冰川的补给量和排泄量近似相等，约 2/9 的冰川补给量以升华的形式直接蒸发进入大气，2/9 强的补给量以融水的形式直接形成山区地表径流，近 5/9 的补给量以冰川融水的形式入渗补给地下水。山区地表水的来源除冰川融水外，还有山区降水产流、山区地下水的基流补给两项；山区地下水的补给来源分为两部分：近 1/8 来自冰川融水，7/8 为降水。山区地下水的排泄途径有 3 条：潜水蒸发，占排泄总量的 1/7 左右；向山区地表径流的基流排泄，占排泄总量的 5/7 强；山区向平原区的山前侧渗，占排泄总量的 1/7 弱，其中 90% 以上的侧渗量补给了平原区潜水，不足 10% 补给了平原区承压水。

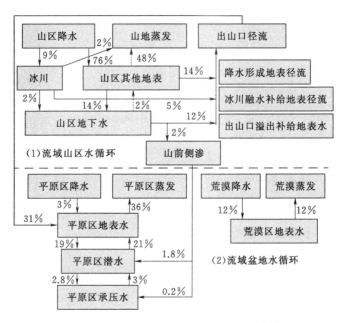

图 2.3　玛纳斯河流域天然水循环模式[157]

### 2.3.1.2　天然-人工二元水循环结构

随着人类活动对天然水循环系统的干扰力度增加，在内陆河流域平原绿洲区，水循环内在驱动力呈现出明显的"天然"和"人工"二元结构，甚至人工作用力的影响超过了天然驱动力。在人工驱动力的作用下，水资源形成与转化的结构和要素发生了改变。从水循环结构来说，水资源开发利用改变了江河湖泊关系，改变了地下水的赋存环境，也改变了地下水和地表水的转化路径。在坡面-河道汇流的大框架下，形成了具有取水-输水-用水-耗水-排水五大基本环节的人工侧支循环，它与天然水循环过程存在动态的依存关系。从水循环要素来说，在天然水循环的降水、蒸发、径流、入渗、补给等要素的基础上增加了取水、输水、用水、排水四大要素，在改变自然下垫面条件的同时，把一部分水资源转化为人类可控的水资源量，从而改变了天然水循环的结构、驱动力和各种参数[158]。

随着人工侧支循环范围的增大，人工与自然水循环的互动关系不断增强。不考虑荒漠区水循环，内陆河流域二元水循环结构见图2.4。在水循环通量一定的系统中，人工侧支取用水量与天然水循环中的水通量存在此消彼长的关系；取用水所消耗的能量可能与天然水循环完全不同，引水和提水工程的修建改变了其"水往低处流"的格局；大规模的蓄水工程（如水库、坑塘）和生产活动导致的下垫面条件变化影响着局部小气候，改变汇流和地下水补给特性，特别是在人类活动剧烈的平原区。流域人工侧支水循环的形成和发展使得天然状态下地表径流和地下径流量不断转移为国民经济供用水量，社会水循环中的排水量再转移为地表径流，导致了流域内天然和人工生态系统中水分盈亏的变化。

### 2.3.1.3 内陆河流域水资源天然-人工二元水循环特性

内陆河流域因其独特的地形、气候、环境条件，二元水循环有其特性❶。

（1）平原绿洲区和山区水循环的差异：山区受人类活动影响较小，其降水、产流、蒸发特性基本未变；平原区内部的广大荒漠区均属于无流区，其水循环特性也基本未变，但平原绿洲区受人为干扰严重，水资源的开发利用使水循环内部结构发生了较大改变：河流出山口不远处建有引水渠、山区水库等，引走大量径流用于农业灌溉和工业及生活用水，由此形成水资源的人工侧支循环。如玛纳斯河流域的渠首引水量占出山口径流量的3/4左右。

（2）水循环通量的二元化：平原绿洲区的天然水循环通量可以分为四项：引水后余留的河川径流、山前侧渗潜水径流、山前侧渗承压水径流、降水入渗潜水径流；对内陆河流域平均而言，其通量为流域降水通量的16%左右。人工侧支循环通量由地表水、潜水、承压水三项的实际供水量构成，其通量为流域降水通量的19%左右，已经超过了绿洲区的天然水循环通量。

（3）补给排泄量的二元结构：从绿洲地区地下水系统的总补给关系来看，水库、渠系、田间三项入渗补给构成人工转化补给量，降水与河道两项入渗补给构成天然转化补给量。倾斜平原前缘溢出带为农田灌溉区，其间渠道引水使天然河道流量减少，相应减少了河流对平原地下水的入渗补给量，但增加了渠系、水库和灌溉入渗等人工入渗补给量。流域主要农耕灌区大多分布于冲积平原区，渠系和灌溉水库入渗为其主要的垂直补给源，侧向径流为其主要的水平

---

❶ 摘编自"九五"国家科技攻关项目"西北地区水资源合理开发利用与生态环境保护研究"相关专题报告。

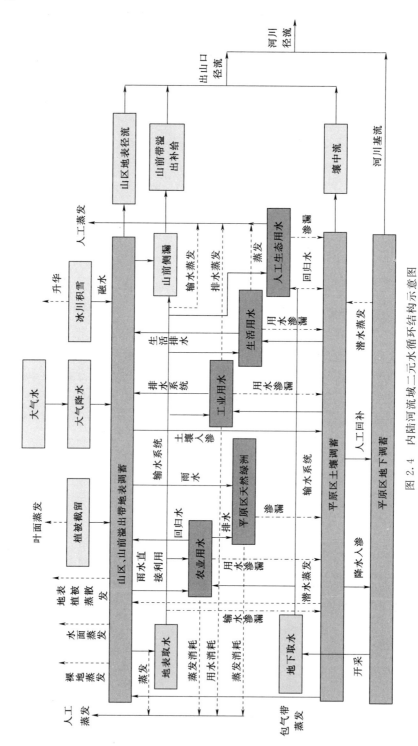

图 2.4　内陆河流域二元水循环结构示意图

补给源。对西北内陆河流域的一般情况而言，人工转化补给量已经占到绿洲区地下水补给总量的 55%～60%。从绿洲区地下水系统的总排泄关系看，排泄量包含天然状态下的侧渗流出、潜水蒸发、泉水溢出三项和人工活动增加的人工重力排水和抽水二项，以自然排泄为主。但随着水资源开发利用程度的提高，泉域范围内地下水排泄补给量减少，导致了泉流量的大量减少。如河西走廊 20 世纪 50 年代的泉流量为 32 亿 m³/a，60 年代减少到 28 亿 m³/a，70 年代减至 22 亿 m³/a，目前石羊河流域的泉水溢出量几乎衰减殆尽。由此可以看出内陆河平原绿洲区天然水循环和人工侧支循环间强烈的相互转化作用。

（4）蒸发量的二元组成：天然生态系统形成天然蒸发，人工侧支循环支撑了人工绿洲系统的蒸发，人工蒸发由人工水面蒸发、人工灌溉面积上的蒸发以及生活与工业用水蒸发构成，其余均是天然蒸发。目前，来自于人工侧支循环的蒸发量已经占到绿洲蒸发总量的 34%。

## 2.3.2 绿洲区水资源–生态系统动态演化与生态干旱

水是内陆河流域一切生态过程的驱动因子，流域内山区降水集流、绿洲区集约转化、荒漠区径流耗散的水循环和水资源分配机理，形成了以森林、草甸为主体的山地垂直带谱和以绿洲、过渡带、荒漠交错区为圈层的平原区水平带谱，构成了以荒漠为基质、径流为核心、植被为主体的绿洲生态系统圈层结构[159]。干旱区生态本底从地带性尺度制约着绿洲演替，而内陆河流域的水循环特征从非地带尺度决定着绿洲及过渡带的演替，在天然水循环基础上形成的人工侧支循环及两者此消彼长的关系是干旱区内陆河流域物质转化、能量流动、信息传递的基础和条件[160]。

### 2.3.2.1 内流河流域地表水与地下水的循环转化

地表水与地下水的多次转化是内陆河流域水循环的基本方式。天然状态下，内陆河流域山区地表径流的 80%～90% 经山前戈壁带渗入地下，转化为地下水。在戈壁带前缘，60%～80% 的地下水一部分以山前侧渗和泉水溢出形式排泄（见图 2.4），成为绿洲的主要灌溉水源；一部分以地下径流形式进入平原区，并通过潜水蒸发排泄。进入平原区地表的绿洲灌溉用水一部分又通过土壤回渗地下，形成回归水；以地下径流的形式存在并流向沙漠地带的水资源量很有限（参考图 2.3）。

在天山北麓平原、柴达木盆地南部昆仑山山前平原、河西走廊以及某些山间盆地泉水溢出量占到同一地区出山口河川径流相当大的比例，如天山北麓泉水量占河流出山口总水量的 30%，玛纳斯河流域（1978 年调查）泉水量占河川总径流量的 57%，说明河川径流与地下水之间存在大量频繁的转化关系。这一方面提高了水资源的利用效率，另一方面影响和制约了各种形式水资源的开发利用，使水量转化中的各个环节相互影响，形成了动态转化链。大规模的地下水开采会导致河川径流的大量减少，同样，人工侧支循环中引走的河川水量增加可能造成地下水位的大面积下降、溢出带泉水量消减甚至枯竭、河流下游径流减少与水质恶化。在人工侧支循环水通量不断增加的同时，天山北麓山前平原中上部近 30 年来地下水位普遍下降了 3～10m，1985 年前后系统的监测证实，从奇台到玛纳斯地区，地下水位继续以 0.3～1.2m/a 的速率下降；呼图壁、玛纳斯河洪积扇一带泉水溢出量以每年 7％的速率递减。

### 2.3.2.2　绿洲生态耗水机理

内陆河流域平原区的地表水和地下水构成统一的水资源系统和完整的生态系统。当地表水丰富时，地下水水位高；当地表径流减少时，地下水水位低；地下水位的动态变化较地表水位滞后约 2～3 个月[161]。天然绿洲赖以生存的水分供应以河川径流、浅层地下水为主，平原区地下水埋深浅，大部分为 1～3m，除少部分以泉流和排水渠方式排泄外，大部分以潜水蒸发方式排泄，支撑平原区天然绿洲的生存。

在适宜地下水埋深范围内，植被长势良好，出现频率较高，相应的植被盖度也大。合理的地下水位上限是潜水蒸发强烈时的埋深，下限是潜水蒸发极限深度（即引起天然植物凋萎以致死亡的地下水埋深临界值）。地下水位通过植物的根系层土壤含水量对作物水分利用和生长发育产生影响，一般平均土壤含水量小于 9.7％时，天然植物就无法正常生长，甚至死亡。中国科学院新疆生态与地理研究所郭占荣等[162]曾在塔里木河干流天然植被区对详细调查的 21 个土壤剖面的土壤含水量进行了相关分析，发现平均土壤含水量与地下水埋深呈指数下降关系：$y = 35.726\exp(-0.0185x)$。

### 2.3.2.3　生态干旱与生态系统演化

在西北干旱区，绿洲植被的分布、长势及演替与地下水位、土壤水分和盐分的变化关系密切。若地下水位过高，在蒸发的作用下，土壤易发生盐渍化，对耐盐度低的植物产生胁迫；若地下水位过低，毛管上升水不易到达植物根系层，上层土壤发生干旱，植物生长受到水分胁迫，甚至因发生干旱而死亡，植被盖度降低。天然绿洲植被存亡与地下水位的关系见图 2.5。

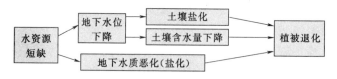

图 2.5　天然绿洲地下水位与植被生长的关系

平原绿洲区人工侧支水循环总的水文效应是，地表水通量、地下水的补给和排泄条件变化改变了地下水资源量及其分布。主要表现在：在灌溉绿洲区，大量的灌溉用水导致水资源垂直方向转化加强，入渗补给使地下水位升高，灌溉期可达 1.5m，从而增加了无效潜水蒸发；在绿洲区下游，由于上中游用水消耗加大，河道水量减少，地表和地下径流的水平运动减弱，地下水位下降，依赖潜水维持生命活动的地表植被因地下水位不能达到临界水深而退化，引起分布于河流沿岸的河谷林带变窄，整体功能减弱，河流尾闾及湖沼湿地植被退化；地下水位降低的同时，地下水矿化度升高，水质恶化，根系层土壤含盐量升高，引起植被类型的演化（见图 2.6），导致地表植被覆盖度降低，生态干旱发生，甚至干旱范围的扩大。

　　人类活动和气候变化，特别是降水和温度波动是影响水资源丰枯变化和天然绿洲演变的驱动力，水资源的循环转化过程决定了平原区绿洲的水分状况。人工侧支水循环表现了水资源开发利用与平原绿洲生态系统演化的动态关系，水源条件的微小变化即可引起生态环境的小幅波动，造成生态系统结构和组成的变化，促使天然绿洲与荒漠生态系统的相互演变，图 2.6 所示的河岸林→灌丛草地→盐化草甸植物群落→盐生植被→荒漠植被→裸地（或沙化的植被）的演替过程在干旱区十分普遍。

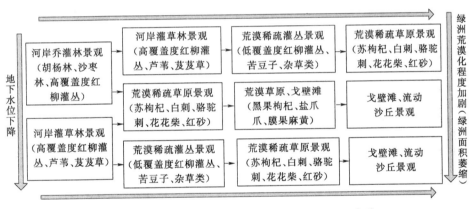

图 2.6　天然绿洲各景观生态类型之间的演替规律[163]

## 2.3.3　二元水循环驱动力下的干旱演化过程及影响因素

### 2.3.3.1　二元水循环驱动力下的干旱演化过程

　　不包括外流域调水的内陆河流域二元水循环作用力下的干旱演化模式见图 2.7。

　　内陆河流域天然水循环过程包括水分从大气进入地下含水层的各环节，涉及降水、蒸发、产汇流、补给和排泄，水资源存在形式包括大气水、地表水、土壤水和平原区地下水；人工侧支循环包含供水（蓄、引、提、灌工程）、输水、用水、耗水和排水环节，涉及生产（农业、社会经济和工业用水）生活和

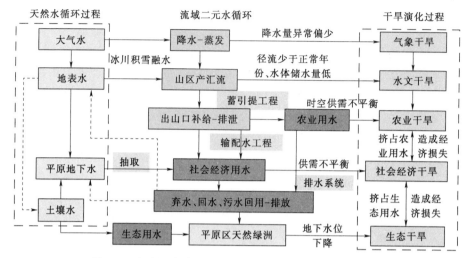

图 2.7　内陆河流域二元水循环驱动力下的干旱演化过程

生态用水；干旱演化过程包含从气象干旱到水文干旱，再到农业干旱，而后造成生态干旱和社会经济干旱的双向作用，演化过程主要取决于水循环各环节中水通量的多少和分布状况。

　　大气水通过降水的形式形成流域可利用的水资源，若降水量异常偏少将造成气象干旱。随着时间的推移，降水量在蒸发的同时，一方面形成地表径流和河道径流，另一方面入渗形成土壤水和地下水，若河川径流量小于正常年份，且湖泊水库等水体储水量偏低，则形成水文干旱。河道径流经出山口后被各种水利工程所拦截引取，通过输配水工程用于农业灌溉和社会经济发展，若河道径流时空分布不能满足农业和社会经济的需求，则形成农业干旱和造成一定的社会经济损失。由于社会经济用水保证率高，势必挤占农业用水，造成农业干旱形势的加重，而农业干旱引起的粮食减产则进一步造成了社会经济的损失。一方面，当地表水不能满足社会经济用水需求时，可能大量抽取地下水，造成平原区地下水位下降，植被根系层受水分胁迫，引起平原区天然绿洲面积的萎缩、退化，湖泊湿地水位下降等，引发生态干旱的产生；另一方面，生产和生活排水通过土壤调蓄进入地下含水层，同时被天然绿洲植被利用，若这些排水含盐或污染物超标，则可能造成绿洲植被的死亡，加剧生态干旱，也增加了对社会经济发展的影响，造成一定的社会经济损失。

### 2.3.3.2　干旱演化过程的主要影响因素

　　（1）气象因素是决定各类干旱发生与否的主要因素。降水量的多少是决定地表水、地下水和土壤水互相转化量的关键因素，内陆河流域冰川积雪产生的径流量也不容忽略，而决定冰川积雪径流的主要因素是气温和辐射量。因此，降水量偏少的程度影响着各种水资源短缺的程度，气温的升高和辐射量增强会影响内陆河流域水循环要素中的冰川区径流、流域内蒸发和消耗等，其他大气要素，如干湿度和风速，也影响着土壤和作物水分的支出，对各类干旱的发生有一定的推动作用。此外，前期天气状况的累积效应对干旱的严重程度也有影响。气象因素首先影响天然水循环过程，内陆河流域山区的天然水循环过程基本未受人为干扰，故降水异常偏少和气温变化首先引起山区的气象干旱和水文干旱。

（2）水资源利用是决定农业干旱和社会经济干旱的关键因子。对于平原绿洲区，水资源的开发利用状况决定了人工侧支循环中的水通量，若气象干旱和水文干旱前期，水库、渠道等供水系统中水量充足，则不会引起或推迟农业干旱和生态干旱的出现；但若气象和水文干旱进一步加剧，人工侧支水循环通量受到影响，则可能造成农业和社会经济干旱。两种类型干旱出现的顺序可能不一，取决于流域水管理水平和缺水程度。一般来说，最可能先发生农业干旱，造成一定的经济损失，而后进一步引起工业和生活用水短缺，发生更严重的社会经济干旱。

（3）下垫面条件使得农业干旱的严重程度有较大差别。下垫面条件一方面影响水资源的水平运动——汇流，另一方面影响水资源的垂直运动——入渗和蒸发。无论大气降水、地表水，还是地下水，都必须通过地表的调蓄作用，变成土壤水后才能被作物吸收利用。在透水界面上，土壤既是作物生长的载体，又是水分和养分的储存库，使大气间断性的不均匀降水以及灌溉供水变为对作物连续的均匀给水。土壤的水分亏缺是导致农业干旱的直接原因，而土壤水分与土壤质地、耕作措施、施肥等都有关系。不同质地、不同结构的土壤保水性有较大差别，不同坡度的土地径流系数有差异，农业干旱的程度也会有较大差异。

（4）生态干旱与其他干旱类型关系密切。生态干旱指的是内陆河流域内天然植被的水分短缺，降水和径流是影响生态干旱的决定性因素，即气象干旱和水文干旱持续一段时间后，肯定会引起生态干旱；即使未出现农业干旱，灌溉农业用水引走了大量的天然径流，挤占生态用水，也会引起生态干旱；人类城市化进程的加剧使工业和生活用水增加，又减少了天然径流或抽取一部分地下水，加剧了生态干旱的发生发展。除此之外，突发性污染事件和生产生活排出的污水可能在短期内引起社会经济和农业干旱，进而引起生态干旱。

## 2.4 本章小结

干旱是指各研究对象所在系统的水分亏缺状况，与各系统中水资源量的相对多寡密切相关。本章在提出干旱分类及其相互关系的基础上，主要总结概括了西北内陆河流域自然-人工二元水循环模式及其与干旱形成和演化的关系，研究了内陆河流域干旱评估的理论基础。

提出了生态干旱的定义及其评估指标，并将干旱分为气象、水文、农业、生态以及社会经济干旱五种类型，指出干旱类型间的关系及其相互转化条件；利用头脑风暴法、情景分析法、故障树法等风险因子辨别方法，总结了西北干旱内陆河流域的干旱风险因子，主要为气温、降水、地表水体储水量、土壤墒情、土壤类型、作物品种、生长期、人为管理措施、国民经济取用水量、地下水位、植被盖度等因素；在此基础上，提出了干旱受体分析-干旱评估-干旱风险表征-干旱风险管理与调控四步骤的干旱评估流程。

根据统计数据分析了西北地区传统意义上的干旱时空变化规律和农业旱情的季节性变化规律，指出西北地区旱情具有频率增加的趋势，农业干旱因受到降水和灌溉水源等因素的综合影响而呈现出明显的季节性变化；从干旱影响因素的角度分析了西北内陆河流域气象、水文、农业和生态干旱的形成机理，指出气象干旱受地形、大气环流、太阳辐射等多种因素的综合影响，其发生和变化具有不可控性，也是造成其他类型干旱的主要条件；内陆河流域山区降水产流、平原区径流耗散，水循环具有明显的自然-人工二元结构，从水循环角度分析了干旱的发生演化与径流、入渗、蒸发、排泄各环节中水通量的关系，指出气象因素和水资源开发利用是影响水资源丰枯变化和各环节中水通量的两大驱动力，水资源的循环转化过程决定了平原区绿洲的水分状况，进而影响着水文、农业和生态干旱的发生和演化。

# 第3章 基于二元水循环的
# 干旱演化模拟模型

随着人类活动影响的增强，人工或社会水循环过程逐渐明显，流域水循环从过去的以自然水循环模式为主导逐渐向自然-人工二元水循环模式演变。流域二元水循环模拟是在二元驱动力下识别水循环及水资源演变的基本手段。流域干旱过程、干旱程度及其影响因素涉及水循环的各个环节，欲将干旱过程描述清楚，并将干旱程度量化，就需要把水循环的降水、蒸发、径流、入渗等要素准确定量，并能够在空间和时间上明确表达。因此，基于二元水循环模式的具有一定物理机制的分布式水文模型即成为揭示干旱机理、模拟与描述干旱过程的基本工具之一。

## 3.1 内陆河流域水资源二元演化模拟模型

人类活动的日益增强使下垫面条件变化显著，影响了流域产汇流和水资源时空分布规律[164]，考虑人类活动影响的自然-人工二元动态水资源演化模拟模型的基本视角是，实现天然水循环要素与人工侧支循环要素间的实测-分离-耦合-建模。分离指在实测水文量中识别自然要素与人类活动影响各自的贡献；耦合指对分离后的各项参量保持其间的动态联系[158]。利用传统的集总式水文模型已不能很好地反映具有二元结构的水循环及其伴生过程的演化规律，基于物理机制的分布式水文模型能够深刻反映二元驱动力下下垫面空间异质性引起的水资源循环转化过程。

### 3.1.1 二元水循环演化模型基本关系

通过对天然水循环与人工侧支循环过程的分离，同时保持天然与人工过程的分离-耦合动态机制，可以建立内陆河水资源的二元演化模型，其描述对象是流域水资源的各类转化关系，其基本概念和关系描述如下：

（1）在流域水循环的基础上，定义降水为流域水循环通量，定义不重复的动态产水量为水资源量，保持自然与人类活动对地表和地下产水量的动态影响。

（2）将地表水开发利用形成的人工侧支循环概化为四个基本环节：取水（蓄、引、提）、输水、用水、排水过程。由于在每一个过程中都存在蒸发与渗漏，因此人工侧支循环过程每个环节均与天然水循环有着密切的定量关系。通过对每一环节具体类型的蒸发、渗漏的计算,可以对地表水侧支循环从起点到回归点进行定量描述,从而为人工侧支循环与天然水循环的耦合奠定基础。地下水开发利用形成的人工侧支循环相对简单,其取水和输水环节的蒸发渗漏均不计,只考虑用水过程和回归过程的蒸发渗漏即可。地下水取用后分别形成生产过程的蒸发渗漏、产品消耗、排水三项,而在排水过程中产生蒸发、入渗到地下水、回归到地表径流等几项。

(3) 将地表水系统全部的蒸发、入渗、收入、支出项和地下水系统全部的补给、排泄、收入、支出项分离为天然状态下的原有项和水资源开发利用导致的附加项,并保持天然和人工两类收支项间的联系,以及开发利用各量与对应人工项间的联系。

(4) 天然生态系统包括天然植被、湖泊湿地、河流等系统,将水资源二元演化模型中的有效降水深、潜水蒸发深、径流深等天然水循环项的水分相加,作为天然生态系统的水资源支撑条件。若天然水循环提供的可利用水深大于地表植被的最小生态需水深,则植被可以存活但生态稳定性相对脆弱;若可利用水深接近适宜生态需水深,则生态系统状态良好;若该区天然植被有条件直接或间接利用人工系统的供水及退水,则将人工供水折算成水深后与天然可利用水深项相加,作为天然生态系统的生态可利用水量。基于上述步骤可建立内陆干旱区水循环演变与相应生态系统演变的动态关系。

(5) 人工生态系统包括城市生态、农林牧渔业、人工水面、人工供水系统等,其可利用水分包括有效降水、地表水、潜水、承压水、再生回用水等。人工系统的供水量与实际耗水量之差即为排水量或退水量,重新进入到天然水循环中,并再为人工或天然生态系统所利用。

(7) 由于流域水资源同时支撑着生态环境系统和社会经济系统,在水资源不足的情况下,两者将产生用水竞争。本着干旱内陆河流域优先保障生态用水的原则,在流域水资源总量中减去生态用水量,其余部分作为国民经济水资源可利用量,具体计算时还需考虑出入境水量、开发利用的技术经济条件和用水的实际需求情况。

(8) 水资源二元模型同时描述生态用水和国民经济用水,以及两种水量在流域水资源演化过程中的相互作用,其分离-耦合机制可以揭示生态环境需水与国民经济需水的内在竞争关系,从而在生态环境和国民经济系统间建立定量关系。

## 3.1.2　SWAT 模型二元结构

SWAT 模型是美国农业部农业研究所(USDA Agricultural Research Service)历经 30 多年开发的一套适用于复杂大流域的分布式水文物理模型,该模型在国内外大小流域的广泛应用已验证了其在水文模拟、水资源管理方面的良好表现[164]。模型先后出现了 SWAT 98.1、SWAT 99.2、SWAT 2000、SWAT 2005 和 SWAT 2009 版本，在与 GIS 界面结合后出现了 AVSWAT 和 ArcSWAT 版本，后者因其强大的前处理和图形显示分析功能、开源的代码、模拟要素的完整性，正越来越多地得到水利、资源环境等领域广大学者的应用。

模型在开发过程中汇集了农学、水文学、环境学、泥沙科学、计算机科学等众多领域的专家学者，模型在考虑自然水循环过程的同时，增加了人工侧支循环及其伴生过程的模拟，如对水库/坑塘、灌溉用水、工业取水、回归水、农业管理措施等的考虑，对泥沙、污染物、营养物等迁移运动的模拟。本书基于此模型构建内陆河流域水资源二元演化模拟模型。

整个 SWAT 模型由子流域模块、河道径流演算、水库水量平衡和径流演算三个部分组成[165]，模型结构见图 3.1。

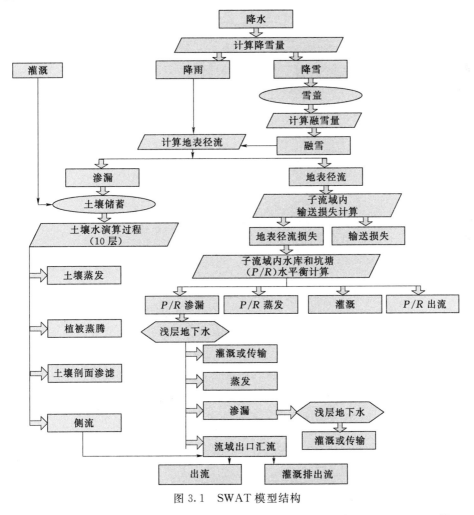

图 3.1 SWAT 模型结构

## 3.2　SWAT 模型基本原理

模型详细原理及模型数据库建立参见文献［166］，此处不再展开叙述。

### 3.2.1　模型子流域模块

模型包括 8 个基本模块，即水文过程模拟模块、气象数据生成模块、泥沙过程模拟模块、土壤温度模块、作物生长模拟模块、营养物质和杀虫剂循环模块以及农业管理模块。

#### 3.2.1.1　水文过程模拟原理

水文过程模拟包括地表径流、洪峰流量计算、土壤中渗流计算、浅层地下水和深层地下水计算、蒸发量计算等，该过程基于基本的土壤水量平衡方程：

$$SW_t = SW + \sum_{i=1}^{t}(R_i - Q_i - ET_i - P_i - QR_i) \tag{3.1}$$

式中：$SW_t$ 为土壤最终含水量；$SW$ 为土壤前期含水量；$t$ 为时间步长；$R_i$ 为第 $i$ 日降水量；$Q_i$ 为第 $i$ 日的地表径流；$ET_i$ 为第 $i$ 日的蒸发量；$P_i$ 为第 $i$ 日土壤剖面地层的渗透量和侧流量；$QR_i$ 为第 $i$ 日的基流量。

地表径流基于日尺度进行计算，模型提供两种产流模式，一种是改进的 SCS 产流模型，另一种是 Green & Ampt 超渗产流模型。其中，SCS 产流模型易与土地利用/覆被变化建立联系，计算时段为日及以上，其径流量根据美国农业部土壤保持研究所 (USDA Soil Conservation Service) 改进的 SCS 曲线数值 $CN$ 计算，计算公式如下：

$$Q = \begin{cases} \dfrac{(P - \theta S)^2}{P + (1 - \theta) \times S}, & P \geqslant \theta S \\ 0, & P \leqslant \theta S \end{cases} \qquad S = \dfrac{25400}{CN} - 254 \tag{3.2}$$

式中：$Q$ 为日地表径流量；$S$ 为流域最大雨水滞留量，是后损的上限；$P$ 为日降水量；$\theta S$ 为降雨初损量，其中 $\theta$ 为常数，美国农业部土壤保持研究所提出的最佳值为 0.12；$CN$ 为反映降雨前土壤蓄水特征的一个综合参数，与流域土壤渗透性、前期土壤湿润程度 AMC、子流域坡度、植被类型、土壤类型和土地利用状况等因素有关，可以根据土地利用类型、土壤性质、植被覆盖、土壤前期湿润条件等查表得出。

Green & Ampt 模型通过计算入渗量来求得地表径流量，其计算公式如下：

$$F_t = F_{t-1} + K_e \times \Delta t + \psi \times \Delta\theta_v \times \ln\left[\dfrac{F_t + \psi \times \Delta\theta_v}{F_{t-1} + \psi \times \Delta\theta_v}\right] \tag{3.3}$$

$$K_e = \dfrac{56.82 \times K_s^{0.286}}{1 + 0.051 \times \exp(0.062 \times CN)} - 2 \tag{3.4}$$

式中：$F_t$、$F_{t-1}$ 分别为时段 $t$ 及其前一时段 $t-1$ 时段的渗漏量；$K_e$ 为土壤有效水力传导度，mm/h，它是饱和水力传导度 $K_s$ 和 SCS 曲线数值 $CN$ 的函数；$\psi$ 为潜在湿润面（wetting front matric potential），它是土壤空隙率、土壤砂、黏土含量的函数，公式详见有关文献；$\Delta\theta_v$ 为通过湿润面的体积含水量改变值。

潜在蒸发量计算有 Hargreaves - Samani 模型、泰勒公式（Priestley - Taylor）和彭曼-蒙蒂斯公式（Penman - Monteith）三种方法，彭曼公式需要风速、日辐射、相对湿度等参数，如果相关信息缺少，利用其他两个公式计算潜在蒸散发量结果比较理想。Hargreaves 模型具有一定的物理基础，所需输入数据仅为气温，易与 RS 相结合。

模型中土壤水蒸发量是土壤深度和含水率的指数函数，土壤最大日蒸发量用公式（3.5）计算，实际每层土壤的蒸发量用公式（3.6）计算：

$$E_s = (E_0 - E_{con}) \times \exp(-5 \times 10^5 CV) \qquad (3.5)$$

$$E_{s,z} = E_s \times \frac{z}{z + \exp(2.374 - 0.00713 \times z)} \qquad (3.6)$$

式中：$E_s$ 为土壤最大日蒸发量，mm/d；$E_0$ 为潜在蒸发能力，mm/d；$E_{con}$ 为冠层截留量，mm/d；$CV$ 是地面生物量和残留量，$kg/hm^2$；$E_{s,z}$ 为一定深度的土壤层日最大蒸发量，mm/d；$z$ 为土壤层厚度，mm。

土壤水渗透量利用储蓄演算方法计算，见公式（3.7）：

$$Q_i = SW_{qi} \left[ 1 - \exp\left( \frac{-\Delta t \times H_i}{SW_i - FC_i} \right) \right] \qquad (3.7)$$

式中：$Q_i$ 为第 $i$ 层土壤日渗透量，mm/h；$SW_{qi}$ 为第 $i$ 层土壤上一日土壤水含量，mm；$\Delta t$ 为时间间隔，24h；$H_i$ 为土壤水力传导度，mm/h；$SW_i$ 为第 $i$ 层土壤的含水量；$FC_i$ 为第 $i$ 层土壤的田间持水量减去凋萎系数，mm。

融雪量是温度的线性函数，见公式（3.8），坑塘储水量是库容、日入流量、出流量、渗漏和蒸发量的函数，见公式（3.9）。

$$SNO_{mlt} = b_{mlt} \cdot sno_{cov} \cdot \left( \frac{T_{snow} + T_{mx}}{2} - T_{mlt} \right)$$

$$b_{mlt} = \frac{b_{mlt6} + b_{mlt12}}{2} + \frac{b_{mlt6} - b_{mlt12}}{2} \cdot \sin\left( \frac{2\pi}{365} \cdot (d_n - 81) \right) \qquad (3.8)$$

式中：$SNO_{mlt}$ 是日融雪量，mm；$sno_{cov}$ 是水文响应单元中积雪覆盖百分数；$T_{snow}$、$T_{mx}$、$T_{mlt}$ 分别是当日雪堆温度、最大日气温和融雪温度，℃；$b_{mlt6}$、$b_{mlt12}$ 分别是 6 月 21 日和 12 月 21 日的融雪因子，mm/(d·℃)，因子变化范围在耕作区域为 1.4~6.9mm/(d·℃)，城镇为 3~8mm/(d·℃)，沥青等不透水地面为 1.7~6.5mm/(d·℃)；$d_n$ 为一年中的日期顺序数，1 月 1 日为 1，12 月 31 日为 365 或 366。

$$V = V_{stored} + V_{flowin} - V_{flowout} + V_{pcp} - V_{evap} - V_{seep} \tag{3.9}$$

式中：$V$、$V_{stored}$、$V_{flowin}$、$V_{flowout}$、$V_{pcp}$、$V_{evap}$、$V_{seep}$ 分别为坑塘水量、上一时段坑塘水储蓄量、入流量、出流量、降水量、蒸发量和渗漏量。

### 3.2.1.2　气象模块原理

气象数据，如降雨、气温、太阳辐射、风速和相对湿度等，是决定流域水平衡和水文循环的重要输入参数。这些数据可通过文件导入，也可利用模型气象发生器生成日值数据或填补缺失数据，但必要条件是已知月降雨和月气温基本资料。模型先独立计算日降雨，其他数据根据是否有降雨而生成。日降雨发生器是修改的马尔科夫链偏态模型或马尔科夫链指数模型，一级马尔科夫链比较模型生成的 0～1 随机数和用户输入的月值资料后，根据前一日的降水定义该日的阴晴，如果被确定为阴（0.1mm 及以上雨量），则降水量根据偏斜分布模型产生；反之降水量则根据修改的指数分布模型计算。日最大、最小气温和日辐射量的变化利用基于弱稳定过程的连续方程计算，然后由正态分布函数根据阴晴条件产生，当天气为阴时下调最大气温和日辐射量，反之上调。模型利用修改的指数函数生成日平均风速，根据月相对湿度利用三角分布函数生成日相对湿度均值，并根据天气阴晴作上下调整。

### 3.2.1.3　土壤温度模块原理

土壤年温度变化遵循正弦函数曲线，并且振幅随深度增加而减小，土壤温度是土壤水运动和土壤残余物腐蚀速度的重要影响因素，土壤温度的季节变化根据改进的 Carslaw 和 Jaeger 等式计算，其中土壤温度是前天的土壤温度、年平均气温、土壤剖面深度和当日土壤表层温度的函数，地表温度与植被覆盖、积雪/裸地温度以及前日地表温度有关，土层温度有地表温度、平均年气温和衰减深度等因素有关。

### 3.2.1.4　作物生长模块原理

SWAT 模型的植被数据库提供了多种植被类型的生理生态参数，模型使用 EPIC 模型中的作物生长模块来模拟植被生长和营养物质循环，并用来计算植被耗水量。利用累计温度作为控制条件，按照能量理论划分植被生长周期。作物生长基于日累积热量，当每种植被生长的适宜温度、开始生长的最低、最高温度确定后，当天的平均气温超过植被的最小生长温度、低于最高温度时，超过 1℃ 计作一个热量单位，否则不计，认为其处于未种植或"休眠"状态。模型能够把多年生和一年生作物分开，一年生作物计算其从播种到收割这段时间内累积的热量；多年生作物热量累积计算方法相同，低于基本温度时不计。

## 3.2.2　河道汇流演算方法

对于给定的河段，SWAT 模型提供了可变容量法和马斯京根法两种河道洪水汇流演算方法。Willams 于 1969 年提出的可变容量汇流演算法（Variable Storage Routing Method）基于连续性方程，见式（3.10），水流运动时间等于水体积除以流速。利用该方法需要输入的河道参数有河道长度、坡度、边坡、曼宁系数等。

$$\Delta t \times \left( \frac{q_{in1} + q_{in2}}{2} \right) - \Delta t \times \left( \frac{q_{out1} + q_{out2}}{2} \right) = Q_2 - Q_1 \qquad (3.10)$$

$$Q_2 = SC \times (q_{inave} \times \Delta t + Q_1)$$

式中：$\Delta t$ 为时间间隔，s；$q_{in1}$、$q_{out1}$、$q_{inave}$ 分别是时段初、末的流量和时段的平均流量，$m^3/s$；$Q_1$、$Q_2$ 分别是时段初、末的水量，$m^3$；$SC$ 为可变容量系数。其中：

$$SC = \frac{2 \times \Delta t}{2 \times TT + \Delta t} \qquad (3.11)$$

式中：$TT$ 为洪水传播时间，s。$TT = Q_1/q_{out1} = Q_2/q_{out2}$。

Muskingum 汇流演算模型较简单且具有一定物理基础。主要计算参数有计算时间步长，初、末时段流量，流量比重，蓄量常数和模型系数等。

### 3.2.3 水库水量平衡和演算

水库水量平衡项包括入流、出流、回流、降雨、蒸发、渗漏和引水，模型提供三种出流计算方法：①直接读入已知数据，计算水量平衡的其他部分；②当水量超过正常库容时按一定速度泄流，超过非常溢洪道的水量在 1 日内泄完，该方法适用于不受控制的小水库；③适用于大水库的月目标容量法。

水库泥沙演算中入流泥沙含量根据水量和泥沙含量使用 MUSLE（Modified Universal Soil Loss Equation）方法计算，水库含沙量采用简单的基于水量、浓度、出流、入流和水库储量的连续方程计算。

### 3.2.4 模型不确定性分析及精度评价

#### 3.2.4.1 敏感性分析方法

模型敏感性分析采用 LH（Latin-Hypercube）模拟和 OAT（One-Factor-At-a-Time）设计相结合的方法，以 LH 样本点作为 OAT 设计的初始点。LH 抽样法是 Mckay 等于 1979 年提出来的，它能够在减少运行次数的情况下执行随机抽样算法（如蒙特卡洛抽样），并得到鲁棒性分析（即系统稳健性）。它基于蒙特卡洛模拟，但采用直接分层抽样的方法，把参数分布分为 $n$ 个区域，并假设参数在每个区域出现的概率均为 $1/n$，在每个区域内产生随机数且保证只进行一次抽样。该模型结果通常采用多变量线性回归或相关分析方法分析，因此，它主要的缺点是其线性假设，若不完全满足线性关系，则模型结果可能产生偏差。

　　OAT方法在1991年由Morris提出，其特点是模型每运行一次仅一个参数值发生变化，可将输出结果的变化明确地归因于某一特定输入参数值的变化。模型运行 $n+1$ 次以获取 $n$ 个参数中某一特定参数的灵敏度。其缺点是某一特定输入参数值的变化引起的输出结果的灵敏度大小依赖于模型其他参数值的选取（可视为局部灵敏度值），灵敏度最终值是各局部灵敏度之和的平均值。

　　LH－OAT方法结合了LH算法的稳健性和OAT算法的精确抽样性，根据LH抽样方法分层，从每层中分别抽取1个LH抽样点（包括 $p$ 个参数的参数集合），然后再从某LH抽样点中进行 $p$ 次参数改变，每次只改变一个参数。假如LH方法里有 $m$ 个间隔，模型则需运行 $m(p+1)$ 次。LH－OAT法保证了参数敏感性分析的稳健性和有效性，能有效获取影响模型结果的主要参数因子。

### 3.2.4.2　模型参数率定算法

　　SWAT模型不确定性分析及参数自动率定采用SCE－UA法。SCE－UA算法是目前对于复杂非线性分布式水文模型采用随机搜索方法寻优最为成功的方法之一。它通过在样本总体中对可优化参数空间进行随机抽样来优化参数，将样本总体分成几个组合体，各组合体由 $2P+1$ 个点组成，每个组合体独立使用单纯形法则，然后这些组合体被周期性地混合而形成新的组合体以便于获取新信息，这种方法能够搜索所有参数空间直到参数达到总体最优，成功率是 $100\%$。

　　不确定分析的目的是为了定量验证模型结果的可靠性，不确定性因素来源可分为输入资料的不确定性、模型结构和观测数据的不确定性。水文模型大多采用分离抽样的方法，即模拟验证期与校核期分离以验证模拟的不确定性。复形进化算法（Shuffled Complex Evolution Algorithm，SCE法）结合了遗传算法、Nelder/Mead算法与急速下降算法的优点，引入种群杂交的概念，在应用于非线性优化问题时效果较好，且输入参数较少，是一种非常有效的全局优化算法。SCE法对SWAT模型进行参数优化的目标函数为：

$$SSQ = \sum_{i=1}^{n}(x_{i,m} - x_{i,s})^2 \qquad (3.12)$$

式中：$x_{i,m}$ 和 $x_{i,s}$ 分别为 $i$ 时间的实测值和模拟值。

### 3.2.4.3　模拟精度评价

　　模拟精度的表达有Nash－Sutcliffe模型效率系数 $R^2$、相关系数 $r^2$ 和相对误差 $R_E$ 等几种表达方式。其中，Nash系数是Nash与Sutcliffe于1970年提出的效率系数，它直观体现了实测与模拟流量过程拟合程度的优劣，在评价模型模拟精度中比较常用。

$$R^2 = 1 - \frac{\sum_{i=1}^{n}(Q_{obs,\,i} - Q_{sim,\,i})^2}{\sum_{i=1}^{n}(Q_{obs,\,i} - \overline{Q}_{obs})^2} \qquad (3.13)$$

实际操作中也有以相关系数 $r$ 作为评价指标的。以实测径流量为自变量 $x$，模拟径流量为因变量 $Y$，作线性相关分析，其表达式为：

$$r = \frac{\sum(x-\overline{x})(Y-\overline{Y})}{\sqrt{\sum(x-\overline{x})^2 \sum(Y-\overline{Y})^2}} \qquad (3.14)$$

模拟径流量和实测径流量的多年平均相对误差 $R_E$，即：

$$R_E = \frac{\overline{Q}_{obs} - \overline{Q}_{sim}}{\overline{Q}_{obs}} \times 100\% \qquad (3.15)$$

## 3.3 模型在西北内陆河流域的适用性分析及改进

### 3.3.1 适用性分析

从模型结构看，SWAT 属于第二类分布式水文模型，即在单个网格单元或子流域上采用传统的集中式概念性模型推求净雨，再进行不同网格上的汇流演算，最后求得出口断面流量[167]。从建模技术看，SWAT 模型采用先进的模块化结构，水循环的每一个环节对应一个子模块，便于模型的扩展和修改。在运行方式上，SWAT 采用独特的命令代码控制方式，用来控制水流在子流域间和河网中的演进过程，这种控制方式使得添加水库的调蓄作用变得十分简单；用 FORTRAN 语言编制的源代码公开，便于修改模型部分和添加适当的模块。在界面开发上，采用与 GIS 界面相结合，前处理过程可视、易操作。在模型原理上，模型充分考虑了土壤、土地利用、人类活动等下垫面因素的空间变异性，模拟更趋于合理化；产流机制中对于地表径流、壤中流、浅层地下径流和深层地下径流的模拟采用理论或半经验算法，能够适用于不同气候条件和下垫面条件下的产汇流情况。

SWAT 模型的上述特征增强了其在不同地区、不同下垫面条件、不同情景的适应性。除此之外，Romanowicz 等[168]认为 SWAT 模型还具备以下优点：

（1）不需要大量输入参数，基本的气象、土壤、地形、植被和土地管理措施资料较易收集，部分气象资料可根据已有的数据自动生成，尤其适用于实测资料相对缺乏或资料不全的地区。

（2）综合的水文模型，能够模拟定量和定性的水文平衡项，也可用于流域气象条件、植被覆盖、管理措施等分布式参数变化的定量影响评价。

（3）模型自带数据库，用户可以利用已有数据库或者在此基础上修改，只需花费少量精力即可实现复杂大流域的模拟预测，且计算效率高，适用性强。

（4）不需要大量校准工作，可以进行流域长时段模拟与预测[169]。

SWAT 在干旱半干旱区水沙及水资源管理模拟应用较少，黄清华等[170]对黑河干流山区流域的模拟认为通过率定，模型能较好地模拟高海拔山区流域多水源径流的水文过程；程磊等[171]从产流机制上探讨了模型在黄河中游窟野河流域的应用，指出 SCS 曲线数方法中由滞蓄量计算得到的关键参数 $CN_2$ 值减少了主观影响，在一定程度上能反映不同气候条件、土壤类型、土地利用和管理条件下的地表产流情况，通过率定 $CN_2$ 值可使地表径流过程符合实际，能够提高模型在不同地区的适用性。

随着 SWAT 模型的推广，不少学者对模型在人类活动强烈的灌区的应用进行了探讨：胡远安等[172]曾对模型模拟水田蓄水的情况进行过修改；代俊峰[173]等改进了模型的灌溉水运动模块、稻田水分循环模块，增加了渠系渗漏模拟模块和塘堰的灌溉模块，改变了陆面水文过程的计算结构及灌溉水与地下水的补排关系，构建了灌区分布式水文模型。前人的这些研究均为在强烈人类活动作用下，为该模型在干旱内陆河流域的应用和改进提供了基础。本书在考虑西北干旱区内陆河流域水循环特性的基础上，对 SWAT 模型的前处理过程和输入参数进行局部改进，构建适用于该地区的二元水循环-干旱演化模拟模型。

### 3.3.2　针对性改进

因在复杂大流域自然水循环方面较高的模拟精度，SWAT 受到广泛关注和应用，但它在干旱区和人类活动较强烈区域的应用受到一定的限制，主要影响因素为：平原绿洲区强烈的人类活动改变了天然水系分布，使原模型河系提取结果精度受到影响；西北内陆河流域融雪径流占总径流量比例较大，原模型对融雪径流的考虑有待改善；原模型中考虑的人工侧支循环用水较简单等。鉴于模型本身的限制和西北内陆河流域的特点，仅利用原来的 SWAT 模型模拟内陆河流域水循环，模拟精度势必受到影响，但目前也没有能较好地解决以上问题且应用广泛的其他模型。因此，本书选择对 SWAT 模型局部水循环过程进行修改，构建具有二元特性的干旱区内陆河流域干旱演化模拟模型，增强其在内陆河流域的适用性。

#### 3.3.2.1　河网提取方法改进

河网提取是分布式水文模型精确模拟的前提与基础，它主要基于数字高程模型（Digital Elevation Model，DEM）编程来实现[174,175]，并集成到各种水文模型/模块中。目前基于 DEM 的数字河网提取方法主要为谷点提取法和流向提取法[176-178],后一种方法最为常用。流向提取法在沟谷比较发育的山区应用效果较好,而对于地势相对平缓、无明显河道的平原区或"伪洼地""伪河道"区域,河网提取和流域划分则比较困难,这也是很多已有的基于流向的河网提取模块未彻底解决的难题之一[177,179]。特别是在人类活动更加剧烈的内陆河流域平原灌区,利用现有的河网提取方法所得到的模拟河网精度大部分情况下不能满足分布式水文模型应用的要求。

由于流域内人类活动的影响,流域地形已经发生了较大的变化,如人工渠道和灌溉水网的形成,在一定程度上与下载 DEM 数据存在差异,为精确模拟水系的形状,利用已有的 1:25 万水系矢量底图进行修正,有利于模型中依据 DEM 生成比较合理的河网。针对伪洼地、平坦区域或地形坡度较缓区域河网提取问题,不少学者采取了各种修正措施和方法,如垫高原始 DEM 中平原区栅格的高程值[180],加入实际河网和湖泊的数字化信息辅助确定湖泊的范围和平原河道的流向[181],加入实测水系作为约束条件局部修改原 DEM[182],从上游沿河道往下寻找和修改伪洼地栅格高程值[183]来处理平行河道的问题,整体修改平原区河道 DEM 栅格高程值强化流路[184]等。其基本原理是利用实测河网,整体或局部修改原始 DEM 栅格高程,使上游或局部阻碍过流的河道高程值降低,使河道连续、流路相对清晰明确。叶爱中等[185]结合图论与水文学的思想,提出从 DEM 直接提取河网与划分子流域的 AEDNM 法,即不再对 DEM 进行填洼处理,从流域的出口直接向上游搜索,通过图的遍历来确定流向,使全流域形成一个有向无环图,提取出连续的、与实际误差较小的河网,并在黄河、泾河与白河流域验证了其方法的可行性。

以上各方法在人工渠道较少时可较好地应用于平原区或洼地的河网提取,但对于具有密集、多级人工渠道的平原灌区,却显得无能为力;且尚未见探讨在这种复杂情景作用下,支渠以下模拟河网混乱、很难找到出流点,以及在耗散性流域河网提取的研究。本书基于 ArcSWAT 模型水文模拟平台,调用 ArcGIS 的 Hydrology 模块,以 ArcGIS 栅格计算和融合等空间分析功能为主要技术手段,利用 1:25 万实测矢量水系图和下载的原始 DEM,采用上溯搜索高点、确定流向并修改原始 DEM 的思想,提出渠系分级挖深与预制流域耦合的方法,对内陆河流域河网提取算法进行局部改进。

1. 渠系分级挖深与预制流域耦合方法原理

内陆河流域平原区河谷发育不明显,存在平行河道,在河网提取时很难确定流域出口点;在灌区水网体系中,由于灌溉、排水各级渠道的修建,平行灌渠比比皆是,环状渠网随处可见,为灌区精确提取河网增加了困难;位于内陆河区的耗散性流域,山区降水或融雪产流丰富,是流域的产水区,径流经过山前渗漏与蒸发后，所剩水量几乎全部消耗在平原区。在平原区、灌区和耗散性流域这三种特殊因素的交织影响下，具有耗散特性的平原灌区河网提取难度大、模拟精度不高。

本书所提出的耗散性流域平原灌区河网提取的基本思路是融合和发展各家思想，在保持山区模拟河网不变的情况下，按照平原灌区的干、支、斗渠道顺序，对生成的不连续河网部分搜索其所处级别和原始 DEM 高程值，依次逐级降低其栅格高程，再检验生成河网的精确程度。渠系分级挖深和预制流域的耦合在于：首先进行灌区渠系的分级挖深，获得模拟精度较高的河网和划分较好的子流域，其次利用 ArcSWAT 模型平台得到流域的范围，而后根据模型平台的 "Pre-defined" 功能，输入上一步划分好的子流域和提取的较高精度的河网，再选择出流点进行河网的提取，对于河网与实际不符之处进行 DEM 和子流域中河段的再次修改，重复上述步骤，直到得到满意结果。该方法基于以下条件和假设：首先，根据耗散性流域出山口的自然河道流向，确定和设置水网和流域的虚拟"出口"；其次，找出平原灌区各干渠和天然主河道的水力联系，并假设支渠是总干渠的一个支流，斗渠是支渠的支流；再者，根据实测水系和DEM 大致划出比实际略大的流域范围，以保证流域的完整性。

2. 具体处理方法和步骤

根据上述基本思想和假设条件对数据进行预处理。在模拟结果出现不连续河网的平原区域，若搜索结果为存在双线河道和岛状水系，则采用生成缓冲区修改 DEM 高程的方法，将中间栅格挖深为一条主河道，同时降低其外两个栅格的高程值；若存在渠系改道的情况，说明渠道处栅格值高于周围栅格，通过DEM 与渠道栅格数据融合，降低其值即可；对于环状河网，根据实测河系及水力联系，断开环形，使其形成具有一个节点的两个水流分支；对于河道和渠系中的湖泊水库，在模拟中做环状河网处理，并在节点位置设置"水库"；在子流域划分方面，一般灌溉渠系的设计均基于地形，尽可能利用重力作用使灌溉水自流，但渠道布置不一定完全依赖地形[178]，因此应参照实测渠系矢量图适当调整子流域划分的单元结构，提出河网和流域范围后，根据灌区实际情况修改子流域和河段拓扑关系，使子流域汇流范围保持完整。用上述方法提取灌区河网并划分流域的流程见图 3.2，主要步骤简述如下：

（1）提取河系形状。判断研究区实测小比例尺河网矢量图中的天然河道和灌区干渠，确定流域的虚拟"出口"，利用 ArcGIS 空间分析模块，提取出实测矢量图中的山区水系、天然河道和总干渠，输出保存并利用 Arctoolbox/Conversion tools/To raster/Polyline to raster 工具将其转化为栅格数据。

（2）对主干渠道栅格数据 Shuixidem 和原始 DEM 进行逻辑和运算、栅格计算及融合功能，为其赋高程值。Shuixidem 和 DEM 每个对应的栅格均非 0，

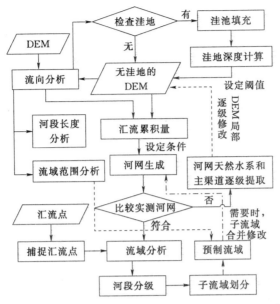

图 3.2 基于分级挖深渠系与预制流域耦合方法的河网提取及流域划分流程

取值为 1，否则为 0。

（3）以主干河网矢量图作为约束条件和参考河网逐级挖深渠系，降低生成的河系栅格数据的高程。利用 Data Management tools/Raster/Mosaic to new raster 工具，降低后的河系数据（栅格图）和原始 DEM 合并为一个新的 DEM0。两者相重叠的部分计算可以取最低值或者河系的栅格值。

（4）利用 ArcSWAT 模型平台进行河网提取，与实测河网比较，找出不连续区域，上溯搜索 DEM0 的栅格值，在实测矢量图上筛选并提取支渠和不连续的区域，进行打断环状处理后输出和保存为一个矢量文件，利用该文件对 DEM0 栅格高程值进行二次修改。重复步骤（1）和（2），直到干渠、支渠河网模拟相对精确，河网连续且有出口。

（5）得到较为精确的模拟河网后，根据确定的虚拟"出口"，在 ArcSWAT 模型平台上选择出流点，进行流域范围的确定和子流域的划分；对划分的子流域结果进行分析，根据实际情况，局部小范围手动修改和合并子流域及其内部的河段拓扑关系，保存为预制流域。

（6）利用 ArcSWAT 模型平台的"pre-defined"功能，输入预制流域和修改好的模拟河网，再进行河网的提取，针对不精确的河网区域重复上述步骤（3）和（4），这样得到模拟精度相对较高的河网，可进行下一步的子流域和河段参数计算。

先利用分级河网提取方法在 ArcSWAT 中基于 DEM 划分子流域，一方面得到的流域和水系更接近实际，另一方面流域和水系数据均保留了分布式水文模型所需的格式，手动修改子流域及河段信息时，操作更加方便、省时，并为 SWAT 模型的下一步应用提供了可靠的数据支撑。

### 3.3.2.2　融雪模块及人工侧支水循环处理

在西北干旱内流区，冰川融水是河流的主要补给来源之一，冰川融水量约占河流径流量的 1/4。在全球变暖的大背景下，中国西北地区出现了由暖干向暖湿转型的气候变化（也有学者研究指出西北气候出现暖干化趋势[186]），春、冬季升温强烈，而冰川对气候变暖极其敏感，融水径流大大增加，流域内水文与生态环境也随之发生着敏感变化。

SWAT 模型本身具有融雪模块，模型根据高程、地形等因素考虑山区温度带，当气温低于设定的临界温度时，山区降水以降雪的形式落到地面或雪堆上，当积雪温度大于设定的临界温度时，融雪径流产生，雪堆的消融和积累由雪堆温度决定，融雪量是日最高气温、雪堆温度和临界温度的线性函数。模型默认雪降到山区的植被带，而雪堆只是虚拟的，在水文响应单元中没有具体的地理位置。而冰川区是无植被地带，模型中除了水体外没有设定其他无植被地带，因此，模型中缺乏针对内陆河流域永久冰川区的融水径流计算模块。

本书对其进行简单改进：在植被数据库和土壤数据库中均增加冰川类型，根据流域冰川特性为其制备模型需要的冰川所在子流域位置、冰川厚度和积雪消融因子等各参数。具体步骤可见第 5 章土壤、植被数据库制作部分。

针对工农业引用水问题，模型考虑了灌溉、土地管理措施和取用水的消耗量，本书细化了此部分模型输入参数，如制作灌溉制度表；增加了作物种植和收割措施；在考虑水力联系的基础上，根据耗水比例，将工业和生活取水量从河道或水库中去除；根据流域实际情况，将详细的灌溉用水量和来源参数输入模型。典型流域的应用可见第 5 章水资源开发利用数据模型化部分。

综上，模型改进后，强化了内陆河流域平原灌区二元水循环的特点，使水系提取精度大大提高；较为详细地考虑了内陆河流域的冰川融水径流，并细化了水资源开发利用数据的模型参数，增强了模型在内陆河流域的适用性。

## 3.4　本章小结

本章根据以往的研究成果，从实测-分离-耦合-建模的角度，总结归纳了内陆河流域平原区二元水循环模型的主要特征，认为二元水循环演化模型具有天然与人工过程分离-耦合的动态机制，能够描述水资源在强人类活动影响下的各类转化关系。从各部分模块功能的角度，介绍了分布式水文模型——

SWAT 模型的二元结构、水循环模拟基本原理、模型不确定性分析及精度评价方法，以及 SWAT 模型在内陆河流域的适用性和局限性。

　　冰川融水在内陆河流域径流中占有较大比例，而模型对融雪的模拟相对简单，可能造成一定的模拟误差。在人类活动强烈的内陆河流域平原区，人工侧支水循环强烈影响自然水循环过程：水库、各级渠道的开挖改变了径流的时空分布，改变了由原地势形成的天然水系；农作物耕作代替天然植被引起下垫面的变化，进而影响产流；灌溉制度、土壤改良等管理措施水土资源的开发利用使自然水循环过程发生变化。本书针对上述问题进行了模型局部改进：在植被和土壤数据库中增加冰川类型，采用渠系分级挖深与预制流域耦合方法作为强人类活动区水系提取的方法，细化灌溉制度和农业取用水参数，加强对人类活动强烈的平原区人工侧支循环的模拟，以增强模型在干旱内陆河流域的适用性。

# 第4章 内陆河流域干旱综合评估模型

干旱指标或指标体系是衡量干旱程度的标准和关键，干旱评估综合模型是监测、评估和研究干旱发生与演化的基本手段之一。本章在确定干旱评估指标及指标体系的基础上，构建基于模糊理论的干旱综合评估模型，包括干旱评估指标筛选、指标体系构建、指标计算与标准化方法、指标赋权技术、综合评估模型构建方法，由评估指标构建气象、水文、农业和生态干旱评估子模型以及干旱综合评估模型体系。

## 4.1 干旱评估指标及其计算方法

国内外采用的干旱评估指标涉及气象、水文和农业等方面，可分为单因子指标和综合指标。

### 4.1.1 气象干旱评估指标及其计算方法

在气象干旱评估方面，国内外先后提出了干燥度和湿润度、降水量和降水量距平百分率、标准化降水指数（Standardized Precipitation Index，SPI）和 Z 指数等指标。

#### 4.1.1.1 干燥度和湿润度指标

降水量和蒸发能力之比称为湿润度，蒸发能力与降水量之比称为干燥度，两个指标表示了大范围内大气的干旱程度。干燥度 $K$ 计算公式为：

$$K = PET/P \tag{4.1}$$

结合气象数据，研究人员还开发了其他表示干旱或湿润度的指标，如 Thornthaite 湿润度指数、蒸发度指数以及旱情指数等指标。Thornthaite 湿润度指数计算式为：

$$dr_{\mathrm{T}} = \frac{P-e}{e}, \ e = 16 \times \frac{10t}{I} \times a, \ I = \sum i = \sum_{n=1}^{12} (t_i/5)^{1.514} \tag{4.2}$$

式中：$P$ 为月降水量；$e$ 为标准月份（30 天）的最大可能蒸散量；$t$ 为 30 日均温；$I$ 为温度指数；$a = 6.75 \times 10^{-7} \times I^3 - 7.71 \times 10^{-5} \times I^2 + 1.79 \times 10^{-2} \times I + 0.4924$。

其干旱等级划分见表 4.1。

表 4.1                     基于 Thornthaite 湿润度指数的干旱等级划分

| 干旱等级 | 特旱 | 重旱 | 中旱 | 轻旱 | 无旱 |
|---|---|---|---|---|---|
| 指数 | $<-0.75$ | $-0.75\sim-0.5$ | $-0.5\sim-0.25$ | $-0.25\sim0$ | $>0$ |

该指数以最大蒸散量作为需水量，求其与降水量 $P$ 的比例来确定干旱程度，同时考虑了降水量和气温，是一个基于水平衡的干旱指数[187]。

蒸发度指数 $Z_m$ 计算公式如下：

$$Z_m = 0.0018(25+t)^2 + (100-a) \tag{4.3}$$

式中：$Z_m$ 为月蒸发度；$t$ 为月平均气温；$a$ 为月平均相对湿度，%。

将降水和温度作为综合指标，有学者[188]针对东北地区的旱情提出了春旱指数：

$$C = \frac{0.38R_{9-10} + R_{4-5}}{0.25\sum T_{4-5}} \tag{4.4}$$

式中：$C$ 为春旱指数；$R_{9-10}$ 为前一年 9—10 月的降水量，mm；$R_{4-5}$ 为前一年 4—5 月的降水量，mm；$T_{4-5}$ 为当年 4—5 月的积温，℃·d。

$C \geqslant 1$ 为不旱，$C < 1$ 为干旱，其中 $0.65 \leqslant C < 1$ 为偏旱，$C < 0.65$ 为重旱。

这类指标所用资料是气象观测的常规数据，获取容易，可方便地用于日、月、季尺度的气象干旱监测与评估业务。

#### 4.1.1.2  降水量及降水量距平百分率

降水量是评估气象旱情严重程度的基本指标之一，干旱程度与前、后期雨量大小和分布均有关，一般以实际降水量或其距平值与同期多年平均降水量相比较，降水量距平百分率负值越大表示越干旱，计算公式为：

$$D_p = \frac{P - \overline{P}}{\overline{P}} \times 100\% \tag{4.5}$$

式中：$D_p$ 为计算期内降水量距平百分率，%；$P$ 为计算期内降水量，mm；$\overline{P}$ 为计算期内多年平均降水量，mm，宜采用多年（大于 30 年）的平均值。

这类评估指标的优点是资料易收集，方法简单，适用于单站月、季、年气象干旱评估；缺点是指标仅考虑了降水，未考虑蒸发量和下垫面情况，对干旱的响应慢，不能反映干旱的内在机理，且这类方法暗含把降水量按正态分布来考虑，而实际上由于降水量时空分布的差异，不同地区、不同时间尺度没有统一的评估标准，不能适用于时空尺度的旱涝等级对比分析[147,189]。

#### 4.1.1.3  SPI 指数和 Z 指数

美国学者 McKee 等在评估美国科罗拉多州干旱状况时，提出基于降水量的标准化降水指标 SPI[190]，该指标能较好地反映干旱强度和持续时间，且具有多时间尺度应用特性，能反映不同时间尺度的水资源状况。该指数假定降雨符合偏态函数 $\Gamma$ 分布，进而进行正态标准化处理，最终用标准化降水累计频率分布来划分干旱等级。计算公式为：

$$SPI = (P_i - P_m)/SD_i \qquad (4.6)$$

式中：$P_i$ 为时段 $i$ 的降水量，$i = 1，2，3，\cdots，12$；$P_m$ 为时段 $i$ 内的平均降水量；$SD_i$ 为时段 $i$ 内的平均降水的标准差。

SPI 指数在美国应用较为广泛，其缺点是假定了所有地点旱涝发生概率相同，无法标识频发地区。针对我国的降水特征，一般用 Z 指数，即用 Person-Ⅲ型分布拟合某一时段降水，而后对降水量进行正态化处理，将概率密度函数 P-Ⅲ型分布转换为 Z 变量的标准正态分布。该指标计算相对简单，结果比较符合实际，可适用于任何时间尺度，对干旱反应较灵敏。根据评价区域的月均降水量计算 Z 指数，计算公式如下：

$$Z_t = \frac{6}{C_s}\left(\frac{C_s}{2}\phi_t + 1\right)^{1/3} - \frac{6}{C_s} + \frac{C_s}{6} \qquad (4.7)$$

式中：$C_s$ 为偏态系数；$\phi_t$ 为标准变量。

两者均可通过时段降水量序列计算求得，即：

$$C_s = \frac{\sum_{i=1}^{n}(x_i - \overline{x})^3}{n\delta^3}，\quad \phi_t = \frac{x_i - \overline{x}}{\delta}，\quad \delta = \sqrt{\frac{\sum_{i=1}^{n}(x_i - \overline{x})^2}{n}}，\quad \overline{x} = \frac{1}{n}\sum_{i=1}^{n}x_i$$

$$(4.8)$$

式中：$x$ 为时段降水量，mm；$\delta$ 为时段降水量的标准差。

依据 SPI 指数和 Z 指数划分的干旱等级见表 4.2。

表 4.2　　　　依据 SPI 指数和 Z 指数的干旱等级划分

| SPI 指数 | Z 指数 | 等级 | SPI 指数 | Z 指数 | 等级 |
|---|---|---|---|---|---|
| $\geqslant 2$ | $\geqslant 1.96$ | 重涝 | $-1\sim-1.49$ | $-1.44\sim-0.84$ | 轻旱 |
| $1.5\sim1.99$ | $1.44\sim1.96$ | 中涝 | $-1.5\sim-1.99$ | $-1.96\sim-1.44$ | 中旱 |
| $1\sim1.49$ | $0.84\sim1.44$ | 轻涝 | $\leqslant-2$ | $\leqslant-1.96$ | 重旱 |
| $-0.99\sim0.99$ | $-0.84\sim0.84$ | 正常 | | | |

## 4.1.2　水文干旱评估指标及其计算方法

描述水文干旱的指标主要有径流及其距平百分率、水资源量、湖泊水位、游程强度、地表供水指数以及河流断流长度等。

### 4.1.2.1　水量、水位及其距平指标

径流量和水位是描述水文干旱最直接的指标，一般以同期河道径流量、湖

泊水位（水库蓄水位）低于某一水平，或径流量与多年平均的比值百分率来描述水文干旱的程度，距平百分率负值越大表示越干旱，计算公式如降水量距平百分率计算。流域水资源量及其距平百分率指数考虑了地表径流和地下径流，减少了气象因素影响的程度。

　　这类评估指标直观易行，数据资料均可通过直接观测或简单计算得到，但受降水时空分布影响较大，区域可比性差，且不能反映水文干旱的持续性，可用于干旱实时监测和评估。

#### 4.1.2.2　游程理论与游程和

　　一个游程指依时间或其他顺序排列的有序数列中，具有相同事件或符号的连续部分，即一个序列中同类元素的一个持续的最大主集。1966 年 Herbst 等人基于月降水量或月径流量，最先将游程理论用于水文干旱识别；1967 年 Yevjevich 应用游程理论研究干旱特性，定义了干旱历时、干旱烈度和强度等水文意义上的干旱指标，初步分析了这些特征量的统计规律[22]。此后，不少学者对上述指标作了进一步分析和论证。如 1980 年，Sen 在 Downer 工作的基础上，提出了计算具有独立或马尔柯夫过程的水文序列的轮次长和轮次和的统计特性方法[191]，与游程理论颇有相似之处。耿鸿江等[192,193]定义一个径流的时间序列被一个截断水平 $X_0$ 所截，负的游程长度 $D$ 为干旱历时，游程和 $S$ 为干旱烈度，游程强度 $M$ 为干旱强度，见公式（4.9）和图 4.1。截断水平也叫干旱限值，是干旱特性描述的一个决定性因子[193]，可以根据具体分析目的取相应的截断水平。

$$S = M \times D \tag{4.9}$$

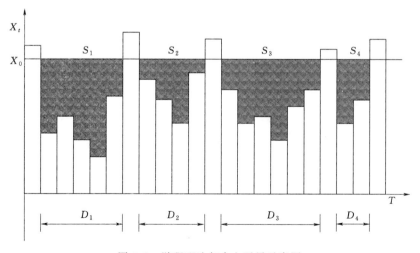

图 4.1　游程理论与水文干旱示意图

#### 4.1.2.3 地表供水指数

Shafer 和 Dezman 等为计算美国以山地积雪为主要水源的科罗拉多州的 Palmer 指数，设计了以积雪厚度、径流、降水和水库蓄水为基础的地表水供给指数（Surface Water Supply Index，SWSI）[13]。SWSI 的计算以流域为单元，将水文和气象特征结合到简单的指数值中，便于流域间比较。

### 4.1.3 农业干旱评估指标及其计算方法

农业干旱研究重点为作物和土壤干旱，与气象干旱相比，农业干旱的发生和演化机理更为复杂，它不可避免地受到各种自然和人为因素的影响，如气象条件、水文条件、作物布局、作物品种、生长状况、土壤特性、耕作灌溉制度、叶面温度等[194]。除降水这一基本评估指标外，农业干旱的评估指标还有土壤水分指标、作物需水指标、温度指标等。

#### 4.1.3.1 土壤水分指标

土壤水分指标主要考虑土壤的水分状况，能够反映土壤的缺水程度，是判断土壤干旱的主要指标。这类指标主要有：土壤相对湿度、土壤水分亏缺率等。土壤湿度指土壤的干湿程度，即土壤的实际含水量，可用土壤含水量占烘干土重的百分数表示，也可用土壤含水量与田间持水量或饱和水量的百分比表示。土壤湿度受大气、土质、植被等条件的影响。土壤湿度过低，形成土壤干旱，作物光合作用不能正常进行，降低作物的产量和品质，严重缺水导致作物凋萎和死亡；土壤湿度过高，土壤通气性差，影响土壤微生物的活动，使作物根系的呼吸、生长等生命活动受阻，从而影响作物地上部分的正常生长。土壤水分亏缺率主要用于评估水田秧前的受旱情况，可按月为计算单位，公式为：

$$D_w = \frac{W - W_r}{W_r} \times 100\%  \qquad (4.10)$$

式中：$D_w$ 为土壤水分亏缺率，%；$W$ 为计算期内可供灌溉的总水量，$m^3$，可为河道、蓄水工程、地下水能供给的水量之和，也可为单一形式的可供水量；$W_r$ 为同期作物总灌溉需水量，$m^3$。

依据土壤水分方缺率的干旱等级划分见表 4.3。

表 4.3　　　　　　　　依据土壤水分亏缺率的干旱等级划分

| 干旱等级 | 轻度干旱 | 中度干旱 | 严重干旱 | 特大干旱 |
|---|---|---|---|---|
| 土壤水分亏缺率/% | $-20 \leqslant D_w < -5$ | $-35 \leqslant D_w < -20$ | $-50 \leqslant D_w < -35$ | $D_w < -50$ |

#### 4.1.3.2 作物水分指标

作物缺水时，在作物形态、气孔导度、叶水势和蒸腾发量上都有表现，原则上可以利用这些植物水分指标及其组合来反映作物干旱。作物缺水的形态表现为叶面积指数下降、叶片枯萎、改变方位和角度等，指标表达可用叶面积指数；叶水势是植物水分状况的最佳量度，当植物叶水势和膨压降低到足以干扰正常代谢功能时，即发生水分胁迫；水分是气孔开闭的决定因素，当植物缺水时，气孔能够适应水分胁迫的变化，在空气湿度和叶水势变化的一定范围内保持一定的气孔导度，一方面避免因继续大量失水而造成伤害，另一方面要获得自身所需的 $CO_2$；在严重水分胁迫下，植物光合作用受到部分或完全抑制，因此光合作用率也可作为作物干旱的评估指标之一。但上述指标大都需要人工测量，叶水势还需要离体测量，故这些指标或组合指标可作为开发其他作物水分亏缺指标的参考，而在实时灌溉决策中难以实现。

为了评估作物干旱状况，Palmer 基于 PDSI 指数专门设计出作物水分指数（Crop Moisture Index，CMI）[195]，用于监测影响作物水分状况的短期变化，是生长季最有效的农业干旱指数。该指数基于周平均气温、总降水量、土壤水分状况及上周的 CMI 值，可评估当时作物的生长情况，但不适应长期干旱监测。利用遥感监测的 CMI 指数结果可用于监测作物干旱演化的空间分布动态。由于该指标依据处于生长期植物的需水状况评价水分盈缺程度，故在应用于作物或自然植被时必须考虑其生长状况。

### 4.1.3.3 温度指标

随着监测技术的发展，通过作物的冠层温度来反映作物干旱的研究越来越深入，并已在国外形成了相对成熟的指导灌溉的技术。Idso 等人[196]首次提出利用 13～15 时冠层和空气温差作为作物水分胁迫的度量指标。该温差在整个生长期内的累积称为胁迫积温（Stress Degree Day，SDD），计算公式为：

$$SDD = \sum_{i=1}^{n}(T_c - T_a)_i \tag{4.11}$$

式中：$T_c$ 为冠层温度，℃；$T_a$ 为空气温度，℃；$n$ 为生育期持续的天数，d。

SDD 值越大，表示作物在整个生育期内的累积受旱状况越严重。受测定仪器的限制，早期冠层温度研究主要是测定单个叶片的温度，20 世纪 70 年代则广泛应用红外测温仪进行作物冠层温度的测量[197]。

Moran 等在能量平衡双层模型的基础上，建立了水分亏缺指数（Water Deficit Index，WDI）[150]。WDI 采用地表和空气混合温度信息，引入植被覆盖度变量，成功地扩展了以冠层温度为基础的作物缺水指标在低植被覆盖下的应用。

$$WDI = \frac{(T_s - T_a) - (T_s - T_a)_m}{(T_s - T_a)_x - (T_s - T_a)_m}$$
$$(T_s - T_a)_m = c_0 - c_1(SAVI)$$
$$(T_s - T_a)_x = d_0 - d_1(SAVI) \tag{4.12}$$

式中：$T_s$ 为地表混合温度，℃；$(T_s - T_a)_m$ 和 $(T_s - T_a)_x$ 分别为地表与空气温差的最大值和最小值；$SAVI$ 为植被指数；$c_0$、$c_1$、$d_0$ 和 $d_1$ 可以利用植被指数-温度关系解出。

农业干旱温度指标的优点在于它可以与遥感技术相结合，通过遥感技术迅速、准确地测得大面积作物的冠温，进而可以迅速地对农业旱情进行评价并作出相应决策。但气温指标同降水指标一样，不能描述未来旱情的变化，也不能定量估算旱情对作物最终产量的影响程度[198]。

#### 4.1.3.4　综合指标

我国西北内陆河流域的农业一般为灌溉农业，包括引水灌区、水库灌区、井灌区和井渠结合灌区等不同类型。综合指标考虑了自然和人为因素，是综合情况下的农业干旱评估依据之一。主要综合评估指标有：作物缺水指数（CWSI）、作物综合干旱指标和受旱面积比率。受旱面积比率计算式为：

$$I = \frac{A_{受旱}}{A_{耕地}} \times 100\% \tag{4.13}$$

式中：$A_{受旱}$ 为受旱作物的（含缺墒、缺水）面积；$A_{耕地}$ 为耕地面积。

依据受旱面积比率的干旱等级划分见表 4.4。

**表 4.4**　　　　　　　　　**依据受旱面积比率的干旱等级划分**

| 干旱等级 | | 轻度干旱 | 中度干旱 | 严重干旱 | 特大干旱 |
|---|---|---|---|---|---|
| 受旱面积比率/% | 全　国 | $5 < I \leqslant 10$ | $10 < I \leqslant 20$ | $20 < I \leqslant 30$ | $I > 30$ |
| | 省　级 | $5 < I \leqslant 20$ | $20 < I \leqslant 30$ | $30 < I \leqslant 50$ | $I > 50$ |
| | 市（地）级 | $10 < I \leqslant 30$ | $30 < I \leqslant 50$ | $50 < I \leqslant 70$ | $I > 70$ |
| | 县（市）级 | $20 < I \leqslant 40$ | $40 < I \leqslant 60$ | $60 < I \leqslant 80$ | $I > 80$ |

### 4.1.4　生态干旱评估指标及其计算方法

#### 4.1.4.1　植被指数

植被指数是遥感监测地面植被生长状况的一个指数，它由卫星传感器可见光和近红外通道探测数据的线性或非线性组合形成，可以较好地反映地表绿色植被的生长和分布状况。一般来说，缺水时作物生长将受到影响，植被指数将会降低。归一化植被指数（NDVI）是最常用的植被指数之一，其定义为近红外波段和可见光波段灰度值之差与这两个波段数值之和的比值，它是植被生长状态和植被覆盖度的最佳指示因子，被广泛地应用于植被盖度、分布、类型、长势，以及监测植被的季节变化和土地覆盖研究。国内外不少研究者在应用 NOAA/AVHRR 资料方面做了许多探索，可利用该指标进行生态干旱的分析和监测。其他植被指数还有相对距平植被指数 RNDVI、条件植被指数 VCI、条件温度指数 TCI、距平植被指数 AVI、条件植被温度指数 VTCI、植被供水指数 VSW 等。$NDVI$ 计算公式如下：

$$NDVI = (NIR - RED)/(NIR + RED) \tag{4.14}$$

式中：$NIR$ 和 $RED$ 分别为可见光和红外光波段灰度值。

$NDVI$ 取值范围为 $[-1, 1]$，计算此指标需要流域遥感图像资料。随着遥感技术的发展和广泛应用，以遥感卫星获得长时间序列各种精度的观测数据并进行一定的处理和加工已经成为许多国际组织和机构数据集计划的重要组成部分。使用 1km 空间分辨率的遥感数据编制区域尺度上的土地覆盖图，数据具有时间序列上的高分辨率，特别是 NDVI 合成数据能很好地反映地表植被的季候特征与变化。

#### 4.1.4.2 地下水位

干旱区内陆河流域的水文过程控制着生态过程，植物的生存与生长发育主要依赖于地下水和地表水，在一些无地表水补给的内陆河下游河道，地下水则成为维系天然植物生长的唯一水源[199]。因此，地下水分布状况是干旱区天然植被生存的先决条件，地下水位的高低直接影响着植被的存亡。因此，可用当前地下水位的埋深与不同植被的临界地下水位比值指标来判断植被的受旱情况。

### 4.1.5 综合评估指标及其计算方法

#### 4.1.5.1 帕尔默指标

目前常用的干旱指标都是建立在特定的地域和时间范围内，难以准确反映干旱发生的内在机理，且在干旱的预报和预测方面的能力略显不足。还有一类干旱评估指标为综合性的，考虑因素较为全面。如 Palmer[200] 于 1965 年在原有研究成果的基础上提出的帕尔默指标（Palmer Drought Severity Index，PDSI）。

$$\begin{aligned}
PDSI &= K_j d \\
d &= P - P_0 = P - (\alpha_j P_E + \beta_j P_R + \gamma_j P_{R0} - \sigma_j P_L) \\
K_j &= 17.67 K'/\sum DK' \\
K' &= 1.5 \lg\{[(P_E + R + R_0)/(P + L) + 2.8]/D\} + 0.5
\end{aligned} \tag{4.15}$$

式中：$K_j$ 为气候特征系数；$d$ 为某时段（月）内实际降雨量与气候适宜情况下降水量的差值，反映了地区自然条件下的缺（余）水情况；$P$ 为实际降水量；$P_E$ 为可能的蒸散量；$P_R$ 为可能的土壤水补给量；$P_{R0}$ 为可能径流量；$P_L$ 为可能损失量；$R$ 为土壤水实际补给量；$R_0$ 为实际径流量；$L$ 为实际损失量；$D$ 为各月 $d$ 的绝对值的平均值；$\alpha$、$\beta$、$\gamma$、$\sigma$ 分别为各项的权重系数，它们依赖于研究区域的气候特征[201]。

PDSI 具体干湿等级划分见表 4.5。

表 4.5　　　　　　　　　　PDSI 干 湿 等 级 划 分

| 指标 | 等级 | 指标 | 等级 | 指标 | 等级 |
|---|---|---|---|---|---|
| 4 | 极端湿润 | 1~1.99 | 轻微湿润 | −2~−2.99 | 中等干旱 |
| 3~3.99 | 严重湿润 | −0.99~0.99 | 正常 | −3~−3.99 | 严重干旱 |
| 2~2.99 | 中等湿润 | −1~−1.99 | 轻微干旱 | −4 | 极端干旱 |

孙荣强[202]指出该指标基于水量平衡原理，考虑了降水、蒸散、径流和土壤含水量等条件；同时也涉及一系列农业干旱问题，考虑了水分供需关系，并提出了当前情况下气候适应降水量的概念，及用气候特征权重因子修正水分异常指标，使各站、各月之间的干旱程度具有较好的时空可比性。同时，该指标综合了水分亏缺和持续时间因子对干旱程度的影响，提出了满足区域经济运行、作物生长和各项活动用水所适宜的需水量，基本上能描述干旱形成、发生、发展、减弱直至结束的全过程[200,203]。

但由于 PDSI 指标基于气象站点观测数据计算，空间代表性不足，尤其在气象站点较稀疏或无气象站点的地区，就无法进行干旱评估；另外，在水分平衡计算时所采用的概化二层土壤模型过于简单，既没有考虑土地利用方式的地区差异，也没有考虑植被的季节变化，对土壤的空间变异性考虑不充分，在应用于水文、农业干旱评估时有待商榷[204]。Palmer 干旱指数在我国东部地区具有较好的适用性，鉴于此，国内学者在不同地区对 PDSI 指标进行了修正。中国气象科学研究院的安顺清等[205]提出了适合我国气候特征的改进 Palmer 干旱模型；赵惠媛等[206]选取了松嫩平原西部地区 11 个站的降水、蒸发和土壤含水量资料，建立了修正的帕尔默旱度模式；马延庆等[207]针对渭北旱塬地区的特点，运用修正的帕尔默干旱指数建立了渭北旱塬干旱指数模式。Palmer 干旱指数在西北地区变化不敏感，应用该指标时需进一步修正。

### 4.1.5.2　综合旱涝指标

$CI$ 是一个融合了标准化降水指数、相对湿润指数和近期降水等因素的综合指数，其计算公式如下：

$$CI = aZ_{30} + bZ_{90} + cM_{30} \tag{4.16}$$

式中：$Z_{30}$ 和 $Z_{90}$ 分别为近 30 天和近 90 天标准化降水指数 $SPI$ 值；$M_{30}$ 为近 30 天相对湿润指数，该值由 $M = \dfrac{P - PE}{PE}$ 得到；$P$ 为某时段降水量；$PE$ 为某时段潜在蒸发量；$a$ 为近 30 天标准化降水系数，由达轻旱以上级别 $Z_{30}$ 的平均值除以历史出现的最小 $Z_{30}$ 值得到，平均取 0.4；$b$ 为近 90 天标准化降水系数，由达轻旱以上级别 $Z_{90}$ 的平均值除以历史出现的最小 $Z_{90}$ 值得到，平均取 0.4；$c$ 为相对湿润系数，由达轻旱以上级别 $M_{30}$ 的平均值除以历史出现的最小 $M_{30}$

值得到，平均取 0.8。

通过上式可以滚动计算出每天综合干旱指数 $CI$，然后根据表 4.6 进行干旱等级划分，进行干旱监测[147]。

表 4.6　　　　　　　　　　　综合气象干旱等级划分

| 等级 | 类型 | $CI$ 值 | 干旱影响程度 |
|---|---|---|---|
| 1 | 无旱 | $CI>-0.6$ | 降水正常或较常年偏多，地表湿润 |
| 2 | 轻旱 | $-1.2<CI\leqslant-0.6$ | 降水较常年偏少，地表空气干燥，土壤出现水分轻度不足 |
| 3 | 中旱 | $-1.8<CI\leqslant-1.2$ | 降水持续较常年偏少，土壤表面干燥，土壤出现水分不足，植物叶面白天有枯萎现象 |
| 4 | 重旱 | $-2.4<CI\leqslant-1.8$ | 土壤出现水分持续严重不足，土壤出现较厚的干土层，植物萎蔫、叶片干枯、果实脱落，对农作物和生态环境造成较严重影响，对工业生产、人畜饮水产生一定影响 |
| 5 | 特旱 | $CI\leqslant-2.4$ | 土壤出现水分长时间严重不足，地表植物干枯、死亡，对农作物和生态环境造成严重影响，对工业生产、人畜饮水产生较大影响 |

## 4.2　内陆河流域干旱评估指标体系

选择和确定合理的干旱指标和指标体系，计算干旱评估指标是进行内陆河流域干旱评估的基础和依据，是采取预防措施和减轻旱灾损失的先决条件。指标体系构建的主要任务是确定评估指标之间的结构关系，指标体系结构的完整性和代表性对评价结果有重要影响，而指标矩阵处理方法的优劣直接影响评估结果。

### 4.2.1　指标选取要求

理想的干旱评估指标体系应能够确切反映干旱的实际情况，能够全面说明干旱的形成条件和发展过程，具有统一标准和客观的量测方法等。总体来说，本书在构建干旱评估指标时满足以下要求：

（1）体现干旱形成机理。本书所选的干旱评估指标主要基于 SWAT 模型长系列模拟结果，与水循环要素联系紧密，因此，指标选取更注重水循环机理与干旱形成机理的结合。

（2）可度量性。评估指标的选择要立足于现有条件，所需资料应便于监测、获取、分析、评估和实际应用，并且所选指标应定性和定量相结合，尽量做到可量化；静态指标与动态指标相结合，尽量做到干旱评估的动态性。

（3）代表性。影响干旱的因素众多，相应地评估指标亦很多，应选取最具代表性、最能反映干旱实质内涵的指标，避免指标间的重叠；并且指标样本数要多，具有较长的时间序列和可扩充性，以满足评估结果可靠性的要求。

（4）系统性。指标的层次结构应分明，力求指标能较系统、全面地反映干旱的各层次、各部分，整个评估指标体系从指标到结构都应能够科学合理、客观可靠地反映干旱状况。

## 4.2.2 评估指标体系构建

根据上述评估指标的选取原则，从干旱形成的水文气象和水资源条件出发，并考虑人为因素对干旱状况的影响，从章节4.1介绍的干旱评估指标中选取现阶段比较成熟的指标，构成各评估子模型和干旱综合评估指标体系，见图4.2。

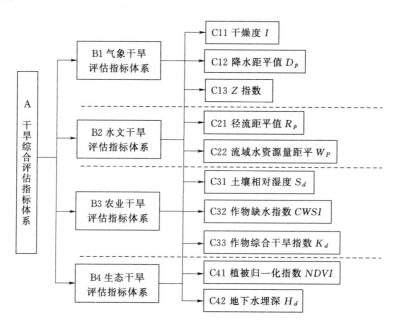

图 4.2 干旱综合评估指标体系

气象是影响干旱发生发展的重要因素，把降水、蒸发等组成的评价指标，如干燥度、降水距平值和标准化降水指数等作为气象干旱子模型的一组评估指标；某段时期内的水文干旱首先反映在河道径流和流域水资源量上，故把河道径流量和流域产水量作为水文干旱子模型的一组评估指标；把土壤相对湿度和作物水分指标等作为农业干旱的评估指标；以生态干旱外在表现特征的 NDVI 指数和反映内在机理的地下水埋深作为生态干旱的一组评估指标。

### 4.2.3 指标矩阵标准化技术

针对具体干旱评估区域构建评估指标矩阵，设有 $n$ 个待评估对象（可以是 $n$ 个评估子区域，也可以是整个区域的 $n$ 个年份），$m$ 项评估指标，第 $i$ 个评估对象的第 $j$ 项评估指标值为 $x_{ij}$，建立评估指标矩阵如下：

$$\boldsymbol{X}_{n\times m}=\begin{bmatrix} x_{11} & x_{12} & \cdots & x_{1m} \\ x_{21} & x_{22} & \cdots & x_{2m} \\ \vdots & \vdots & \vdots & \vdots \\ x_{n1} & x_{n2} & \cdots & x_{nm} \end{bmatrix}=\begin{bmatrix} x_{ij} \end{bmatrix}_{n\times m} \tag{4.17}$$

在指标矩阵 $\boldsymbol{X}_{n\times m}$ 中，有些指标值越大越优，称为正指标（也称效益型或望大型指标）；有些指标值越小越优，称为逆指标（也称成本型指标或望小型指标）；有些指标值越接近某个固定值越优，称为适度指标；有些指标值越偏离某个固定值越优，称为偏离型指标；还有某些指标值越接近或落入某个固定区间越优的区间型指标和指标值越偏离某个固定区间越优的偏离区间型指标[208]。因此，在进行综合评估之前，需要通过数学变换将指标矩阵同趋势化，一般是将逆向指标和适度指标转化为正向指标，同时对具有量纲的指标进行原始变量指标的无量纲化，消除指标量纲对评估结果的影响，该过程称为指标矩阵的标准化（规格化）。对于多指标干旱综合评估来说，标准化的结果即是干旱所处状况的一种相对描述，而不是一种绝对度量的刻画。指标矩阵标准化后得到标准化矩阵 $\boldsymbol{R}$，如下：

$$\boldsymbol{R}=\begin{bmatrix} \gamma_{11} & \gamma_{12} & \cdots & \gamma_{1m} \\ \gamma_{21} & \gamma_{22} & \cdots & \gamma_{2m} \\ \vdots & \vdots & \vdots & \vdots \\ \gamma_{n1} & \gamma_{n2} & \cdots & \gamma_{nm} \end{bmatrix}=\begin{bmatrix} \gamma_{ij} \end{bmatrix}_{n\times m} \tag{4.18}$$

在统计指标中，正指标、逆指标和适度指标比较常见。在指标矩阵标准化前首先要把逆指标和适度指标转换为正指标，一般认为下列的线性变换不会改变指标值的分布规律，是较好的转换方法。

$$\begin{cases} x'_{ij}=\max_n\{x_{ij}\}-x_{ij} \text{ 或 } x'_{ij}=-x_{ij}, x_{ij} \text{ 为逆指标} \\ x'_{ij}=\max_n\{x_{ij}-k\}-(x_{ij}-k) \text{ 或 } x'_{ij}=-(x_{ij}-k), x_{ij} \text{ 为适度指标}, k \text{ 为适度值} \end{cases} \tag{4.19}$$

标准化的方法有多种，分为直线型、折线型和曲线型标准化方法，在选择方法时应注意几个原则：客观性、简易性和合理性。即所用标准化方法要能尽量客观地反映指标实际值与事物综合发展水平的对应关系，且符合统计分析的基本要求；标准化方法在反映客观事物特征的情况下要尽量简单易操作，能用直线型方法就不用折线和曲线型方法；要注意标准化方法自身的特点，保证指标转化的合理性，一般来说，较好的标准化方法处理后的数据应保持原始指标的分辨力，即保持其变异性。

表 4.7 反映了直线型四种标准化方法处理后的数据与原始数据的比较[209]：标准差法一般在原始数据呈正态分布的情况下应用，所依据的原始数据信息较多；数据经标准差法处理后超出了 0～1 区间，存在负数，有时会影响进一步的数据处理；且各指标的均值与标准差完全相同，其分辨力已被完全同化。极值法对指标数据的个数和分布无要求，所依据的原始数据信息也较少，处理后的数据变异程度保持不变，且在 0～1 之间，便于做进一步处理，但极值法易受极端异常值的影响。均值法不改变原始数据的分布情况，是多指标综合分析中较好的标准化方法。极差法处理后的数据一般标准差变小，分辨力被部分同化，比较常用，用该方法对正向处理后的指标矩阵进行标准化的公式如下：

$$r_{ij} = \frac{x'_{ij} - \min_{n} x'_{ij}}{\max_{n} x'_{ij} - \min_{n} x'_{ij}} \quad (i = 1, 2, \cdots, n; j = 1, 2, \cdots, m) \quad (4.20)$$

式中：$x'_{ij}$ 为正向化后的指标值。

表 4.7　　　　　　　　　　几种数据规格化方法比较

| 标准化方法 | 标准化公式 | 标准化后的数据特征 | | | |
|---|---|---|---|---|---|
| | | 范围 | 平均值 | 标准差 | 变异系数 |
| 原始数据 | | 不定 | | $S_i$ | |
| 标准差法 | $X_i = (Y_i - \overline{Y}_i)/S_i$ | $[-2, 2]$ | 0 | 1 | |
| 极大值法 | $X_i = Y_i/Y_{i\max}$ | $[0, 1]$ | $[0.5, 1]$ | $S_i/Y_{i\max}$ | $CV_1$ |
| 极差法 | $X_i = (Y_i - Y_{i\max})/(Y_{i\max} - Y_{i\min})$ | $[0, 1]$ | 0.5 | $S_i/(Y_{i\max} - Y_i)$ | |
| 均值法 | $X_i = Y_i/\overline{Y}_i$ | $[0, 2CV_1]$ | 1 | | |

## 4.3　评估指标赋权技术

在复杂系统的综合评价技术中，指标体系构建的关键是如何定量该系统中各评价准则和评价指标的重要程度，即权重。从权的属性来看，有关信息多的权重大，区别能力强的指标权重大。因此权应包含并综合反映以下因素[210]：①决策人对目标的重视程度；②各目标属性值的差异程度；③各目标属性值的可靠程度。权重越大，相对重要性也越大，反之亦然。通过权，可以利用各种方法将多目标决策问题化为单目标问题求解。

在由 $m$ 个评估指标组成的集合中，为了反映指标 $j$ 的重要程度，对其赋

予相应的权重 $\omega_j$，由各权重组成的集合 $\omega = \{\omega_1, \omega_2, \cdots, \omega_m\}$ 称为评价因素的权重集。在指标较多时，决策人往往难于直接确定每个指标的权重，需要借助于指标赋权技术（构权）。构权方法按其复杂性可分为基础构权法与扩展构权法，其中，基础构权方法大致可分为直接构权、对比构权、信息构权、特殊构权四类。按其主客观性的不同分为主观构权法与客观构权法，如主成分分析法等由系统伴随而生的权数、根据指标本身的相关系数及变异信息计算的权数都被称为客观构权法，而将 AHP 法、德尔菲法等有主观评分含义的方法都归为主观构权法。判断一组权重的合理与否并不能根据其是否采用主观构权，而应该看其是否准确反映了评权对象的真实重要性程度[211]。

目前常见的赋权重方法有均权法、离差权法、对比构权法（行和正规化法、列和求逆法、特征向量法和梯度特征值法等）、最小二乘法、熵权、德尔菲法、主成分分析法、因子分析法、遗传算法和群决策方法等。本书采用主观构权和客观构权兼顾、完全对比构权与信息构权相结合的方法确定各指标的权重。

### 4.3.1 最小二乘法

设有 $m$ 个待评估对象，首先由决策者将待评估对象的重要性作成对比较，需要比较 $C_m^2 = \dfrac{1}{2}m(m-1)$ 次。将第 $i$ 个待评估对象对第 $j$ 个待评估对象的相对重要性记为 $a_{ij}$，并认为它是待评估对象 $i$ 的权重 $\omega_i$ 和待评估对象 $j$ 的权重 $\omega_j$ 之比的近似值，即 $a_{ij} \approx \omega_i/\omega_j$，$m$ 个待评估对象成对比较的结果为判断矩阵 $\boldsymbol{A}$[212]，则 $\boldsymbol{A}$ 为：

$$\boldsymbol{A} = \begin{bmatrix} a_{11} & a_{12} & \cdots & a_{1m} \\ a_{21} & a_{22} & \cdots & a_{2m} \\ \vdots & \vdots & \vdots & \vdots \\ a_{m1} & a_{m2} & \cdots & a_{mm} \end{bmatrix} \approx \begin{bmatrix} \omega_1/\omega_1 & \omega_1/\omega_2 & \cdots & \omega_1/\omega_m \\ \omega_2/\omega_1 & \omega_2/\omega_2 & \cdots & \omega_2/\omega_m \\ \vdots & \vdots & \vdots & \vdots \\ \omega_m/\omega_1 & \omega_m/\omega_2 & \cdots & \omega_m/\omega_m \end{bmatrix} \quad (4.21)$$

在 $a_{ij}$ 能够被准确估计的情况下满足：

$$a_{ij} = 1/a_{ji}, \quad a_{ij} = a_{ik}a_{kj} \quad (\forall i, j, k \in J), \quad a_{ii} = 1 \quad (4.22)$$

且 $\displaystyle\sum_{i=1}^{m} a_{ij} = \sum_{i=1}^{m} \omega_i \Big/ \omega_j$，当 $\displaystyle\sum_{i=1}^{m} \omega_i = 1$ 时，$\omega_j = 1 \Big/ \displaystyle\sum_{i=1}^{m} a_{ij}$

若 $a_{ij}$ 不能被准确估计，则上面各式中的等号应为近似号，这时可用最小二乘法求 $\omega$。即：

$$\min\left\{ \sum_{i=1}^{m}\sum_{j=1}^{m} (a_{ij}\omega_j - \omega_i)^2 \right\}$$

$$\begin{cases} \sum_{i=1}^{m} \omega_i = 1 \\ \omega_i > 0 (i = 1, 2, \cdots, m) \end{cases} \qquad (4.23)$$

用拉格朗日乘子法求解此有约束纯量的优化问题，则拉格朗日函数为：

$$L = \sum_{i=1}^{m} \sum_{j=1}^{m} (a_{ij}\omega_j - \omega_i)^2 + 2\lambda(\sum_{i=1}^{m} \omega_i - 1) \qquad (4.24)$$

对 $\omega_i$ 求偏导数，得到 $m$ 个代数方程：

$$\sum_{i=1}^{m} (a_{il}\omega_l - \omega_i)a_{il} - \sum_{j=1}^{m} (a_{lj}\omega_j - \omega_l) + \lambda = 0 (l = 1, 2, \cdots, m) \quad (4.25)$$

由上式及 $\sum_{i=1}^{m} \omega_i = 1$ 共 $m+1$ 个方程，方程中有 $\omega_1$，$\omega_2$，$\cdots$，$\omega_m$ 及 $\lambda$ 共 $m+1$ 个变量，因此可求得 $\boldsymbol{\omega} = [\omega_1, \omega_2, \cdots, \omega_m]^T$。

### 4.3.2 特征向量法

特征向量法求其权重的主要步骤包括：

（1）确定待评估对象重要性判断矩阵 $\boldsymbol{A}$。判断矩阵 $\boldsymbol{A}$ 的确定如章节 4.3.1，为便于确定 $a_{ij}$ 值，美国运筹学家、匹兹堡大学教授托马斯·塞蒂（T. L Saaty）在提出层次分析法时，建议采用 1～9 标度的重要性判断矩阵，并给出了待评估对象间相对重要性等级表（见表 4.8）。

表 4.8　　　　　待评估对象重要性判断矩阵 $\boldsymbol{A}$ 中元素的取值

| 相对重要性评分 | 评价描述 | 说　明 |
|---|---|---|
| 1 | 同等重要 | 两个待评估对象同样重要 |
| 3 | 略微重要 | 由经验或判断，认为一个评估对象比另一个略微重要 |
| 5 | 相当重要 | 由经验或判断，认为一个评估对象比另一个重要 |
| 7 | 明显重要 | 深感一个对象比另一个重要，且这种重要性已有实践证明 |
| 9 | 绝对重要 | 强烈感到一个评估对象比另一个重要得多 |
| 2，4，6，8 | 两个相邻判断的中间值 | 需折衷时采用 |

（2）推求权向量。

$$\boldsymbol{A\omega} = \begin{bmatrix} \omega_1/\omega_1 & \omega_1/\omega_2 & \cdots & \omega_1/\omega_m \\ \omega_2/\omega_1 & \omega_2/\omega_2 & \cdots & \omega_2/\omega_m \\ \vdots & \vdots & \vdots & \vdots \\ \omega_m/\omega_1 & \omega_m/\omega_2 & \cdots & \omega_m/\omega_m \end{bmatrix} \begin{bmatrix} \omega_1 \\ \omega_2 \\ \vdots \\ \omega_m \end{bmatrix} = m \begin{bmatrix} \omega_1 \\ \omega_2 \\ \vdots \\ \omega_m \end{bmatrix} \qquad (4.26)$$

即　　　　　　　　　　　　　　$(\boldsymbol{A} - m\boldsymbol{I})\boldsymbol{\omega} = \boldsymbol{0}$

式中：$I$ 为单位矩阵，如果 $A$ 估计不够准确，则 $A$ 中元素的微小扰动就意味着特征值的微小变化，从而有：

$$A\boldsymbol{\omega} = \lambda_{\max}\boldsymbol{\omega} \tag{4.27}$$

式中：$\lambda_{\max}$ 为矩阵 $A$ 的最大特征值。

由式（4.27）可以求得特征向量即权向量 $\boldsymbol{\omega} = [\omega_1, \omega_2, \cdots, \omega_m]^{\mathrm{T}}$。

用特征向量法可求最大特征值 $\lambda_{\max}$，但求解时需要解 $m$ 次方程，当 $m \geqslant 3$ 时计算较麻烦。这时可采用近似算法（LLSM 法），该方法的主要步骤如下：

（1）$A$ 中每行元素连乘并开 $m$ 次方：

$$\omega_i^* = \sqrt[m]{\prod_{j=1}^{m} a_{ij}} \quad (i=1, 2, \cdots, m) \tag{4.28}$$

（2）求元素的权重：

$$\omega_i = \omega_i^* \bigg/ \sum_{i=1}^{m} \omega_i^* \quad (i=1, 2, \cdots, m) \tag{4.29}$$

（3）$A$ 中每列元素求和：

$$S_j = \sum_{i=1}^{m} a_{ij} \quad (j=1, 2, \cdots, m) \tag{4.30}$$

（4）求 $\lambda_{\max}$ 值：

$$\lambda_{\max} = \sum_{i=1}^{m} \omega_i S_i \tag{4.31}$$

（5）一致性检验。

用 $\lambda_{\max} \sim m$ 度量矩阵 $A$ 中各元素 $a_{ij}(i, j=1, 2, \cdots, m)$ 估计值的一致性。单个判断矩阵的一致性检验分为以下步骤：首先，计算矩阵的最大特征值 $\lambda_{\max}$，并计算一致性指标（$CI$）；其次，按照矩阵阶数在随机一致性指标均值表（见表 4.9）中查询相应的随机一致性指标均值（$RI$）；再次，按照下式计算出 $CR$ 值：

$$CI = \frac{\lambda_{\max} - n}{n - 1}, \ CR = \frac{CI}{RI} \tag{4.32}$$

若 $CR < 0.1$，则可认为 $A$ 中 $a_{ij}$ 的估计基本一致，一致性检验通过，否则需调整矩阵 $A$ 中元素 $a_{ij}$ 的值，再重新按照检验步骤进行检验，直至 $CR < 0.1$。

**表 4.9**                        $m$ 阶矩阵的随机指标均值

| $n$ | 3 | 4 | 5 | 6 | 7 | 8 | 9 | 10 | 11 | 12 | 13 |
|---|---|---|---|---|---|---|---|---|---|---|---|
| $RI$ | 0.52 | 0.89 | 1.12 | 1.26 | 1.36 | 1.41 | 1.46 | 1.49 | 1.52 | 1.54 | 1.56 |

特征向量法是将判断矩阵的最大特征根所对应的归一化特征向量作为排序权值，不足之处是权值计算与判断矩阵的一致性检验是分开进行的，当判断矩

阵一致性程度很差时，求解特征值较困难。

### 4.3.3　熵权法

熵权法是一种根据各指标值所提供信息量的大小确定指标权重的方法。在信息论中，熵值反映了信息的无序化程度，指标间差异越大其携带的信息就越多，表示该指标对决策的作用越大，其熵值就越小，则系统的无序度越小，故可用信息熵反映系统信息的有序度及其效用，即由评价指标值构成的判断矩阵来确定指标的权重[208]，从而使指标权重的确定具有一定的理论依据，评价结果更客观。熵权法确定权重已在工程技术、社会经济、环境科学等领域得到了广泛应用。

设有 $n$ 个评价对象，$m$ 项评价指标，$\boldsymbol{R} = (r_{ij})_{n \times m}$ 为经过标准化后的评价矩阵，用熵值法确定权重的步骤如下[213]：

（1）由标准化评价矩阵 $\boldsymbol{R} = (r_{ij})_{n \times m}$ 计算第 $i$ 个对象第 $j$ 项指标的比重：

$$\boldsymbol{R}_{ij} = r_{ij} \Big/ \sum_{i=1}^{n} r_{ij} \quad (i = 1, 2, \cdots, n; \ j = 1, 2, \cdots, m) \qquad (4.33)$$

（2）计算第 $j$ 项指标的熵值：

$$H_j = -k \sum_{i=1}^{n} R_{ij} \ln(R_{ij}) \quad j = 1, 2, \cdots, m \qquad (4.34)$$

式中：$k = 1/\ln n$。

由于 $0 \leqslant R_{ij} \leqslant 1$，所以 $0 \leqslant -\sum_{i=1}^{n} R_{ij} \ln(R_{ij}) \leqslant \ln n$，可知 $0 \leqslant H_j \leqslant 1 (j = 1, 2, \cdots, m)$。当 $R_{ij} = 0$ 时，$\ln(R_{ij})$ 无意义，可令 $R_{ij} \ln(R_{ij}) = 0$；当 $R_{ij} = 1$ 时，$\ln(R_{ij}) = 0$，与熵所反映的信息无序化程度相悖，需加以修正，此时令：

$$R_{ij} = (1 + r_{ij}) \Big/ \sum_{i=1}^{n} (1 + r_{ij}) \qquad (4.35)$$

（3）计算指标的差异性系数 $g_j$。对于给定的指标 $j$，$r_{ij}$ 的差异越大，则该项指标蕴含的信息量越大，说明指标 $j$ 在各评价对象 $i$ 之间差异越明显，指标 $j$ 对综合评价的作用就越大；反之，当 $r_{ij}$ 全部相等时，$H_j = H_{\max} = 1$，此时指标 $j$ 对于评价对象 $i$ 之间的比较就毫无作用。因此定义差异系数 $g_j = 1 - H_j (j = 1, 2, \cdots, m)$，$g_j$ 越大，该项指标的作用越大。

（4）确定权重系数 $\omega_j$。

$$\omega_j = g_j \Big/ \sum_{j=1}^{m} g_j \quad (j = 1, 2, \cdots, m) \qquad (4.36)$$

### 4.3.4　群决策方法

在群决策中，由于每个决策者对不同指标的重要性理解程度不同，因此，确定的指标重要性判断矩阵也不相同。在群决策中，找出能正确反映决策者意愿的公平合理规则十分重要。就评价指标体系而言，根据第 $k(k=1, 2, \cdots, n)$ 个决策者对 $a_{ij}$ 进行判断打分得到 $a_{ij,k}$ 后，采用过半数规则、几何平均值规则、算术平均值规则和不满意度最小规则等最终确定 $a_{ij}$[212]。

（1）过半数规则。超过 50% 的决策者认为第 $i$ 个指标和第 $j$ 个指标同等重要，则 $a_{ij}^{(1)}=1$；若有超过半数的决策者认为第 $i$ 个指标比第 $j$ 个指标略微重要，则 $a_{ij}^{(1)}=3$。

（2）几何平均值规则。根据 $a_{ij,k}(k=1, 2, \cdots, n)$，求其几何平均值：

$$a_{ij}^{(2)} = \sqrt[n]{\prod_{k=1}^{n} a_{ij,k}} \tag{4.37}$$

式中：$a_{ij}^{(2)}$ 为由几何平均值规则计算得到的 $a_{ij}$；$n$ 为决策人数。

（3）算术平均值规则。根据 $a_{ij,k}(k=1, 2, \cdots, n)$，求其算术平均值：

$$a_{ij}^{(3)} = \frac{1}{n}\sum_{k=1}^{n} a_{ij,k} \tag{4.38}$$

式中：$a_{ij}^{(3)}$ 为根据算术平均值规则计算得到的 $a_{ij}$。

（4）不满意度最小规则。基于前述过半数规则、几何平均值规则和算术平均值规则计算得到的 $a_{ij}$，利用不满意度最小规则确定 $a_{ij}$。

$$R_{ij}^{(m)} = \frac{a_{ij,*} - a_{ij}^{(m)}}{a_{ij,*}}, \quad a_{ij}^{(4)} = \min(R_{ij}^{(m)}) \tag{4.39}$$

式中：$R_{ij}^{(m)}$ 为第 $m(m=1, 2, 3)$ 种规则下 $a_{ij}$ 的不满意度；$a_{ij,*}$ 为 $a_{ij}$ 的满意度目标值；$a_{ij}^{(m)}$ 为第 $m$ 种规则下确定的 $a_{ij}$；$a_{ij}^{(4)}$ 为由不满意度最小规则确定的 $a_{ij}$。

### 4.3.5 综合赋权

用主观赋权技术，如层次分析法、群决策法等，和客观赋权技术，如熵权法，分别得到指标 $i$ 的权重系数后，综合主观和客观赋权的优点，得到综合权重 $\lambda_i$：

$$\lambda_i = \lambda_i' \omega_i \Big/ \sum_{i=1}^{m} \lambda_i' \omega_i \quad (i=1, 2, \cdots, m) \tag{4.40}$$

## 4.4 综合评估模型构建方法

综合评估是指对多指标体系结构描述的对象系统做出全局性、整体性的评价。它面临的常是复杂系统，得出唯一正确评价结果的难度较大。用于综合评价的方法很多，各种方法出发点不同，适用对象不同，相应地，原理和解决问题的思路亦不同，但其基本思想是相同的，即将表征评价对象的多个指标转化为一个能够反映综合情况的指标进行评价。随着应用数学的发展，新的综合指标评价方法不断涌现，这些方法常从多角度出发，涉及运筹学、统计学、模糊数学、系统学等多学科、多领域，定性评价与定量评价相结合，甚至于不同的评价方法相融合。常用的方法有：包含模糊综合评价方法、模糊积分和模糊模式识别在内的模糊数学方法，包含层次分析法和灰色关联度评价法在内的系统工程法，包括主成分分析、聚类分析、因子分析和判别分析法等在内的统计分析方法，包含人工神经网络在内的智能化方法，包含数据包络分析（DEA）在内的运筹学方法等。

### 4.4.1 层次分析法

层次分析法（Analytic Hierarchy Process，AHP）是 T. L. Saaty 于 20 世纪 70 年代初，在为美国国防部研究"根据各个工业部门对国家福利的贡献大小而进行电力分配"课题时，应用网络系统理论和多目标综合评价方法，提出的一种定性与定量分析相结合的层次权重决策分析方法。它将一个复杂的多目标决策问题作为一个系统，把目标分解为目标层、准则层或方案层，通过定性指标模糊量化方法算出层次单排序权重和总排序权重，从而作为多目标、多方案优化决策的方法，主要用于解决递阶层次结构多、决策准则多且不易量化的问题。

层次分析法属于关系模型，其本质是一种思维方式，其核心在于将决策问题分解为不同的层次结构，构建层次结构模型。该方法的基本原理是：将一个复杂问题看成一个系统，首先根据问题的性质和要求提出一个总目标，然后根据系统内部因素之间的隶属关系，把复杂系统分解成由各种因素组成的有序递阶层次，同一层次的各种要素以上一层要素为准则，构造两两比较的判断矩阵，并据此求解各要素重要性的排序权重和检验判断矩阵的一致性，从而确定出各要素相对于上一层目标的权重系数，直到最后一层。最后根据综合权重按最大权重原则确定最优方案，进而得到方案或目标相对重要性的定量描述。应用 AHP 法的整个过程是分解、判断与综合的过程，其基本步骤为：①构造层次分析结构模型；②构造判断矩阵；③计算准则因素对总目标的相对重要性，同时计算指标层对准则层的相对重要性；④各层次判断矩阵一致性检验；⑤加权计算评价对象的总得分，根据综合权重大小排序确定最优方案，具体算法参照参考文献[214,215]。以上步骤中，判断矩阵排序权值的合理计算是层次分析法应用的关键。

### 4.4.2 模糊综合评价法

模糊综合评价法又称模糊综合决策或模糊多元决策，它是一种基于模糊数学的综合评价方法。该评价法根据隶属度理论把定性评价转化为定量评价，即用模糊数学对受到多种因素制约的事物或对象做出一个总体评价，具有结果清晰、系统性强的特点，能较好地解决模糊的、难以量化的问题，适合各种不确定性问题的解决。

模糊综合评价主要考虑到人们对一个受多因素影响的事物评价应分成不同的等级，它注重各因素在评价目标中的重要性排序，评价的数学模型可分为一级模型和多级模型。与模糊综合评价有关的术语有：

（1）评价因素（指标）。为便于权重分配和评议，可以按评价因素的属性将其分成若干类，把每一类都视为单一评价因素集，并称之为第一级评价因素集 $X$，表示为 $X=\{x_1, x_2, \cdots, x_m\}$。评价因素集可以只有一个级别，也可以设置多种级别。

（2）评语集 $V$。其用来刻画因素集中每一因素所处状态的 $n$ 种评判，对因素的评判构成一个评语集，表示为 $V=\{v_1, v_2, \cdots, v_n\}$。

（3）模糊权重向量 $\omega$。其用来衡量评价因素集中各因素的重要性，表示为：$\omega=(\omega_1, \omega_2, \cdots, \omega_m)$。

（4）模糊变换 $f$。其是对某一个单因素单独做出模糊评价的过程，并由此构造出模糊矩阵。每一个评价对象都应该建立一个综合评价矩阵，而矩阵中的任一个因素 $u_{ij}$ 表示因素 $x_i$ 在第 $j$ 个评语 $v_j$ 上的频率分布。最后得到如下模糊综合识别矩阵：

$$U=\begin{bmatrix} U_1 \\ U_2 \\ \vdots \\ U_m \end{bmatrix}=\begin{bmatrix} u_{11} & u_{12} & \cdots & u_{1n} \\ u_{21} & u_{22} & \cdots & u_{2n} \\ \vdots & \cdots & \cdots & \vdots \\ u_{m1} & u_{m2} & \cdots & u_{mn} \end{bmatrix} \tag{4.41}$$

求解模糊矩阵的过程要求对每一个评价指标分别构造出它隶属于决断集 $V$ 中各状态的隶属函数，然后求得隶属度。

（5）模糊集 $B$。其表征综合评价结果，表示为：$B=\omega U$，对于该综合评价结果可以直接按最大隶属度原则划分等级。

应用模糊评价法的主要步骤如下：①组成专家评价小组；②确定系统评价指标集；③利用专家评价或其他方法确定各评价指标的权重；④按照制定的评价尺度对各评价指标进行评定；⑤计算比选方案的综合评定向量；⑥计算比选方案的优先度，并根据各比选方案优先度的大小对各方案进行排序，为决策者提供有用信息。模糊综合评价法应用的关键在于权重向量的确定和隶属函数的构造。在实际应用中，权重向量的确定可以采用层次分析法、专家评分法、熵权法等，而隶属函数的构造应该根据具体的实际问题特征进行选取。

### 4.4.3　其他方法

可用于综合评估的方法还有人工神经网络法、数据包络分析法、马尔科夫模型及其耦合方法等。

人工神经网络（ANN）评价方法能够处理非线性、非局域性与非凸性的大型复杂系统，应用领域正在不断扩大，其在多指标综合评价中应用较多的是相对比较成熟的多层 BP（Back Propagation）网络模型。ANN 评价方法最大的优点是它较强的自适应性与学习能力，它可以通过不断的学习与适应，最终逼近最优的非线性合成模型，并且合成精度较高，无需专门构权。因此，在模式识别、预测和预报、优化问题、神经控制、智能决策和专家系统等领域应用广泛。但该方法算法复杂，只能借助于计算机进行处理，在实际的应用中，BP 网络结构的设计也是人们凭经验或通过多次尝试来解决的。

数据包络分析法（DEA 法）是美国著名运筹学家 A. Charnes 和 W. W. Cooper 等以相对效率概念为基础发展起来的一种效率评价方法。它实质上是以凸分析和线性规划为工具的一种评价方法。DEA 法要求系统有投入与产出，因此它适合于效益类问题的评价，是一种水平评价而不是规模评价。由于该方法判别相对有效性的标准是参评单位距离"最小凸包"（最理想、最前沿的边界）的远近，所以，当"最小凸包"发生变化时，便可能导致评价结论的变化。

马尔科夫（Markov）模型是利用 Markov 过程在 $T_0$ 时刻所处的状态为已知的条件下，过程在 $T > T_0$ 所处状态与过程在 $t_0$ 时刻之前所处的状态无关的特征（即状态的转移是无后效性的），来对事物的动态演变进行研究。其基本的方法是利用状态之间的转移概率矩阵预测事件的发生状态及其发展变化趋势[216]。

随着综合指标评价方法的发展，许多学者从不同角度将单一方法进行了融合与改进，出现了一些耦合方法，如层析分析法与模糊综合评价法的结合、基于投影寻踪的模糊识别模式模型等。此外，就单一方法而言，也加入了新的元素，如基于熵理论的模糊综合评价法、基于主成分分析法的综合评价法改进等。随着实际问题的日益复杂和应用领域的不断拓展，整个综合指标评价体系也在不断发展与前进。

### 4.4.4　方法选择

综上，层次分析法系统性较强，思路清晰、明确，计算方便，从评价问题的本质出发，讲求定性的分析和判断，是一种主观赋权的评价方法；但它为静态评价方法，不能描述和判断系统发展的动态趋势。模糊综合评价法最显著的特点是：可以进行相互比较，以最优评价因素值为基准（其评价值为1）；其余欠优评价因素依据欠优程度得到相应的评价值；根据各类评价因素的特征，确定评价值与评价因素之间的隶属函数关系，为指标定量化提供途径。但是，模糊综合评价方法取小取大的运算法则，使大量有用信息遗失，评价因素越多，遗失的有用信息就越多，误判的可能性也就越大；在评价过程中各因素权重的确定仍带有一定的主观性；在一定情况下确定隶属函数存在困难。

基于层次分析法的系统性、简明性和计算简便特点，避开其缺点，本书选择层次分析法作为主观赋权的一种方法；鉴于评估指标相对于评价对象间的模糊性，利用模糊综合评价的思想，耦合热力学中的最大熵理论，采用少量的评估指标，构建干旱模糊综合评估模型。

## 4.5　内陆河流域干旱综合评估模型构建

本节立足已建立的指标体系，应用层次分析法和客观赋权相结合的综合指标赋权技术，利用模糊综合评价方法构建干旱评估子模型和综合评估模型，并将模糊综合评价的形式分为干旱模糊综合评估模型和基于熵理论的干旱模糊综合评估模型两种。

### 4.5.1　干旱模糊综合评估模型

干旱评估可分为各子模型模糊评估和模糊综合评估，各子模型包括气象干旱子模型、水文干旱子模型、农业干旱子模型和生态干旱子模型（见图4.3）。

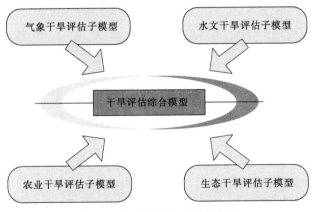

图 4.3　干旱模糊综合评估模型

根据上述模糊综合评估方法的步骤，构建干旱模糊评估子模型和综合模型。

### 4.5.1.1　指标矩阵建立与干旱分级

根据已经建立的评估指标体系，对于 $n$ 个评价对象，$m$ 个评估指标，建立评估指标矩阵 $\boldsymbol{X}_{n\times m}$。

在《中国水旱灾害》（中国水利水电出版社，1997）干旱程度四级划分的基础上增加特大干旱，将干旱程度设为五个等级，即正常、轻度干旱、中度干旱、重度干旱以及特大干旱，表示为：$\boldsymbol{V}=\{V_1,V_2,V_3,V_4,V_5\}=\{$正常，轻度干旱，中度干旱，重度干旱，特大干旱$\}$，$\boldsymbol{V}$ 表示干旱等级集合，$V_i(i=1,2,\cdots,5)$ 可对应一个模糊子集。

### 4.5.1.2　建立模糊识别矩阵

模糊综合评价中重要的一个步骤是求单个指标因素的隶属度，并建立各指标的模糊识别矩阵。对于通过某一隶属函数进行模糊变换的单因子评估指标，若其隶属度接近 1，则肯定的程度高；若接近 0，则否定的程度高；而在 0.5 周围，则评价对象的隶属程度最为模糊。假设划分等级数为 $c$，根据 5 级干旱分级标准值，建立干旱评估指标集 $X$ 的 5 个级别（$c=5$）的隶属函数，分别记为：$U_{V_1}$，$U_{V_2}$，$U_{V_3}$，$U_{V_4}$，$U_{V_5}$。为了方便起见，这些隶属函数均取为梯形函数[217]。

对于指标值越小越优（不干旱）的指标 $j$，隶属函数构成如下：

$$U_{V_1}=\begin{cases}1 & (x\leqslant x_{1j})\\[2mm]\dfrac{x_{2j}-x}{x_{2j}-x_{1j}} & (x_{1j}<x\leqslant x_{2j})\\[2mm]0 & (x>x_{2j})\end{cases}\qquad U_{V_2}=\begin{cases}\dfrac{x}{x_{1j}} & (x\leqslant x_{1j})\\[2mm]1 & (x_{1j}<x\leqslant x_{2j})\\[2mm]\dfrac{x_{3j}-x}{x_{3j}-x_{2j}} & (x_{2j}<x\leqslant x_{3j})\\[2mm]0 & (x>x_{3j})\end{cases}$$

$$U_{V_5}=\begin{cases}0 & (x\geqslant x_{1j})\\[2mm]\dfrac{x}{x_{4j}} & (x_{1j}<x\leqslant x_{3j})\\[2mm]\dfrac{x-x_{3j}}{x_{4j}-x_{3j}} & (x_{3j}<x\leqslant x_{4j})\\[2mm]1 & (x>x_{4j})\end{cases}\qquad U_{V_3}=\begin{cases}0 & (x\leqslant x_{1j})\\[2mm]\dfrac{x}{x_{2j}} & (x_{1j}<x\leqslant x_{2j})\\[2mm]1 & (x_{2j}<x\leqslant x_{3j})\\[2mm]\dfrac{x_{4j}-x}{x_{4j}-x_{3j}} & (x_{3j}<x\leqslant x_{4j})\\[2mm]0 & (x>x_{4j})\end{cases}$$

$$U_{V_4} = \begin{cases} 0 & (x \leqslant x_{2j}) \\ \dfrac{x}{x_{3j}} & (x_{2j} < x \leqslant x_{3j}) \\ 1 & (x_{3j} < x \leqslant x_{4j}) \\ \dfrac{x - x_{4j}}{x_{4j} - x_{3j}} & \left(\dfrac{x - x_{4j}}{x_{4j} - x_{3j}} \geqslant 1, \ x > x_{4j}\right) \\ 1 - \dfrac{x - x_{4j}}{x_{4j} - x_{3j}} & \left(\dfrac{x - x_{4j}}{x_{4j} - x_{3j}} < 1, \ x > x_{4j}\right) \end{cases}$$

$$(4.42)$$

式中：$x$ 为指标 $j$ 的指标值；$x_{1j}$，$x_{2j}$，$x_{3j}$，$x_{4j}$ 分别为指标 $j$ 的分级临界值，$x_{1j} < x_{2j} < x_{3j} < x_{4j}$。

对于指标值越大越优（不干旱）的负值指标 $j$，隶属度函数构造如下：

$$U_{V_1} = \begin{cases} 1 & (x \geqslant x_{1j}) \\ \dfrac{x_{2j} - x}{x_{2j} - x_{1j}} & (x_{2j} < x \leqslant x_{1j}) \\ 0 & (x < x_{2j}) \end{cases} \qquad U_{V_2} = \begin{cases} 0 & (x \geqslant 0) \\ \dfrac{x}{x_{1j}} & (x_{1j} \leqslant x < 0) \\ 1 & (x_{2j} \leqslant x < x_{1j}) \\ \dfrac{x_{3j} - x}{x_{3j} - x_{2j}} & (x_{3j} \leqslant x < x_{2j}) \\ 0 & (x < x_{i3}) \end{cases}$$

$$U_{V_3} = \begin{cases} 0 & (x \geqslant x_{1j}) \\ \dfrac{x}{x_{2j}} & (x_{2j} \leqslant x < x_{1j}) \\ 1 & (x_{3j} \leqslant x < x_{2j}) \\ \dfrac{x - x_{4j}}{x_{3j} - x_{4j}} & (x_{4j} \leqslant x < x_{3j}) \\ 0 & (x < x_{4j}) \end{cases} \qquad U_{V_4} = \begin{cases} 0 & (x \geqslant x_{2j}) \\ \dfrac{x}{x_{3j}} & (x_{3j} \leqslant x < x_{2j}) \\ 1 & (x_{4j} \leqslant x < x_{3j}) \\ \dfrac{x_{4j}}{x} & (x < x_{4j}) \end{cases}$$

$$U_{V_5} = \begin{cases} 0 & (x \geqslant x_{3j}) \\ \dfrac{x}{x_{4j}} & (x_{3j} < x \leqslant x_{4j}) \\ 1 & (x < x_{4j}) \end{cases}$$

$$(4.43)$$

式中：$x_{1j} > x_{2j} > x_{3j} > x_{4j}$。

对于越大越优的正直单因子指标，公式（4.43）中 $U_{V_1}$，$U_{V_2}$，$U_{V_3}$，

$U_{V_4}$，$U_{V_5}$ 的 $x/x_{ij}(i=1，2，\cdots，4)$ 变为 $x_{ij}/x(i=1，2，\cdots，4)$ 即可。

对于单指标干旱评估，可根据指标性质按照上述相应公式计算该干旱指标隶属度；对于由 $m$ 个评估指标组成的干旱评估指标集 $\{x_1，x_2，\cdots，x_m\}$，分别对其指标值 $x_j$ 采用上述隶属函数公式，得到评价因素集模糊矩阵 $U$：

$$U=\begin{bmatrix} u_{11} & u_{12} & \cdots & u_{1m} \\ u_{21} & u_{22} & \cdots & u_{2m} \\ \vdots & \vdots & \vdots & \vdots \\ u_{c1} & u_{c2} & \cdots & u_{cm} \end{bmatrix}=\left[u_{ij}\right]_{c\times m}$$

$$\begin{cases} \sum_{i=1}^{c} u_{cj}=1(c=1，2，\cdots，5) \\ u_{ij}\geqslant 0(j=1，2，\cdots，m) \end{cases} \tag{4.44}$$

式中：$u_{ij}$ 为指标因素 $j$ 从属于级别 $i$ 的相对隶属度，即模糊矩阵 $U$ 的列向量所有元素之和反映了所有指标对干旱级别 $i$ 的综合影响，行向量分别反映了指标 $j$ 对正常、轻度干旱、中度干旱、重度干旱和特大干旱五个级别的影响程度。

当指标的隶属度为 1，代表完全属于所评价的干旱等级；若隶属度为 0，说明完全不属于该干旱等级；隶属度越接近 1，说明属于此干旱等级的可能性越大。考虑到各个因素的影响程度不同，在 $u_{ij}$ 上作用以相应指标因素 $j$ 的权重，则结果更能合理地反映所有因素的综合影响。

### 4.5.1.3　指标权重

本书主要采用层次分析法、专家打分法和熵权法三种为指标赋权。在层次分析法中，首先构造了指标两两比较的判断矩阵，利用最小二乘法和特征向量法得到了权重，然后进行一致性检验，调整判断矩阵直到 $CR<0.1$，得到准则层及指标层权重；在专家打分法中，采用了 4 位专家对 4 个评估子系统中的 10 个评估指标进行打分，首先给各子系统中的指标赋均权，而后根据 GEM 算法步骤，第 $n$ 次计算各指标权重，直到前后两次计算得到的权重相差小于 $10^{-5}$，得到准则层及指标层权重；用熵权法计算指标权重步骤见章节 4.3，先得到指标层权重，相应的指标权重相加得到准则层权重。

### 4.5.1.4　模糊综合评估子模型

为评估气象、水文、农业和生态子系统的干旱程度，需建立各子系统的模糊评价子模型。得到的指标权重中，指标层相对于各自准则层的权重即是各子系统中指标的权重系数 $\lambda_j(j=1，2，\cdots，m)$，根据 $\lambda_j$ 和模糊识别矩阵的转置矩阵 $U_l^T$，选取 $\lambda_j$ 和 $U_l^T$ 的线性加权模糊算子 $M(\cdot，\oplus)$ 进行评估，建立各干旱评估子模型。

气象干旱评估子模型计算公式为：

$$\boldsymbol{B}_1 = \lambda_j \boldsymbol{U}_1^T = \sum_{j=1}^{m_1} \lambda_j u_{ji} = [b_{1i}]_{1 \times c} (m_1 = 3; \ i = 1, \ 2, \ \cdots, \ c; \ c = 5)$$

(4.45)

式中：$\boldsymbol{U}_1$ 为气象干旱评估指标模糊隶属度矩阵，$\sum_{i=1}^{c} u_{ij} = 1$，$(u_{ij} \geqslant 0, \ j = 1,$ $2, \ \cdots, \ m_1)$；$c$ 为干旱等级，本书将其分为正常、轻度干旱、中度干旱、重度干旱和特大干旱五级。

$\max(b_{1i})(i = 1, \ 2, \ \cdots, \ c)$ 对应的干旱等级即为气象干旱子模型最终的评估结果。

水文干旱评估子模型计算公式为：

$$\boldsymbol{B}_2 = \lambda_j \boldsymbol{U}_2^T = \sum_{j=m_1}^{m_2} \lambda_j u_{ji} = [b_{2i}]_{1 \times c} (m_2 = 5; \ i = 1, \ 2, \ \cdots, \ c; \ c = 5)$$

(4.46)

式中：$\boldsymbol{U}_2$ 为水文干旱评估指标模糊隶属度矩阵。

$\max(b_{2i})(i = 1, \ 2, \ \cdots, \ c)$ 对应的干旱等级即为水文干旱子模型最终的评估结果。

农业干旱评估子模型计算公式为：

$$\boldsymbol{B}_3 = \lambda_j \boldsymbol{U}_3^T = \sum_{j=m_2}^{m_3} \lambda_j u_{ji} = [b_{3i}]_{1 \times c} (m_3 = 8; \ i = 1, \ 2, \ \cdots, \ c; \ c = 5)$$

(4.47)

式中：$\boldsymbol{U}_3$ 为农业干旱评估指标模糊隶属度矩阵。

$\max(b_{3i})(i = 1, \ 2, \ \cdots, \ c)$ 对应的干旱等级即为农业干旱子模型最终的评估结果。

生态干旱评估子模型计算公式为：

$$\boldsymbol{B}_4 = \lambda_j \boldsymbol{U}_4^T = \sum_{j=m_3}^{m_4} \lambda_j u_{ji} = [b_{4i}]_{1 \times c} (m_4 = 10; \ i = 1, \ 2, \ \cdots, \ c; \ c = 5)$$

(4.48)

式中：$\boldsymbol{U}_4$ 为生态干旱评估指标模糊隶属度矩阵。

$\max(b_{4i})(i = 1, \ 2, \ \cdots, \ c)$ 对应的干旱等级即为生态干旱子模型最终的评估结果。

#### 4.5.1.5　综合评估模型

同上面的子模型评估，综合评估模型可根据各指标的权重系数 $\lambda_j (j = 1,$ $2, \ \cdots, \ m)$ 与模糊识别矩阵的转置矩阵 $\boldsymbol{U}^T$，选取 $\lambda_j$ 和 $\boldsymbol{U}^T$ 的线性加权模糊算子 $M(\cdot, \oplus)$ 进行评估，也可以根据准则层的权重 $w_l$ 与各评估子模型 $\boldsymbol{B}_l$，选

取 $w_l$ 与 $\boldsymbol{B}_l$ 线性加权模糊算子进行干旱模糊综合评估。在得到各子评估模型的情况下，后者更简便，即：

$$A = w_l \boldsymbol{B}_l = \sum_{l=1}^{4} w_l b_{li} = [a_{1i}]_{1 \times c} (i = 1, 2, \cdots, c; c = 5) \tag{4.49}$$

式中：$A$ 为干旱等级模糊综合评估隶属度向量；$w_l$ 为各子目标相对于总目标的权重（即准则层权重）；$\boldsymbol{B}_l$ 为评估子模型 $l$ 的干旱等级模糊隶属度向量。

$\max(a_i)(i = 1, 2, \cdots, c)$ 对应的干旱等级即为干旱模糊综合评估模型的最终评估结果。

### 4.5.2　基于熵理论的干旱模糊综合评估模型

基于熵理论的模糊综合评价既考虑了评价准则和评价指标的模糊性和不确定性，同时也可减少模糊评价的主观性，使评价结果更加客观、可靠[218]。

#### 4.5.2.1　评价矩阵标准化

对干旱状况下 $n$ 个评估对象的 $m$ 项指标值 $x_{ij}$ 及其指标矩阵 $\boldsymbol{X}_{n \times m}$ 进行标准化处理：首先把 $x_{ij}$ 正向化，然后将 $\boldsymbol{X}_{n \times m}$ 归一化，得到相应的标准化矩阵 $\boldsymbol{R}$：

$$\boldsymbol{R} = \begin{bmatrix} r_{11} & r_{12} & \cdots & r_{1m} \\ r_{21} & r_{22} & \cdots & r_{2m} \\ \vdots & \vdots & \vdots & \vdots \\ r_{n1} & r_{n2} & \cdots & r_{nm} \end{bmatrix} = [r_{ij}]_{n \times m} \tag{4.50}$$

#### 4.5.2.2　建立分级矩阵及隶属度矩阵

建立指标矩阵后，假设 $m$ 个评估指标均分为 $c$ 个等级，指标 $j$ 的第 $i$ 级分级标准值为 $k_{ij}$，则评估分级矩阵为：

$$\boldsymbol{K} = \begin{bmatrix} k_{11} & k_{12} & \cdots & k_{1m} \\ k_{21} & k_{22} & \cdots & k_{2m} \\ \vdots & \vdots & \vdots & \vdots \\ k_{c1} & k_{c2} & \cdots & k_{cm} \end{bmatrix} = [k_{ij}]_{c \times m} \tag{4.51}$$

由于分级界限是模糊的，故用隶属度来刻画指标值所属的干旱等级。相对隶属度矩阵的划分主要参考了李登峰[219]提出的模糊隶属度的划分等级，即定义 1 级评价标准状态中评价指标 $j$ 的标准值 $k_{1j}$ 对应于模糊概念 $A$ 的相对隶属度为 1，$c$ 级评价标准状态中评价指标 $j$ 的标准值 $k_{cj}$ 相对于模糊概念 $A$ 的相对隶属度为 0。则 $i$ 级评价标准状态中指标 $j$ 的标准值 $k_{ij}$ 相对于模糊概念 $A$ 的相对隶属度 $s_{ij}$ 为：

$$s_{ij} = \begin{cases} 0 & (j = c) \\ \dfrac{k_{ij} - k_{cj}}{k_{1j} - k_{cj}} & (其他) \\ 1 & (j = 1) \end{cases} \tag{4.52}$$

则干旱 5 级 ($c=5$) 分级标准的相对隶属度矩阵为：

$$S = \begin{bmatrix} s_{11} & s_{12} & \cdots & s_{1m} \\ s_{21} & s_{22} & \cdots & s_{2m} \\ \vdots & \vdots & \vdots & \vdots \\ s_{c1} & s_{c2} & \cdots & s_{cm} \end{bmatrix} = \left[ s_{ij} \right]_{c \times m} \tag{4.53}$$

### 4.5.2.3　评估子模型和综合评估模型

分别把指标和子目标看作待评估对象，对于由 $n$ 个待评估对象组成的对象集 $\{a_1, a_2, \cdots, a_n\}$，在模糊评估矩阵 $U$ 中，将 $u_{gk}$ 看作待评估对象 $k$ 从属于级别 $g$ 的相对隶属度，以信息熵 $H_k$ 表示对象 $k$ 的模糊性[218]：

$$U = \begin{bmatrix} u_{11} & u_{12} & \cdots & u_{1n} \\ u_{21} & u_{22} & \cdots & u_{2n} \\ \vdots & \vdots & \vdots & \vdots \\ u_{c1} & u_{c2} & \cdots & u_{cn} \end{bmatrix} = \left[ u_{gk} \right]_{c \times n}$$

$$\text{st} \begin{cases} \sum_{i=1}^{c} u_{gk} = 1 & (c = 1, 2, \cdots, 5) \\ u_{gk} \geqslant 0 & (k = 1, 2, \cdots, n) \end{cases} \tag{4.54}$$

$$H_k = -\sum_{g=1}^{c} u_{gk} \ln u_{gk} \tag{4.55}$$

定义待评估对象 $k$ 与分级 $g$ 间的加权广义权距离 $D_{gk}^1$ 为评估对象优劣的概率：

$$D_{gk}^1 = u_{gk} d_{gk}^1 = u_{gk} \left\{ \sum_{j=1}^{m} \left[ \lambda_j (r_{jk} - s_{jg}) \right]^p \right\}^{\frac{1}{p}} \tag{4.56}$$

式中：$j$ 为 $n$ 个评估对象的第 $j$ 个评估指标；$r_{jk}$ 和 $s_{jg}$ 分别为指标归一化矩阵 $R$ 和分级标准相对隶属度矩阵 $S$ 的转置矩阵 $R^T$ 和 $S^T$ 中的元素；$p$ 为距离系数，$p=1$ 为海明距离，$p=2$ 为欧氏距离。

对待评估对象 $k$ 而言，$D_{gk}^1$ 越小越优，则评价问题可描述为：

$$\min_{u_{gk}} \quad D^1 = \sum_{k=1}^{n} \sum_{g=1}^{c} u_{gk} \left\{ \sum_{j=1}^{m} \left[ \lambda_j (r_{jk} - s_{jg}) \right]^p \right\}^{\frac{1}{p}}$$

$$\text{st} \quad \sum_{g=1}^{c} u_{gk} = 1$$

$$u_{gk} > 0 \ (k = 1, 2, \cdots, n) \tag{4.57}$$

$$\sum_{j=1}^{m} \lambda_j = 1$$

根据最大熵理论，$\left[ u_{gk} \right]_{c \times n}$ 的确定还必须满足：

$$\max \quad H = -\sum_{k=1}^{n}\sum_{g=1}^{c} u_{gk} \ln u_{gk}$$

$$\text{st} \quad \sum_{g=1}^{c} u_{gk} = 1 \tag{4.58}$$

$$u_{gk} \geqslant 0 \, (k=1,\ 2,\ \cdots,\ n)$$

采用线性加权法对两个目标进行处理，引入加权因子 $\eta$，构造单目标规划函数：

$$\min_{u_{gk}} \quad Y = D^1 + \frac{1}{\eta} H = \sum_{k=1}^{n}\sum_{g=1}^{c} \left\{ u_{gk} \left\{ \sum_{j=1}^{m} \left[ \lambda_j (r_{jk} - s_{jg}) \right]^p \right\}^{\frac{1}{p}} + \frac{1}{\eta} u_{gk} \ln u_{gk} \right\}$$

$$\text{st} \quad \begin{cases} \sum_{g=1}^{c} u_{gk} = 1 \\ u_{gk} \geqslant 0 \ (k=1,\ 2,\ \cdots,\ n) \end{cases}$$

$$\tag{4.59}$$

应用拉格朗日求解极小值得出：

$$u_{gk} = \frac{\exp\left[ -\eta \left\{ \sum_{j=1}^{m} \left[ \lambda_j (r_{jk} - s_{jg}) \right]^p \right\}^{\frac{1}{p}} \right]}{\sum_{g=1}^{c} \exp\left[ -\eta \left\{ \sum_{j=1}^{m} \left[ \lambda_j (r_{jk} - s_{jg}) \right]^p \right\}^{\frac{1}{p}} \right]} \tag{4.60}$$

同模糊综合评估的子模型和综合评估模型构建方式类似，采用综合赋权技术得到指标层和准则层的权重系数，指标 $j$ 的权重为 $\lambda_j (j=1,\ 2,\ \cdots,\ m)$，子目标 $l$ 权重为 $w_l (l=1,\ 2,\ \cdots,\ 4)$，选取线性加权模糊算子 $M(\cdot,\ \oplus)$，根据 $\lambda_j$ 与 $m$ 个评估对象（$m$ 个指标）的模糊评估矩阵的转置矩阵 $U^T$ 构建评估子模型，选取子目标的权重 $w_l$ 与各评估子模型的模糊评估结果向量 $U_l$ 的线性加权模糊算子进行干旱模糊综合评估，即：

$$\boldsymbol{B}_l = \lambda_l \boldsymbol{U}_l^T = (\lambda_{k_1},\ \lambda_{k_1+1},\ \cdots \lambda_{k_2}) \begin{bmatrix} u_{k_1,\ 1} & u_{k_1,\ 2} & \cdots & u_{k_1,\ c} \\ u_{k_1+1,\ 1} & u_{k_1+1,\ 2} & \cdots & u_{k_1+1,\ c} \\ \vdots & \vdots & \vdots & \vdots \\ u_{k_2,\ 1} & u_{k_2,\ 2} & \cdots & u_{k_2,\ c} \end{bmatrix}$$

$$= (b_{l1},\ b_{l2},\ \cdots,\ b_{lc}) \tag{4.61}$$

$$\boldsymbol{A} = w_l \cdot \boldsymbol{B}_l = \sum_{l=1}^{4} w_l \cdot b_{lg} = [a_{1g}]_{1\times c} \tag{4.62}$$

式中：$\boldsymbol{A}$ 为干旱等级模糊综合评估隶属度向量；$w_l$ 为各子目标相对于总目标的权重（即准则层权重）；$\boldsymbol{B}_l$ 为评估子模型 $l$ 的干旱等级模糊隶属度向量。

$\max(a_i)(i=1,\ 2,\ \cdots,\ c)$ 对应的干旱等级即为干旱模糊综合评估的最终评估结果。

## 4.6 本章小结

本章主要阐述了干旱评估指标及其计算方法、内陆河流域干旱评估指标体系的构建、干旱综合评估关键技术、评估子模型和综合模型的构建方法，以及干旱模糊综合评估模型和基于最大熵理论的干旱模糊综合评估模型，为下面章节典型流域的干旱评估提供了技术方法。

首先介绍了国内外在气象、水文、农业干旱评估方面的指标及指标值的计算方法和数据获取途径；其次，根据内陆河流域的特点，提出了生态干旱评估指标及其计算方法，而后根据指标筛选的原则确定了内陆河流域干旱评估指标体系；再次，总结归纳了主成分分析、熵权法、群决策法、最小二乘法、特征向量法和综合赋权等指标赋权技术，并评介了目前运用较多的综合评估模型构建方法；最后，结合模糊综合评价模型方法，利用层次分析法选取指标，指标权重经采用层次分析法、专家打分耦合 GEM 方法和熵权法三种方法分别计算，得到主观与客观兼备的指标层和准则层综合权重，并基于模糊理论和最大熵理论构建了干旱综合评估模型和四个子模型。

# 第5章 玛纳斯河流域干旱过程模拟

本章选择天山北坡内陆河流域——玛纳斯河流域，基于前面章节的干旱评估理论方法体系，建立基于SWAT水文模型的内陆河流域干旱演化模拟模型，进行流域干旱过程的模拟和分析，并对增温增雨两种情景下的水文-干旱过程进行模拟。

## 5.1 流域概况

### 5.1.1 自然地理

玛纳斯河流域地处欧亚大陆腹地，位于天山北坡中部、准噶尔盆地南缘，东邻塔西河流域，西邻巴音沟河流域，南靠依连哈比尔尕山与和静县相隔，北接古尔班通古特沙漠与和布克赛尔县、福海县相望，地跨东径 $84°47'\sim86°33'$、北纬 $43°5'\sim45°18'$，是天山北坡经济开发区核心地带。

流域年平均气温 $4.7\sim7.9℃$，年降水量 $115\sim339mm$，年蒸发量 $1500\sim2100mm$，年太阳总辐射量达 $527\sim565kJ/cm^2$，大于等于 $10℃$ 积温 $3400\sim3600℃$，无霜期 $170\sim190$ 天，为典型的干旱地区内陆河流域。流域海拔最高 $5138m$，最低 $280m$，地势由东南向西北倾斜，南高北低，依次分为中高山区、低山丘陵区、平原区及风积沙漠区。地貌东西向呈条状分布，具有明显的垂直地带气候，土壤、植被差异。海拔 $3600m$ 以上为终年积雪覆盖，是各河流径流的主要补给源。

### 5.1.2 气候特征

玛纳斯河流域属于典型的大陆性干旱气候区，天气过程主要受强大的蒙古高压和西风气流控制。总的特点是：四季气温悬殊，干燥少雨；冬夏季长而春秋季短；气温年较差和日较差都很大，并有春季升温快、秋季降温迅速等特点。根据多年实测资料，肯斯瓦特站多年平均气温为 $5.9℃$，7月份平均气温最高，达 $22.3℃$，1月份平均气温最低，为 $-13.8℃$，极端最高气温 $40.0℃$，极端最低气温 $-32.0℃$。多年平均降水量 $338.2mm$，主要集中于春夏季，以6月最大，月平均为 $60.8mm$，冬季降水约占全年的 $11\%$，1月最小，平均为

6.6mm。实测年最大降水量为 634.0mm，最小降水量为 195.3mm。多年平均蒸发量 1550.6mm（直径 20cm 蒸发皿），实测最大年蒸发量 1895.8mm，最小年蒸发量 1138.4mm，5—8 月蒸发量占全年的 66.52%，10—3 月蒸发量占全年的 12.86%，7 月平均蒸发量达 294.7mm，而 12 月蒸发量只有 9.5mm。肯斯瓦特水文站实测气温、蒸发和降水统计值见表 5.1。

表 5.1　　　　　　　肯斯瓦特站实测气温、蒸发和降水统计表

| 项目 \ 月份 | | 1 | 2 | 3 | 4 | 5 | 6 | 7 |
|---|---|---|---|---|---|---|---|---|
| 气温/℃ | | −13.8 | −12.0 | −1.8 | 9.3 | 16.1 | 20.3 | 22.3 |
| 降水 | mm | 6.6 | 7.5 | 17.5 | 40.7 | 50.2 | 60.8 | 48.6 |
| | % | 1.95 | 2.22 | 5.18 | 12.03 | 14.84 | 17.98 | 14.37 |
| 蒸发 | mm | 10.7 | 19.5 | 52.7 | 139.8 | 210.6 | 254.0 | 294.7 |
| | % | 0.69 | 1.26 | 3.40 | 9.02 | 13.58 | 16.38 | 19.01 |

| 项目 \ 月份 | | 8 | 9 | 10 | 11 | 12 | 年均 |
|---|---|---|---|---|---|---|---|
| 气温/℃ | | 20.9 | 15.3 | 6.6 | −2.5 | −10.2 | 5.9 |
| 降水 | mm | 33.9 | 31.2 | 20.4 | 13.1 | 7.7 | 338.2 |
| | % | 10.02 | 9.23 | 6.03 | 3.87 | 2.28 | 100 |
| 蒸发 | mm | 272.2 | 179.9 | 85.1 | 21.9 | 9.5 | 1550.6 |
| | % | 17.55 | 11.60 | 5.49 | 1.41 | 0.61 | 100 |

## 5.1.3　土壤植被

玛纳斯河流域自然植被以荒漠植被为主，区域性的荒漠景观可粗分为三类：以博乐塔绢蒿-盐生草为主的荒漠，主要分布在山前带和冲积扇上；以琵琶柴、柽柳群落为主的盐化荒漠，主要分布在冲积平原上；以梭梭、白梭梭群落为主的荒漠植被，主要分布于沙丘[220]。自 20 世纪 50 年代以来，流域上游开垦造田，拦坝建库，致使玛纳斯河下游断流，玛纳斯湖干涸，下游天然植被大范围枯萎死亡，土地沙化，古尔班通古特沙漠西南边缘生态环境日益恶化，对玛纳斯河流域持续发展造成严重威胁。

流域内土壤的分布具有与生物气候相适应的地带性分布规律和与成土母质、地貌、水文地质条件以及人为活动相适应的区域性分布规律，在山区表现为与海拔高度相适应的垂直分布规律。

（1）土壤水平地带性分布规律：天山山前倾斜平原发育的地带性土壤为灰漠土，具有黑钙土、棕钙土与灰棕漠土之间的过渡性质。从南部山前倾斜

平原向北古老冲积平原，以至到北部的沙漠，降水量有所减少，温差加大，干旱荒漠化的程度加强。因此，在山前地带的石河子灌区主要分布灰漠土，古老冲积平原上的莫索湾、下野地灌区分布盐化灰漠土、碱化灰漠土、灰漠土和风沙土。从东向西，玛纳斯河至巴音沟河的冲积扇扇缘，呈带状分布草甸土和沼泽土。灰漠土生物累积由南至北逐渐减弱，盐化逐渐加强。

（2）土壤垂直分布规律：垦区南部天山山区，水分条件较好，形成了比较完善的垂直土壤带。从高山、亚高山、中山带、低山及丘陵带至平原，依此分布高山草甸土、灰褐森林土、黑钙土、栗钙土、棕钙土、灰漠土。

## 5.1.4　河流水系

玛纳斯河（以下简称玛河）发源于北天山中段喀拉乌成山和依连哈比尔尕山、比依达克山，源头为海拔 5000m 以上的冰川，在肯斯瓦特水文站以上汇集花牛沟、韭菜萨依、吉兰德、回回沟、希喀特萨依、哈熊沟、芦草沟、大（小）白杨沟、清水河等支流，由南向北顺势流向干旱的内陆盆地——准噶尔盆地，最后注入玛纳斯湖，是准噶尔盆地南缘最大的一条山溪性内陆河。流域水系见图 5.1。

玛河源头至小拐全长 324km，平均坡降 1/2000～1/50，流域面积 2.03 万 km²，其中山区（红山嘴以上）平均海拔高程 3000m，河长 190km，平原区面积 1.47 万 km²。河流出山口后，地势变缓，泥沙大量堆积，形成坡降平缓的洪积冲积扇，径流在此被分解，在洪积扇缘一带有大量的泉水出露。洪积扇以下，为广阔的山前倾斜平原区，与古尔班通古特沙漠接壤。

## 5.1.5　水文地质条件

玛河流域地表水、地下水总体流向均为由南向北，水文地质条件受地形地貌、地层岩性和地质构造的影响也具有明显分带性，分述如下：

（1）中山—高山区：海拔高程 3500～5000m 的高山，山体大部分为冰雪覆盖，现代冰川发育；海拔高程 1800～3500m 的中山属降水丰沛地区，年降水量可达 600mm，冰川融水、融雪和降雨是该区内地表径流和地下水主要补给源。区内主要地层为古生界火山碎屑岩类，岩性为凝灰岩、凝灰角砾岩、凝灰质砂岩等，岩石透水性差，但由于北天山褶皱隆起，该地层断层构造、风化裂隙和节理等构造发育，为地下水提供了良好的贮存和排泄空间，地下水类型主要为贮存在强风化和弱风化岩体中，以及裂隙、节理、断裂及断裂交汇部位的构造裂隙水。地下水主要沿断层带和裂隙以下降泉的形式汇入冲沟补给河流，向下游中山区排泄。基岩裂隙水水质较好，矿化度低，一般小于 1g/L。

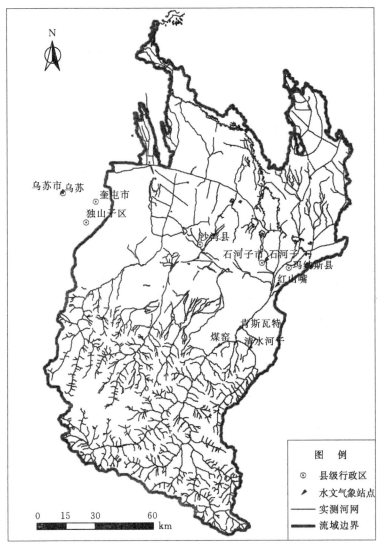

图 5.1　流域水系示意图

（2）低中山区：海拔高程 1300～1800m，山顶多为第四系上更新统黄土覆盖，植被发育，属降水丰沛地区，由降水补给地下水或汇流后沿冲沟补给河流。区内基岩主要为中新生界陆源碎屑岩类，岩性主要为砂岩、砂砾岩和泥岩夹煤层。新生界第三系泥岩透水性差，遇水易软化崩解，岩石强度低，在构造运动中以蠕变为主，构造裂隙和风化裂隙均不发育，为不透水层；而砂岩、砂砾岩中裂隙较发育，据钻孔资料，安集海组地层中揭露有承压水；中生界侏罗系和白垩系地层中泥岩、砂岩、砂砾岩节理裂隙较发育，侏罗系煤层、火烧层中裂隙发育，为地下水提供了贮存和排泄空间。地下水类型主要为构造裂隙水，贮存在强风化和弱风化岩体的裂隙、节理和煤层、火烧层裂隙中。地下水主要沿裂隙以下降泉的形式汇入冲沟补给河流，向下游山间洼地排泄，地下水水质较差，矿化度 1～5g/L。

（3）山间洼地：为准噶尔盆地南缘玛纳斯坳陷带中部低洼地带（山间凹陷），呈东西向展布，宽约 1.5km，海拔高程 800～1100m。洼地内主要堆积巨厚的新生界第四系下更新统西域组砾岩，泥质胶结为主，局部为钙质胶结，成岩差，透水性较强，组成砾岩的颗粒以卵石和砾石为主，孔隙发育，为区内主要含水层。该区降水较小，地下水类型为孔隙潜水，主要由地表径流垂直渗漏补给，以潜流形式向下游排泄。由于玛纳斯坳陷北缘断裂挤压逆冲，形成东西向展布的有第三系泥岩、砂岩隆起的低山不透水层，阻断了区内地表径流和地下水向冲洪积平原区排泄，山间洼地中巨厚西域砾岩中贮存有丰富的地下水，地下水水质较好，矿化度一般低于1g/L。同时，玛纳斯河河谷也是区域内侵蚀切割最深的沟谷，山间洼地中地下水产生越流补给，东部塔西河、西部金沟河沿洼地砾岩为玛河补给，在红山嘴沿玛纳斯河近出山口段河谷两岸沿砾岩有地下水溢出补给河水。

（4）冲洪积倾斜平原：海拔高程 400～600m，为玛纳斯河冲洪积平原地区，是石河子、沙湾县和玛纳斯县绿洲区。区内主要分布巨厚第四系冲洪积松散堆积的砂砾石层，上覆薄层土壤，砂砾石层透水性好，孔隙发育，为地下水主要含水层，地下水类型为孔隙潜水。该区以蒸发为主，降水较少，地下水主要有地表径流垂直渗漏补给，以潜流形式向下游细土平原区排泄。

## 5.1.6  水资源量

玛河流域内地表水资源主要来源于玛纳斯河、宁家河、金沟河、巴音沟河，各河水的补给形式为降水融水补给型，水源来自天山冰雪及降水。各河出山口多年平均径流总量为 19.88 亿 m³，渠首平均引水率可达 69%，渠首以下的河段渗漏损失率平均达 19%，故渠首以下河道实际径流量远低于渠首以上河段的多年平均径流量（见表 5.2）。

**表 5.2    流域主要河流渠首引水量及其以下河段径流量统计**

| 河　　名 | 玛纳斯河 | 金沟河 | 巴音沟河 |
|---|---|---|---|
| 河流出山口水文站 | 红山嘴 | 红山头 | 黑山头 |
| 年径流量/亿 m³ | 13.1561 | 3.1687 | 3.0815 |
| 渠首年引水量/亿 m³ | 9.0923 | 2.1448 | 2.0927 |
| 引水率/% | 71.39 | 67.69 | 67.91 |
| 渠首下游至各河拦洪水库间河道年径流量/亿 m³ | 3.53 | 0.431 | 0.488 |

玛纳斯河多年平均径流量为 13.49 亿 m³（红山嘴水文站）和 12.54 亿 m³（肯斯瓦特水文站），肯斯瓦特—红山嘴两站区间多年平均产流量为 0.95 亿 m³。进入玛河干流平原区水量为 13.16 亿 m³ 左右。肯斯瓦特断面以上只有支流清水河上有少量灌溉引水，对肯斯瓦特断面的径流情势产生极小的影响。清水河上现有团结干渠（年耗水量约 300 万～400 万 m³）和解放渠（年引水量 200 万 m³ 左右）引水灌溉和发电，只占总径流量的 0.5%。玛纳斯河流域地下水资源量为 8.4 亿 m³，可开采量 5.4 亿 m³，实际开采量 3.5 亿 m³，合计可利用水资源量为 15.45 亿 m³。

## 5.1.7 社会经济与水资源开发利用情况

### 5.1.7.1 社会经济

玛河流域处于天山北坡经济带，社会经济地位重要。经过 60 多年的开发，形成了横贯整个流域的典型人工绿洲，已成为新疆维吾尔自治区天山北坡经济带重要的粮、棉及轻工业生产基地。特别是国家西部大开发政策的实施，以兵团农八师和石河子市为骨干的灌区社会经济得到迅速发展，城镇人口、工农业生产总值不断增长。

流域内有石河子市、农八师及所属的 14 个大型农牧团场、玛纳斯县及所属 8 个乡、沙湾县的 5 个乡、农六师的新湖总场及克拉玛依的小拐乡。2005 年总人口 83.46 万人，其中城市人口 32.54 万人，农村人口 50.92 万人。人口组成以汉族为主，少数民族 11.31 万人，占 13.55%，主要有维、蒙、哈、回、东乡、满、藏等。

表 5.3　　　　玛河灌区 2005 年主要社会经济发展指标汇总

| 灌区 | 灌溉面积/万亩 | 年末标准畜/万只 | 渔业/亩 | 人口/万人 | 工业总产值/万元 |
|---|---|---|---|---|---|
| 石河子灌区 | 71.15 | 36.93 | 6440.00 | 46.10 | 46.19 |
| 玛纳斯县灌区 | 43.63 | 26.00 | 3750.00 | 8.91 | 11.79 |
| 莫索湾灌区 | 68.96 | 49.14 | 740.00 | 9.75 | 1.70 |
| 西岸大渠灌区 | 97.84 | 98.49 | 500.00 | 15.18 | 1.94 |
| 新湖灌区 | 34.72 | 16.11 | 550.00 | 3.52 | 1.25 |
| 合计 | 316.30 | 226.67 | 11980.00 | 83.46 | 62.88 |

流域内农业以粮食、棉花、油菜为主，工业有纺织、造纸、电力、建材、煤炭、印染、食品、化工等。2005 年玛河流域国内生产总值 108.87 亿元（当年价，下同），其中一、二、三产业分别占国内生产总值的 38.95%、30% 和 31.05%，人均国内生产总值为 13044 元，工农业生产总值已达 125.41 亿元，是新疆经济发展水平较高的地区之一。玛河灌区 2005 年主要社会经济指标见表 5.3。

#### 5.1.7.2　水资源开发利用

玛河流域开发从 1950 年起，在 1954 年流域规划的基础上，经过 60 多年的发展，先后建成一系列引、输、蓄、配和发电等水利工程。目前玛河上已建成拦河引水枢纽 2 座，大、中型平原水库 5 座，小型水库 9 座，但具有调洪能力的只有夹河子水库；已建径流式梯级电站 4 座，在建肯斯瓦特大型水利枢纽工程 1 座，主要引水干渠数十条。这些工程对促进玛河灌区国民经济发展和稳定生态环境发挥了巨大作用。

（1）引水工程。玛河已建成玛纳斯河红山嘴引水枢纽和二级电站引水枢纽。红山嘴引水枢纽建于 1959 年，是以灌溉为主结合发电的人工弯道式永久性引水建筑物，设计引水能力 105m³/s，年引水量 9 亿 m³，引水率为 68%。该工程可以控制全灌区的灌溉面积，是玛河流域灌溉工程的命脉。二级电站引水枢纽建于 1979 年，是以发电为主的人工弯道式引水枢纽。设计引水能力 70m³/s，年引水量 7 亿 m³，引水率为 60%，发电后在五级电站尾水处投入东岸大渠。

（2）蓄水工程。玛河平原区内现有大中型水库 5 座，多为 20 世纪 50、60 年代修建，水库地处泉水溢出带下缘，拦蓄河水、泉水、井水及发电尾水。其中新户坪水库和跃进水库位于东岸，蘑菇湖水库、大泉沟水库位于西岸；夹河子水库为拦河水库，可以为东西两岸调配水量，其余 4 座为引水式水库。流域内水库工程特性见表 5.4。

表 5.4　　　　　　　　　玛河灌区现有主要平原水库统计

| 水库名称 | 设计总库容/亿 m³ | 现状调节库容/亿 m³ | 死库容/亿 m³ | 最大坝高/坝长/(m/km) | 蓄水方式 |
|---|---|---|---|---|---|
| 新户坪水库 | 0.4 | 0.25 | 0.15 | 10/4.5 | 注入 |
| 跃进水库 | 1.0 | 0.80 | 0.20 | 13.99/11 | 注入 |
| 夹河子水库 | 1.0 | 0.65 | 0.35 | 17.8/6.39 | 拦河 |
| 大泉沟水库 | 0.4 | 0.35 | 0.05 | 10.3/6.6 | 注入 |
| 蘑菇湖水库 | 1.8 | 1.725 | 0.075 | 15.6/13.6 | 注入 |
| 合计 | 4.6 | 3.775 | 0.825 | | |

（3）灌排工程。玛河灌区内现已建成干、支、斗、农四级固定渠道，灌溉渠道总长 27992.39km，已防渗 5727.63km，防渗率 20.46%。其中干渠总长 617.96km，已防渗 528.19km，防渗率 85.47%；支渠总长 1421.29km，已防渗 1208.77km，防渗率 85.05%；田间工程中的斗渠长 5381.65km，已防渗长度 2406.94km，防渗率 44.72%；农渠长 20571.49km，已防渗长度 1583.73km，防渗率 7.70%。灌区内现有排水渠总长 2657.93km，其中干排长 474.11km，支排长 573.61km，斗农排长 1610.21km，排水出路多为玛河故道或沙漠区。

（4）输水工程。多年来灌区已建骨干输水渠 394.39km，其中采用干砌卵石或混凝土防渗渠道长 143.94km，占骨干输水渠长度的 36.50%，已建各类配套建筑物 343 座。

（5）水井工程。截至 2005 年农八师石河子市辖区内各类可利用的水井 2085 眼，年开采量 3.56 亿 $m^3$。据 1964 年与 1999 年水位资料对比，由于位于冲洪积扇中下游的石河子市区长期开采地下水，其地下水位已下降 11.9～17.06m。在溢出带及其下游的集中开采区如石总场、147 团平均年降幅为 0.09～0.11m。在细土平原灌区，地下水的开采在增加水源的同时也降低了地下水位，起到灌溉和改良盐碱地的双重作用。灌区内地下水的开发利用程度已具规模，对玛河干流区内（包含农八师石河子市的大部分和沙湾县、玛纳斯县的部分乡镇）地下水的开采量调查表明，目前玛河干流区地下水开发利用总量约为 2.96 亿 $m^3$。

（6）高新节水工程。为缓解农业严重缺水局面，在完善和提高常规节水措施的同时，自 1996 年开始试验、推广应用高效节水灌溉技术——膜下滴灌技术，1997 年约为 2 万亩，1998 年发展到 13 万亩，至今已建成膜下滴灌面积 136 万亩，占玛河总灌溉面积的 43%，绝大部分位于农八师垦区，主要用于棉花为主的经济作物，其节水和增产效果显著。其中南部灌区滴灌面积 23.99 万亩，占南部灌区面积的 20.9%；北部灌区面积 112.01 万亩，占北部灌区面积的 55.6%。受供水保证率的影响，南北发展不均衡。

（7）水资源利用总量。2005 年全灌区统计经济社会用水总量为 16.42 亿 $m^3$（各业实际用水量详见表 5.5），其中生活用水 0.52 亿 $m^3$，工业用水 0.80 亿 $m^3$，农业用水 14.80 亿 $m^3$，牲畜用水 0.17 亿 $m^3$，渔业用水 0.12 亿 $m^3$。其中农业用水比例达到 90.15%。

表 5.5　　　　　　　2005 年玛河灌区各业年用水量表　　　　　　　单位：万 $m^3$

| 灌区 | 农业用水 | 牲畜用水 | 渔业用水 | 生活用水 | 工业用水 | 小计 |
|---|---|---|---|---|---|---|
| 西岸大渠灌区 | 34180.14 | 267.45 | 638.88 | 3731.28 | 4867.83 | 43685.57 |
| 莫索湾灌区 | 21168.09 | 186.31 | 368.10 | 383.11 | 2160.81 | 24266.43 |
| 石河子灌区 | 31916.48 | 381.77 | 78.76 | 353.62 | 361.87 | 33092.49 |
| 玛纳斯县灌区 | 44639.78 | 773.85 | 53.82 | 636.13 | 389.90 | 46493.47 |
| 新湖灌区 | 16079.45 | 120.48 | 56.35 | 122.78 | 238.77 | 16617.84 |
| 合计 | 147983.93 | 1729.87 | 1195.91 | 5226.91 | 8019.18 | 164155.80 |

## 5.2　SWAT 模型基础资料准备与处理

本书借助于分布式水文模型 SWAT，建立基于二元水循环的玛河流域干旱演化模拟模型。研究中用到的资料包括数字高程模型（DEM）、气象、土壤、植被/覆盖、水系、水文地质、水利工程、水资源利用等方面的数据，其中气象数据包括水文站和气象站的日降水、日最高最低气温、径流、风速、相对湿度、太阳辐射量，水文地质数据指流域内的岩层厚度、渗透率等基本的水文地质参数，数据类型涉及栅格数据、矢量数据、文本数据和数据库。本节主要介绍模型数据的来源和制备结果，未尽之处请看文献 [166]。

## 5.2.1　DEM 数据来源及处理

玛河流域 DEM 数据来源于美国国家图像和测绘局（NIMA）与美国宇航局（NASA）2000 年进行的航天飞机雷达拓扑测绘而得到的 SRTM23（分辨率为 3 弧秒，90m×90m）地面高程数据，经过几何和辐射纠正后使用。该数据主要来自 2000—2006 年左右 NASA/NGA 的 90m×90m 航空雷达拍摄的数据，北纬 60°以上、南纬 56°以上由 1km×1km 的 GTOPO30 数据补充。流域 DEM 见图 5.2。

## 5.2.2　土壤数据库

土壤数据利用从中科院寒区旱区环境与工程研究所的西部数据网站下载的 1：100 万土壤数据中截取得到。根据全国土壤普查办公室 1995 年编制并出版的《1：100 万中华人民共和国土壤图》，数据库采用了传统的"土壤发生分类"系统，基本制图单元为亚类。本流域土壤主要有灰漠土、潮土、草甸土、林灌草甸土、沼泽土、盐土、风沙土、新积土等 8 个平原土壤类型和棕钙土、栗钙土、灰褐土、亚高山草甸土、高山草甸土等 6 个山地土壤类型，共分为 32 个亚类，见表 5.6。

表 5.6　　　　　　　　　　土壤分类名称及代码

| 序号 | 土壤亚类名称 | 代码 | 序号 | 土壤亚类名称 | 代码 |
|---|---|---|---|---|---|
| 1 | 灰褐土 | 23111121 | 17 | 草甸沼泽土 | 23117104 |
| 2 | 黑钙土 | 23112101 | 18 | 盐化沼泽土 | 23112101 |
| 3 | 暗栗钙土 | 23112112 | 19 | 草甸盐土 | 23112112 |
| 4 | 淡栗钙土 | 23112113 | 20 | 灌耕灰漠土 | 23113101 |
| 5 | 棕钙土 | 23113101 | 21 | 盐化灰漠土 | 23113102 |
| 6 | 草甸棕钙土 | 23113103 | 22 | 碱化灰漠土 | 23113103 |
| 7 | 盐化棕钙土 | 23113104 | 23 | 灰灌漠土 | 23113104 |
| 8 | 盐化灰钙土 | 23114101 | 24 | 草毡土 | 23114101 |
| 9 | 灌耕棕漠土 | 23115123 | 25 | 黑毡土 | 23114112 |
| 10 | 石灰性草甸土 | 23116102 | 26 | 碱化盐土 | 23115123 |
| 11 | 盐化草甸土 | 23116105 | 27 | 结壳盐土 | 23116102 |
| 12 | 林灌草甸土 | 23116131 | 28 | 灌淤土 | 23116131 |
| 13 | 潮土 | 23116141 | 29 | 荒漠风沙 | 23116141 |
| 14 | 湿潮土 | 23116144 | 30 | 寒冻土 | 23116145 |
| 15 | 盐化潮土 | 23116145 | 31 | 湖泊、水库 | 23117103 |
| 16 | 腐泥沼泽土 | 23117103 | 32 | 冰川雪被 | 23117104 |

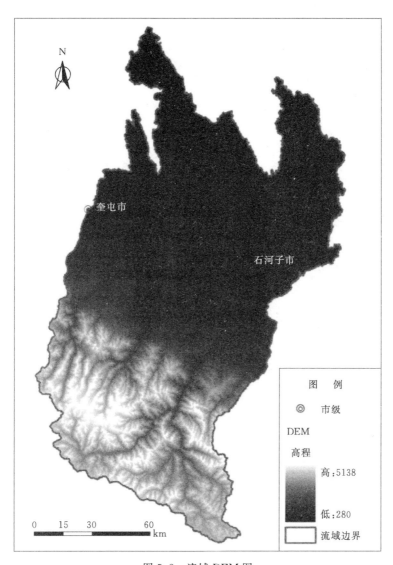

图 5.2　流域 DEM 图

各亚类土壤在玛河流域的分布见图 5.3。土壤数据库和矢量图之间由土壤数据查询 solic.txt 文件连接，土壤数据库需要输入各类土壤的物理化学参数，主要包括土壤名称、土壤分层数、土壤水文分组、土壤总厚度、孔隙率及各层土壤的物化参数，这些参数主要靠查阅 1956—1960 年中国科学院新疆综合考察队由考察成果编制的丛书《新疆土壤地理》进行分析和计算得到，同时玛纳斯河流域土壤未调查的剖面通过参考《玛纳斯县土壤志》和由新疆维吾尔自治区流域规划办公室委托新疆生产建设兵团勘测设计院二分院 1990 年完成的流

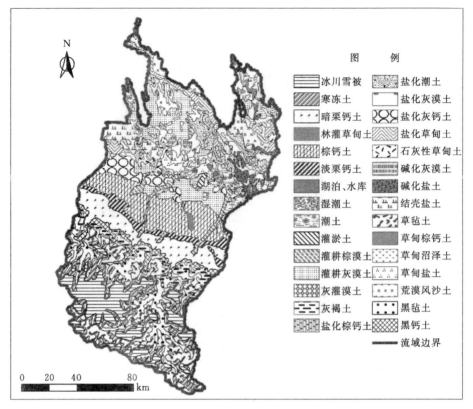

图 5.3 流域土壤

域土壤调查成果《伊犁河流域土壤》中相同土壤类型的剖面进行适当修改后代替。土壤数据库中需要说明的几项参数说明如下。

### 5.2.2.1 土壤粒径含量百分比

由于 SWAT 模型土壤数据库土壤粒径分类标准为美国制标准，而《新疆土壤地理》中土壤粒径分类方式采用了国际制标准，数据库中所需土壤粒径含量百分数和调查的数据分类方式不一致（见表 5.7），故需要进行不同分类标准下土壤粒径百分含量的转换，其中黏土含量、粉砂含量和砂土含量总和应为 100%。

表 5.7　　　　　　　　　土　壤　分　类　标　准　　　　　　　　单位：mm

| 土壤分类 | 黏粒粒径 | 粉砂粒径 | 砂土粒径 | 粗砂 | 砾石粒径 |
|---|---|---|---|---|---|
| 美国制 | $D \leqslant 0.002$ | $0.002 < D \leqslant 0.05$ | $0.05 < D \leqslant 2$ | | $D > 2$ |
| 国际制 | $D \leqslant 0.002$ | $0.002 < D \leqslant 0.02$ | $0.02 < D \leqslant 0.2$ | $0.2 < D \leqslant 2$ | $D > 2$ |

土壤粒径转换通常采用在半对数纸上绘制出的土壤颗粒级配曲线，查图读出某一土壤粒径对应的百分含量，但级配曲线的绘制有一定的随意性，且读数

也有较大的主观性，因此有不少学者提出使用数学模型进行土壤粒径分类标准的转换。比较样条函数与手绘粒径级配曲线，认为由样条函数插值得到粒径百分比含量比较合理，通过比较三次样条插值函数 cubic 函数、spline 函数和 pchip 函数画出的级配曲线，最终选择 pchip 函数作为插值函数，利用 MAT-LAB 程序进行粒径级配的转换，程序如下：

```
    a=[1.0000   0.5000  0.2500  0.0500  0.0100  0.0050  0.0010];
    b=[100.0000 97.8000 94.5000 79.0000 32.8000 23.0000 13.2000];
    xx=[ 1.0000  0.0500   0.0020];
    yy=interp1(a,b,xx,′pchip′);
    ％plot 绘图
    plot(a,b,′o′,a,b);
hold on
    xxx=1：-0.01：0.001;
    yspline=interp1(a,b,xxx,′spline′);
    ypchip=interp1(a,b,xxx,′pchip′);
    ycubic=interp1(a,b,xxx,′cubic′);
plot(xxx,yspline,′--bo′);
hold on
    plot(xxx,ypchip,′-rs′);
hold on
    plot(xxx,ycubic,′-kx′);
grid on
    xlabel(′土壤粒径(毫米)′);
    ylabel(′颗粒累积百分数(％)′);
    title(′土壤颗粒级配曲线′)
hold off
```

选择一种土壤（棕钙土剖面 M-1）的 0～5cm 颗粒组成作图，比较画出来的三种插值函数的图形（见图 5.4），可以看出，spline 插值函数不符合土壤级配曲线，cubic 和 pchip 插值函数较合适；用土壤后几层颗粒组成作图，比较 cubic 和 pchip 插值函数形状，最终选择 pchip 插值函数作为国际制土壤分级标准转换为美国制的粒径转换插值函数。由于土壤类型较多，在优化程序的同时又编写了批量转换程序，利用该程序可以得到土壤类型各剖面的土壤颗粒组成，从而得到土壤数据库的基础数据。

### 5.2.2.2　饱和水力传导度

调查数据《新疆土壤地理》《玛纳斯县土壤志》中没有饱和水力传导度参

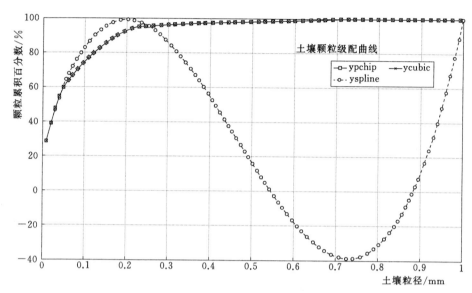

图5.4　三种三次样条插值函数比较

数，本次研究根据已有研究成果进行计算，所用经验公式如下：

$$K = (20 \times Y)^{1.8}, \quad Y = \frac{0.03 \times f_{sand}}{10} + 0.002 \tag{5.1}$$

式中：$K$ 为饱和水力传导度，mm/h；$Y$ 为土壤平均颗粒直径（0.002＜$Y$＜0.3mm）；$f_{sand}$ 为美国制土壤砂粒含量百分数，％。

采用此公式的计算值与美国华盛顿州立大学开发的土壤水特性软件 SPAW（Soil-Plant-Air-Water）中饱和水力传导度计算值的比较表明，公式（5.1）计算精度较高。

### 5.2.2.3　有机碳含量计算

土壤调查材料中仅记录了各亚类土壤的各层有机质含量，根据有机质和有机碳含量的经验比例关系，各层有机碳含量 SOL_CBN＝有机质含量/1.72，计算得到土壤各层有机质含量。

### 5.2.2.4　有效土壤含水量

模型中定义的有效土壤含水量 SOL_AWC 由土壤田间饱和含水量减去凋萎系数得到，调查数据有效含水量数据缺失较多，而各层土壤颗粒组成数据较全，因此选择 SPAW 软件，根据粒径含量和有机质含量计算此值，然后输入土壤数据库中。

SPAW 软件中的 Soil-Water-Charateristics（SWCT）模块可以根据黏土（Clay）、砂（Sand）、有机物（Organic Matter）、盐度（Salinity）、砂砾含量（Gravel）等参数计算出一系列土壤物理特性参数，如凋萎系数（Wilting

Point)、田间持水量（Field Capacity）、有效含水量（Available Water）、饱和度（Saturation）、土壤容重（Bulk Density）和饱和水力传导度（Saturated Hydraulic Conductivity）等。

#### 5.2.2.5 土壤反照率

土壤反照率与含水量、有机质含量、土壤颜色等因素有关，该参数无实测数据，本书采用线性插值方法确定，即根据专家打分确定土壤含水量（0～50%）、土壤有机质（0～23%）和土壤颜色的权重，分别为0.5、0.3和0.2，得到计算公式为：

$$SOL\_ALB = 0.5X + 0.3Y + 0.2Z \qquad (5.2)$$

式中：$X$、$Y$、$Z$分别为土壤含水量、土壤有机质含量和土壤颜色标准化后的值。

### 5.2.3 植被数据库

本书采用的玛河流域植被图来自西部数据网的全国1∶100万植被图。全国土地利用现状分类系统具有地理学和生态学方面的综合特征，采用该分类系统对玛河流域植被进行划分，并建立植被数据库。截取的玛河流域植被图在详细反映植被类型组、植被类型群系和亚群系植被单位的分布状况、水平地带性和垂直地带性分布规律的同时，也反映流域内主要农作物和经济作物的实际分布状况及优势种与土壤和地质的密切关系。

由于植被图中对水库情况反映的不足，所用植被覆盖图需要经过修正。利用1∶25万的水库矢量底图和ArcGIS空间分析工具将植被图和水系图进行叠加，水系图与植被图重叠的部分由水库代替，即将植被图上应是水库的部分修正，得到修改后的植被覆盖图，见图5.5。

流域内植被分为22种植被类型，植被图和植被数据库属性数据之间由土地利用数据的查找表luc.txt连接。各种植被类型的生理参数大多需要实测来确定，考虑到实际情况，将植被类型与模型原数据库中自带的植被类型进行了比较和匹配，将流域内的植被类型转换为模型自带的类型，各生理参数可根据实际情况进行修正。植被类型编号及模型中对应代码见表5.8，其数据库制备见相关参考文献，此处不详述。

表5.8　　　　　　　植被类型编号及模型对应代码

| 植被类型编号 | 植被类型 | 模型中代码 | 植被类型编号 | 植被类型 | 模型中代码 |
|---|---|---|---|---|---|
| 1 | 寒温带和温带山地针叶林 | PINE | 17 | 温带落叶灌丛 | CAGN |
| 9 | 温带落叶小叶林 | POPL | 21 | 亚高山落叶阔叶灌丛 | RNGB |

续表

| 植被类型编号 | 植被类型 | 模型中代码 | 植被类型编号 | 植被类型 | 模型中代码 |
|---|---|---|---|---|---|
| 24 | 矮半乔木荒漠 | SESB | 38 | 禾草、薹草及杂类草沼泽化草甸 | WETL |
| 25 | 灌木荒漠 | TAMX | 39 | 禾草、杂类草盐生草甸 | CLVS |
| 27 | 半灌木、矮半灌木荒漠 | LCAS | 40 | 嵩草、杂类草高寒草甸 | SWGR |
| 28 | 多汁盐生矮半灌木荒漠 | SAPL | 41 | 湖泊水库 | WATR |
| 31 | 温带禾草、杂类草草甸草原 | BLUG | 42 | 水域周围草甸 | RNGE |
| 32 | 温带丛生禾草草原 | FESC | 46 | 高山垫状植被 | TEFF |
| 33 | 温带丛生矮禾草、矮半灌木荒漠草原 | HUNJ | 47 | 高山稀疏植被 | RYEA |
| 34 | 禾草、苔草高寒草原 | WWGR | 50 | 一年一熟粮食作物及耐寒经济作物田、落叶果树园 | WWOR |
| 37 | 禾草、杂类草草甸 | BROM | 55 | 冰川雪被 | ICEA |

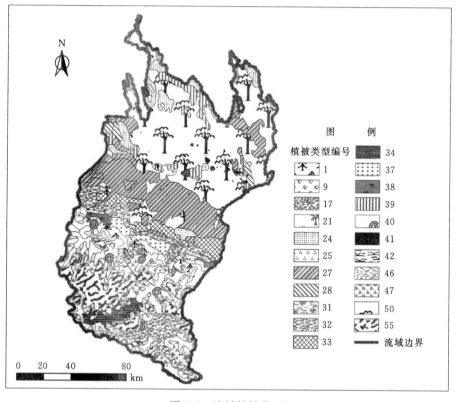

图 5.5　流域植被类型

## 5.2.4 气象数据及气象站点信息

本书采用的气象数据为新疆水文局提供的玛河流域内 4 站的日降雨、平均气温数据和国家气象局网站提供的 3 个气象站的完整日降水、日最高、最低气温数据及部分站点的相对湿度、风速和太阳辐射资料。7 个站包括：石河子、乌苏和克拉玛依 3 个气象站，清水河子、肯斯瓦特、红山嘴和煤窑 4 个水文站。各站点资料情况见表 5.9。

表 5.9 水文气象站点资料系列

| 气象水文站点 | 降水资料 | 气温资料 | 径流资料 | 其他气象水文资料 |
|---|---|---|---|---|
| 石河子 | 日降水，时段：1952年 9 月 1 日至 2008 年 12 月 31 日 | 日最高、最低、平均气温，时段同降水 | 无 | 日平均风速，1954 年 2 月 1 日至 2008 年 12 月 31 日；日照时数和相对湿度时段同降水 |
| 乌苏 | 日降水，时段：1953年 3 月 1 日至 2009 年 8 月 31 日 | 日最高、最低、平均气温，时段同降水 | 无 | 日平均风速，1954 年 3 月 1 日至 2009 年 8 月 31 日；日照时数，1953 年 9 月 1 日至 2009 年 8 月 31 日；相对湿度时段同降水 |
| 克拉玛依 | 日降水，时段：1956年 12 月 1 日至 2009 年 8 月 31 日 | 日最高、最低、平均气温，时段同降水 | 无 | 日平均风速，1957 年 2 月 1 日至 2009 年 8 月 31 日；日照时数和相对湿度，1956 年 12 月 1 日至 2009 年 8 月 31 日 |
| 清水河子 | 27 年日降水，时段：1981 年 1 月 1 日至 2009 年 12 月 31 日 | 日平均气温，时段同降水 | 月径流量，1981—2009 年 | 无 |
| 肯斯瓦特 | 日降水，时段：1956年 9 月 1 日至 2009 年 12 月 31 日，缺 1975 年 | 日平均气温，时段同降水 | 月径流量，1954—2008 年 | 无 |
| 红山嘴 | 日降水，时段：1954年 1 月 1 日至 1993 年 12 月 31 日 | 日平均气温，时段同降水 | 月径流量，1954—2009 年 | 无 |
| 煤窑 | 8 年日降水时段：1964年 1 月 1 日至 1988 年 12 月 31 日，其中 1966 年 8 月 27 日至 1982 年 12 月 31 日、1987 年缺 | 无 | 无 | 无 |

将各站的日降水和日最高、最低气温资料转换成模型输入的日数据格式，并以 . dbf 格式进行存储。模拟过程中，利用彭曼公式计算植被蒸散发还需用到相对湿度、风速和太阳辐射等日数据。模型输入的太阳辐射量根据日照时数、站点经纬度坐标和日时序数计算日最大可能辐射量（天文辐射量的 20%），然后除以日长得到时均辐射量。露点温度根据相对湿度和日均气温计算得到。

输入模型的气象数据还包括 12 个月平均日最高气温、月平均日最低气温、每月最高气温日偏差、每月最低气温日偏差、平均月降水量、月降水偏差、每月日降水偏态系数、两日之后仍为雨日的概率、两日之后为无雨日的概率、每月平均降水日数、最大半小时降水量、月均净太阳辐射量、月平均露点温度、月均风速。每个气象、水文站点 12 个月的各项参数均根据日数据编程计算求得，按模型输入格式写入气象数据库中。除此之外，还需制作 7 个站的位置信息表 wgnstations. dbf，其中包含各站的位置和高程信息，见表 5.10。

表 5.10　　　　　　　　　　各站点位置高程信息

| ID | NAME | XPR | YPR | ELEVATION |
|---|---|---|---|---|
| 1 | wea _ shz | −1489398. 268 | 4928490. 113 | 442. 9 |
| 2 | wea _ ws | −1593991. 708 | 4962794. 522 | 478. 7 |
| 3 | wea _ klmy | −1553128. 976 | 5089554. 746 | 449. 5 |
| 4 | pc _ kswt | −1493890. 496 | 4891281. 638 | 1260. 4 |
| 5 | pc _ hsz | −1483749. 657 | 4915982. 925 | 611. 4 |
| 6 | pc _ my | −1513882. 203 | 4885636. 371 | 1158. 4 |
| 7 | pc _ qsh | −1497910. 095 | 4884438. 793 | 1230. 4 |

## 5. 2. 5　水资源开发利用数据模型化技术

SWAT 模型主要模拟复杂大流域、长时段、不同下垫面条件对径流的影响，适应于人类活动影响比较小的区域。本研究区在河流出山口之前人类活动少，而在平原区人类活动剧烈，特别是各种水利工程的修建和运行使流域水循环模式发生改变，如引水灌溉改变了流域内子流域间水量的分配，年调节水库或多年调节水库直接改变了河道径流在时间上的分配。本次模型模拟过程中，水资源利用主要考虑水库、灌区灌溉制度和耕作方式以及社会经济取水等方面。

### 5. 2. 5. 1　灌区水力联系

玛河灌区是新疆水土开发程度较高、水资源利用较充分的大型灌区。根据灌区水力联系及水库调节作用，将玛河分为南北两大灌区，其中南部灌区

114.78 万亩，包括石河子灌区和玛纳斯县灌区，无水库调节；北部灌区 201.52 万亩，包括莫索湾灌区、西岸大渠灌区、新湖灌区，有水库调节（划分详见表 5.11）。

南部灌区计算节点为红山嘴渠首。从红山嘴水利枢纽的东岸大渠引水，根据调度需要，东岸大渠的水可以直接进入玛纳斯县灌区，或送往跃进水库和新户坪水库，或从玛河渡槽、五级电站尾水渠处的过河涵洞调往西岸，进入石河子灌区和蘑菇湖水库，还可以从以上三处退入河道进入夹河子水库和大泉沟水库。

表 5.11　　　　　　　　　　玛河南、北灌区划分统计

| Ⅰ级灌区 | Ⅱ级灌区 | Ⅲ级灌区 |
|---|---|---|
| 南部灌区 | 玛纳斯县灌区 | 凉州户乡、头工乡、园艺场、试验站、广东地乡、兰州湾、北五岔乡、六户地乡 |
| | 石河子灌区 | 石河子市、石河子总场、152 团、石河子乡、201 团、两院试验农场 |
| 北部灌区 | 莫索湾灌区 | 147 团、148 团、149 团、150 团 |
| | 西岸大渠灌区 | 尚户地乡、柳毛湾乡、老沙湾乡、四道河子镇、乌兰乌苏镇、121 团、122 团、132 团、133 团、134 团、135 团、136 团、石河子监狱、下野地试验站 |
| | 新湖灌区 | 新湖总场灌区（六分场除外）、七分场灌区 |

北部灌区通过红山嘴渠首引水进入灌区或平原水库，主要由 5 座平原区水库共同为其调节供水。其中，新户坪水库主要控制新湖灌区；跃进水库控制莫索湾灌区及新湖部分灌区；蘑菇湖水库和大泉沟水库控制西岸大渠灌区；河道水可在进入夹河子水库后，通过东泄水渠给莫索湾灌区供水，通过西泄水渠给西岸大渠灌区供水，计算节点在水库库口。灌区水力联系见图 5.6。

### 5.2.5.2　水库概化处理

模型能够识别水库，对于具有多年调节功能的水库还需要较为详细的流量调度资料；对于引水口，处理为手动添加的出口，参与子流域划分。流域内大型水库有夹河子、蘑菇湖和跃进水库 3 座，中型水库有大泉沟和新湖坪水库 2 座，其中具有年调蓄功能的仅夹河子 1 座。除新湖坪水库运行管理参数未收集到外，将其余 4 座水库的各参数输入所需文件，导入数据库中。

### 5.2.5.3　灌溉及耕作措施

玛河灌区的灌溉制度根据《灌溉与排水工程设计规范》，通过逐候（5天）水量平衡法计算确定。玛河灌区降水极其稀少，农作物生长季节降水对

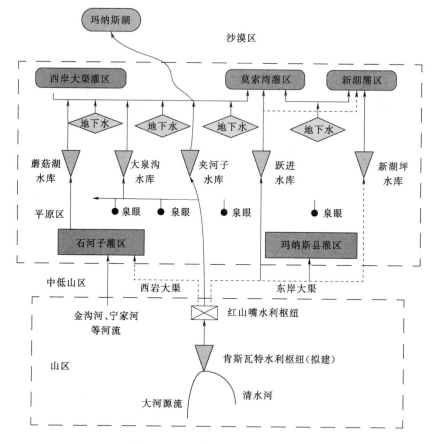

图 5.6　玛河灌区水力联系概化图

其影响较小，故灌溉制度年际变化不大。为了模型计算方便、节省运算量，本书按照南、北两个大灌区进行灌溉制度制定，大区内灌溉制度相同，且无年际变化。

在耕作措施中加入了种植、灌溉和收割措施，根据日期分别设置各措施的参数。由于资料限制，仅添加了冬小麦的耕作管理措施，未考虑其他植被和作物。

### 5.2.5.4　国民经济耗水量

模型对社会经济取用水的考虑较为简单，参阅相关供需平衡分析成果，本书设定国民经济耗水率为 0.59，根据南、北灌区供水情况计算其耗水量，参与模型运算。将供水来源分为地表水和地下水，故耗水量也分为从河道取水量和从浅层地下水取水量。这部分水量将从南、北灌区所涉及的各子流域中去除，不再参与下一步的水循环。

表 5.12　　　　　　　　玛河各灌区 2004 年各业需水过程　　　　　　单位：万 m³

| 灌区 | 行业 | 12—3月 | 4月 | 5月 | 6月 | 7月 | 8月 | 9月 | 10月 | 11月 |
|---|---|---|---|---|---|---|---|---|---|---|
| 北部灌区 | 生活 | 95.09 | 95.09 | 95.09 | 95.09 | 95.09 | 95.09 | 95.09 | 95.09 | 95.09 |
| | 工业 | 104.87 | 104.87 | 104.87 | 104.87 | 104.87 | 104.87 | 104.87 | 104.87 | 104.87 |
| | 牲畜 | 102.25 | 102.25 | 102.25 | 102.25 | 102.25 | 102.25 | 102.25 | 102.25 | 102.25 |
| | 渔业 | 15.74 | 15.74 | 15.74 | 15.74 | 15.74 | 15.74 | 15.74 | 15.74 | 15.74 |
| | 农业 | 0 | 3081.3 | 7769.18 | 20083.4 | 27400.6 | 13724.9 | 1312.35 | 16418.4 | 2845.6 |
| | 小计 | 317.95 | 3399.3 | 8087.13 | 20401.4 | 27718.5 | 14042.8 | 1630.3 | 16736.4 | 3163.5 |
| 南部灌区 | 生活 | 332.88 | 332.88 | 332.88 | 332.88 | 332.88 | 332.88 | 332.88 | 332.88 | 332.88 |
| | 工业 | 546.57 | 546.57 | 546.57 | 546.57 | 546.57 | 546.57 | 546.57 | 546.57 | 546.57 |
| | 牲畜 | 36.36 | 36.36 | 36.36 | 36.36 | 36.36 | 36.36 | 36.36 | 36.36 | 36.36 |
| | 渔业 | 83.92 | 83.92 | 83.92 | 83.92 | 83.92 | 83.92 | 83.92 | 83.92 | 83.92 |
| | 农业 | 0 | 1925.6 | 3434.83 | 11629.6 | 18437.3 | 9147.15 | 1168.13 | 5023.05 | 4582.5 |
| | 小计 | 999.72 | 2925.3 | 4434.56 | 12629.3 | 19437.1 | 10146.9 | 2167.85 | 6022.77 | 5582.3 |
| 合计 | 生活 | 427.97 | 427.97 | 427.97 | 427.97 | 427.97 | 427.97 | 427.97 | 427.97 | 427.97 |
| | 工业 | 651.44 | 651.44 | 651.44 | 651.44 | 651.44 | 651.44 | 651.44 | 651.44 | 651.44 |
| | 牲畜 | 138.61 | 138.61 | 138.61 | 138.61 | 138.61 | 138.61 | 138.61 | 138.61 | 138.61 |
| | 渔业 | 99.66 | 99.66 | 99.66 | 99.66 | 99.66 | 99.66 | 99.66 | 99.66 | 99.66 |
| | 农业 | 0 | 5006.9 | 11204 | 31713 | 45837.9 | 22872 | 2480.47 | 21441.5 | 7428.1 |
| | 小计 | 1317.67 | 6324.6 | 12521.7 | 33030.7 | 47155.6 | 24189.7 | 3798.15 | 22759.1 | 8745.8 |

　　根据表 5.12 的需水过程，将除农业灌溉之外的水量，分别按照每个子流域 0.15 万～0.37 万 m³/d 的耗水量从河道取水、0.1 万 m³/d 的耗水量从浅层地下水取水并从平原区各子流域水循环中扣除。灌溉用水按照灌溉定额换算成灌溉水深从河道中取走，投入南北灌区所涉及的子流域中，灌溉作物仅为冬小麦。

## 5.3　模拟过程及结果分析

　　利用制备好的数据库及各种矢量数据、栅格数据、文本数据，输入模型进行河网提取和子流域划分，利用土地利用/土壤/坡度图叠加生成水文响应单元，然后进行气象水文数据输入、写入模型需要的数据库、运行/调试、校核和验证等模拟步骤。

### 5.3.1　子流域划分

玛河流域子流域划分用到的数据有研究区实测河网矢量图和 DEM。实测河网数据来源于国家测绘局于 1995 年在国家基础地理信息中心建立的全国 1：25 万地形数据库。借助于分布式水文模型 ArcSWAT 模型平台进行子流域的划分，汇流累积量阈值设为 $10km^2$。应用第 3 章提出的渠系分级挖深和预制流域耦合方法，进行玛流域河网的提取和流域的划分，结果见图 5.7（a）。

河网提取后即进行子流域划分。根据玛河流域灌区的分布特点，利用划分好的子流域进行平原区子流域合并和边界修改，同时修改相应子流域内河段的联接信息，如起点和终点信息，山区子流域划分保持不变，得到新的子流域，结果见图 5.7（b），共划分为 99 个子流域。

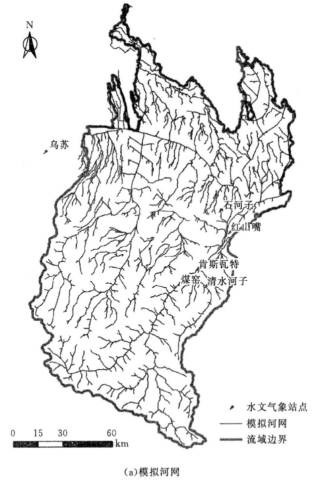

（a）模拟河网

图 5.7（一）　详细河网提取及子流域划分

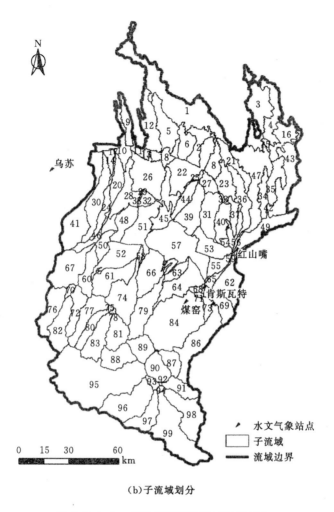

（b）子流域划分

图 5.7（二）　详细河网提取及子流域划分

## 5.3.2　水文响应单元划分

水文响应单元由植被类型数据、土壤类型数据和坡度类型三个图层叠加而成。其中，植被类型根据植被图、植被分类链接表进行划分，土壤类型根据土壤图和土壤链接表进行分类，研究区坡度分为 0～5°、5°～15°、15°～25°及 25°以上四类。本次水文响应单元（HRU）根据各层数据面积百分比进行划分，设置当子流域某一区域的植被类型面积超过 1%，同时土壤类型超过 1%、坡度类型面积比例超过 5% 时，划分为一个水文响应单元，每个子流域可划分出多个 HRU，流域共划分为 1873 个 HRU。

### 5.3.3　模型运行调试

利用 "Write Input Tables" 菜单将气象水文站点数据输入模型，生成模型需要的各文件及参数，并在 "Edit SWAT Input" 菜单下修改生成的文件及数据库。

模型中的"水库"表示流域中的天然和人工蓄水区域，流域内有少量几个天然湖泊分布在高山区，面积较小，不予考虑；但需考虑人工水库的径流调节，故在数据库中输入夹河子水库运行参数，设置正常水位及其对应的库容、泄洪水位及其对应的库容、库底水力渗透系数等参数，以及水库开始运行年份、蓄水、泄水方式等。在红山嘴水文站处设置控制节点，将其作为径流控制和校核断面之一；肯斯瓦特水库参数暂未收集到，在校核和验证阶段均未考虑该水库，但在水文站处添加了控制节点，作为径流校核控制断面之一；同样在清水河子站设置节点。

径流模拟方法选择"日降水数据/径流曲线方法/以日为单位"进行径流演算，潜在蒸散发计算方法经比较选用 Priestley-Taylor 法，河道汇流演算选用变动存储系数模型法。考虑到 20 世纪 80、90 年代水土资源的开发，植被、土壤等下垫面条件与 20 世纪 50、60 年代相比变化较大，并且考虑率定期内包含一个水文周期，因此选择 1981—1995 年作为模型参数率定期，1996—2007 年作为模型验证期。

### 5.3.4　模型校核与验证

模型运行结束后需进行模型校核，按照先支流后主干、先上游后下游、先年校核再月校核的顺序进行各子流域参数率定。模型提供了校核前的参数敏感性分析，本书由于未涉及泥沙及氮磷等营养物质的模拟，故仅对径流相关参数进行率定。

玛纳斯河上游支流水文测站为清水河子站，清水河汇合口下约 7.5km 处为肯斯瓦特站，出山口为红山嘴站，平原区无水文测站，本研究选择玛纳斯河出山口——红山嘴以上进行径流参数率定，平原区则仅依据产水量进行验证。

#### 5.3.4.1　参数敏感性分析

模型校核期模拟结束后，为提高调参效率，首先进行参数的敏感性分析。根据整理好的月径流实测资料文件，选择肯斯瓦特站所在子流域，对径流参数进行敏感性分析。模型参数在允许的范围内进行优化和分析，且参数值保持相对的物理意义。

选择与径流相关的 26 个参数（见表 5.13），每个参数在范围内改变 10 次，模型共运行 10 * (26+1) = 270 次，分别对肯斯瓦特水文站所在子流域进行年尺度和月尺度的敏感性分析。

表 5.13 参 数 及 其 含 义

| 参数 | 含义 | 参数 | 含义 | 参数 | 含义 |
|---|---|---|---|---|---|
| Alpha_Bf | 基流分割系数 | Gw_Delay | 地下水延迟系数 | Smtmp | 融雪基温 |
| Biomix | 生物混合效率 | Gw_Revap | 地下水蒸发系数 | Sol_Alb | 土壤反照率 |
| Blai | 最大叶面积指数 | Gwqmn | 浅水层补给深 | Sol_Awc | 土壤有效含水量 |
| Canmx | 冠层最大储水量 | Revapmn | 潜水极限蒸发深 | Sol_K | 土壤饱和水力传导度 |
| Ch_K2 | 主河道水力传导度 | Sftmp | 降雪温度 | Sol_Z | 土壤层厚度 |
| Ch_N2 | 河道曼宁系数 | Slope | 坡度 | Surlag | 地表径流延迟系数 |
| Cn2 | 正常湿润情况下植被覆盖值 | Slsubbsn | 平均坡长 | Timp | 雪堆温度延迟因子 |
| Epco | 植被吸水补偿系数 | Smfmn | 12月21日融雪系数 | Tlaps | 温度递减率 |
| Esco | 土壤蒸发补偿系数 | Smfmx | 6月21日融雪系数 | | |

年尺度敏感性分析选择 1980—1995 年为模拟时段，选择参数的变动范围为 0.5～1.5 倍。运算历时近 70h 后，得到年径流参数敏感性分析结果，见表5.14。敏感值大于 1 的参数为极敏感参数，0.2～1 之间为高敏感参数，0.05～0.2 之间为中敏感性参数，低于 0.05 为较不敏感参数。

表 5.14 年径流敏感性分析结果

| 参数 | Gwqmn | Sol_Z | Revapmn | Sol_Awc | Canmx | Ch_K2 | Sol_K | Cn2 | Timp |
|---|---|---|---|---|---|---|---|---|---|
| 排序 | 1 | 2 | 3 | 4 | 5 | 6 | 7 | 8 | 9 |
| 敏感值 | 2.59 | 1.14 | 1.12 | 1.08 | 0.849 | 0.394 | 0.35 | 0.349 | 0.316 |

| 参数 | Slope | Blai | Gw_Revap | Esco | Alpha_Bf | Sol_Alb | Epco | Gw_Delay | Ch_N2 |
|---|---|---|---|---|---|---|---|---|---|
| 排序 | 10 | 11 | 12 | 13 | 14 | 15 | 16 | 17 | 18 |
| 敏感值 | 0.3 | 0.245 | 0.232 | 0.141 | 0.0448 | 0.0227 | 0.0151 | 0.0128 | 0.0114 |

| 参数 | Biomix | Surlag | Slsubbsn | Sftmp | Smfmn | Smfmx | Smtmp | Tlaps | |
|---|---|---|---|---|---|---|---|---|---|
| 排序 | 19 | 20 | 21 | 27 | 27 | 27 | 27 | 27 | |
| 敏感值 | 0.00669 | 0.00217 | 0.000124 | 0 | 0 | 0 | 0 | 0 | |

月尺度敏感性分析选择 1985—1995 年为模拟时段，选择参数的变动范围为 0.95～1.05 倍。运算历时近 49 个小时后，得到年径流参数敏感性分析结果，见表 5.15。

表 5.15　　　　　　　　　月径流敏感性分析结果

| 参数 | Alpha _ Bf | Cn2 | Sol _ Z | Timp | Sol _ Awc | Esco | Sol _ K | Canmx | Ch _ K2 |
|---|---|---|---|---|---|---|---|---|---|
| 排序 | 1 | 2 | 3 | 4 | 5 | 6 | 7 | 8 | 9 |
| 敏感值 | 0.270 | 0.247 | 0.164 | 0.159 | 0.158 | 0.113 | 0.086 | 0.086 | 0.083 |
| 参数 | Revapmn | Slope | Blai | Gwqmn | Smtmp | Epco | Gw _ Revap | Gw _ Delay | Biomix |
| 排序 | 10 | 11 | 12 | 13 | 14 | 15 | 16 | 17 | 18 |
| 敏感值 | 0.080 | 0.058 | 0.043 | 0.014 | 0.006 | 0.003 | 0.003 | 0.003 | 0.003 |
| 参数 | Sol _ Alb | Ch _ N2 | Surlag | Sftmp | Slsubbsn | Smfmn | Smfmx | Tlaps | |
| 排序 | 19 | 20 | 21 | 27 | 27 | 27 | 27 | 27 | |
| 敏感值 | 0.002 | 0.002 | 0.001 | 0 | 0 | 0 | 0 | 0 | |

　　根据敏感性分析结果，按照各水文测站径流校核顺序对这些参数进行手动调整。调参的方式分为三种：增加某一数值、乘以某一倍数和替换。

### 5.3.4.2　模型校核

　　参考参数的敏感性值，从大到小进行参数调整。首先在全流域选取1981—1995年进行模拟，将结果写入数据库文件并保存为未调参前的原始值，查看清水河子站、肯斯瓦特站和红山嘴站所在子流域出口监测断面的模拟流量，对比模拟值与实测值；若地表径流模拟值低于实测值，则可增加基流分割系数 Alpha _ Bf（减少基流）、Cn2（降低植被地表盖度）、Esco（降低土壤蒸发补偿量）、Canmx 等，减小 Sol _ Z、Sol _ Awc、Epco、Ch _ K2、Revapmn 等；在地表径流值大小基本符合实测径流后，检查径流时间分布，调整 Timp、Gw _ Delay、Surlag 等几个参数，使模拟径流峰值在时间上无延后或提前；保持调整后参数不变（见表 5.16），模拟验证期径流；最后计算校核期与验证期的模拟精度。

表 5.16　　　　　　　　　年尺度参数参考取值

| 参数 | Gwqmn | Revapmn | Canmx | Ch _ K2 | Timp | Blai | Gw _ Revap | Alpha _ Bf |
|---|---|---|---|---|---|---|---|---|
| 参考值 | 0.01 | 499 | 1 | 50 | 0.5 | 0.951 | 0.02 | 0.5 |
| 下限 | * | −100 | 0 | 0 | 0 | 0 | −0.036 | 0 |
| 上限 | 1000 | 100 | 10 | 150 | 1 | 1 | 0.036 | 1 |
| 参数 | Gw _ Delay | Esco | Epco | Surlag | Smfmn | Smfmx | Smtmp | Tlaps |
| 参考值 | 360 | 0.99 | 0.01 | 24 | 0.45 | 0.45 | −1 | 6 |
| 下限 | −10 | 0 | 0 | 0 | 0 | 0 | −25 | 0 |
| 上限 | 10 | 1 | 1 | 10 | 10 | 10 | 25 | 50 |

### 5.3.4.3 模拟精度

SWAT 模型结果用 Nash 系数、相关系数和相对误差指标进行模拟精度的分析。得到清水河子、肯斯瓦特和红山嘴站模拟期和验证期的模拟精度，如图 5.8～图 5.13 所示。

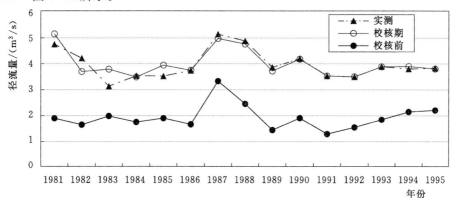

(a)模拟精度

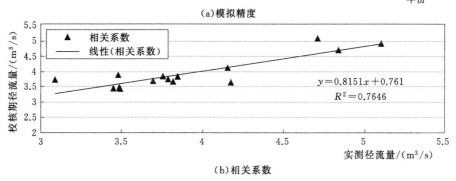

$y = 0.8151x + 0.761$
$R^2 = 0.7646$

(b)相关系数

图 5.8 清水河子站校核期精度

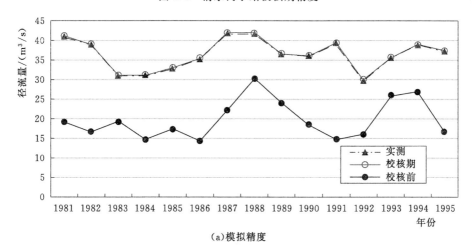

(a)模拟精度

图 5.9 （一） 肯斯瓦特站校核期精度

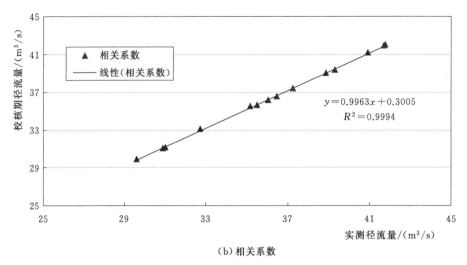

（b）相关系数

图 5.9（二）　肯斯瓦特站校核期精度

清水河子站校核期 Nash 系数为 0.87，相关系数为 0.76，多年平均相对误差 0.90%；肯斯瓦特站校核期 Nash 系数为 0.99，相关系数为 0.999，多年平均相对误差 0.45%；红山嘴站校核期 Nash 系数为 0.77，相关系数为 0.96，多年平均相对误差 4.0%。

清水河子站验证期 Nash 系数为 0.52，相关系数为 0.53，多年平均相对误差 0；肯斯瓦特站验证期 Nash 系数为 0.65，相关系数为 0.71，多年平均相对误差 3.1%；红山嘴站验证期 Nash 系数为 0.57，相关系数为 0.74，多年平均相对误差 5.3%。

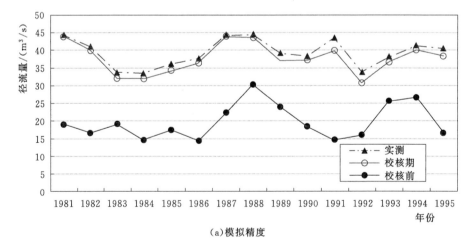

（a）模拟精度

图 5.10（一）　红山嘴站校核期精度

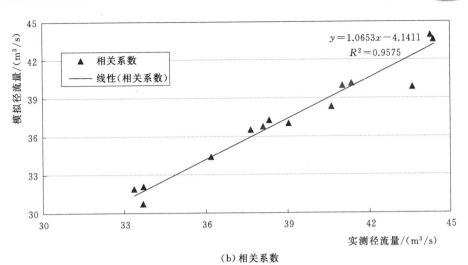

（b）相关系数

图 5.10（二） 红山嘴站校核期精度

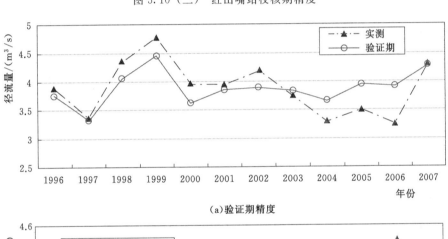

（a）验证期精度

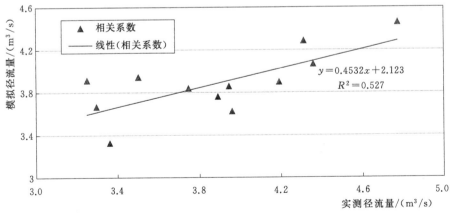

（b）相关系数

图 5.11 清水河子站验证期精度

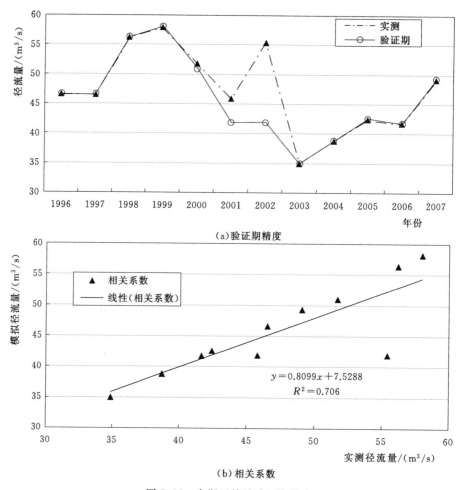

图 5.12　肯斯瓦特站验证期精度

根据红山嘴站的模拟结果，1981—2007 年月尺度模拟 Nash 系数达到 0.91，多年平均误差达到 4.68%，相关系数达到 0.96，见图 5.14。

对于出山口以下子流域模拟结果的校核，根据流域总用水量占流域总产水量的比例，大致估算出主要控制节点的水资源量，与模拟值比较，然后调整子流域参数。

## 5.3.5　模拟结果分析

### 5.3.5.1　流域输出结果

本研究模拟流域总面积 20263.55km²，比实测流域面积约多 463km²，在误差允许范围内。流域共划分为 99 个子流域，1873 个水文响应单元，流域中 3 个控制站所在子流域及模拟面积见表 5.17。

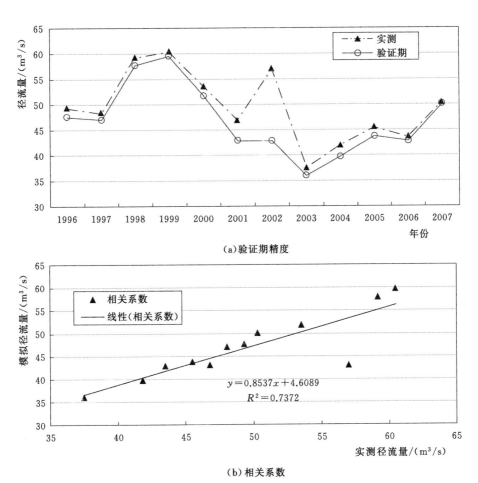

(a)验证期精度

(b)相关系数

图 5.13 红山嘴站验证期精度

表 5.17  控 制 站 流 域 面 积

| 站名 | 模拟流域面积/km² | 所在子流域编号 | 实测流域面积/km² |
|---|---|---|---|
| 清水河子 | 420.69 | 86 | 422.68 |
| 肯斯瓦特 | 5121.96 | 68 | 4637 |
| 红山嘴 | 5350.87 | 65 | 5156 |

从上表可以看出，清水河子站模拟流域面积与实测值十分接近，而肯斯瓦特站和红山嘴站有偏差，可能原因是模拟控制站点是根据煤窑、清水河子、肯斯瓦特和红山嘴各站的相对位置关系确定的：肯斯瓦特站距清水河入河口7.5km，距上游煤窑站约17km，距下游红山嘴站约30km，而肯斯瓦特站和红山嘴两站的位置迁移过2～3次，故模拟和实测控制面积出现偏差。

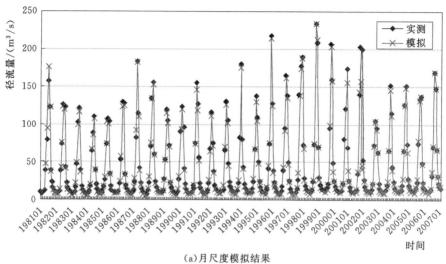

(a)月尺度模拟结果

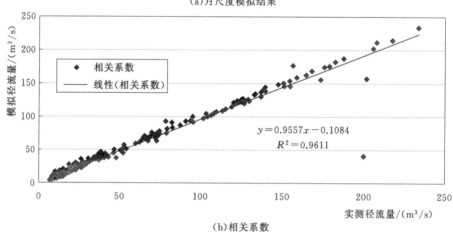

(b)相关系数

图 5.14　红山嘴站 1981—2007 年月尺度模拟精度

表 5.18　　　　　　　　各 植 被 类 型 面 积

| CPNM | 面积/km² | 百分比/% | CPNM | 面积/km² | 百分比/% |
|------|---------|---------|------|---------|---------|
| PINE | 489.68 | 2.3 | WWGR | 338.12 | 1.59 |
| POPL | 116.90 | 0.55 | BROM | 390.06 | 1.83 |
| CAGN | 254.81 | 1.2 | WETL | 135.57 | 0.64 |
| RNGB | 190.42 | 0.89 | CLVS | 666.49 | 3.13 |
| SESB | 1343.85 | 6.32 | SWGR | 1971.95 | 9.27 |
| TAMX | 15.85 | 0.07 | WATR | 53.43 | 0.25 |
| LCAS | 3284.97 | 15.44 | RNGE | 40.55 | 0.19 |

续表

| CPNM | 面积/km² | 百分比/% | CPNM | 面积/km² | 百分比/% |
|------|---------|---------|------|---------|---------|
| SAPL | 273.13 | 1.28 | TEFF | 910.65 | 4.28 |
| BLUG | 55.47 | 0.26 | RYEA | 1124.61 | 5.28 |
| FESC | 1122.55 | 5.28 | WWOR | 6209.27 | 29.18 |
| HUNJ | 661.01 | 3.11 | ICEA | 1630.85 | 7.66 |

流域各植被类型的面积见表 5.18。从表中可知，灌溉农业作物（WWOR）占到流域植被总面积的 29% 以上，其次是半灌木、矮半灌木荒漠植被（LCAS），占 15% 以上，再次是高寒草甸（SWGR）；面积最小的是荒漠灌木（TAMX），仅占总面积的 0.07%，其次是水域周围的草甸（RNGE），面积占 0.19%，再次是温带禾草草原（BLUG），面积占 0.26%。常年冰雪的覆盖（ICEA）面积占到了流域总面积的 7.66%，可见冰川融水是流域不可忽略的水资源量。

由各土壤类型面积（见表 5.19）可以看出，该流域土壤比重较大的是灌耕灰漠土，占流域土壤总面积的 10.8%，水域面积占总面积的 0.23%，最小的为盐化棕钙土，占 0.02%。寒冻土在本区域内也占有不小的比例，为 8.3%，对径流起到了一定的调蓄作用。

表 5.19　　　　　　　　各 土 壤 类 型 面 积

| 土壤名称 | 面积/km² | 百分比/% | 土壤名称 | 面积/km² | 百分比/% |
|---------|---------|---------|---------|---------|---------|
| anligaitu | 1337.46 | 6.29 | huihetu | 482.69 | 2.27 |
| caodianyantu | 383.22 | 1.8 | ice | 1766.58 | 8.3 |
| caodianzhaozetu | 122.83 | 0.58 | jianhuahuimotu | 87.64 | 0.41 |
| caodianzonggaitu | 41.92 | 0.2 | jianhuayantu | 352.26 | 1.66 |
| caozhantu | 2166.87 | 10.18 | jieqiaoyantu | 928.70 | 4.36 |
| chaotu | 313.76 | 1.47 | lake | 49.46 | 0.23 |
| danligaitu | 508.28 | 2.39 | linguancaodiantu | 73.56 | 0.35 |
| guangenghuimotu | 2296.64 | 10.79 | shichaotu | 82.64 | 0.39 |
| guangengzongmotu | 317.51 | 1.49 | shihuicaodiantu | 306.07 | 1.44 |
| guanyutu | 38.61 | 0.18 | yanhuacaodiantu | 896.12 | 4.21 |
| handongtu | 1220.55 | 5.74 | yanhuachaotu | 623.29 | 2.93 |
| heigaitu | 491.79 | 2.31 | yanhuahuigaitu | 777.99 | 3.66 |
| heizhantu | 1612.90 | 7.58 | yanhuahuimotu | 827.96 | 3.89 |
| huangmofengshatu | 1195.69 | 5.62 | yanhuazonggaitu | 3.22 | 0.02 |
| huiguanmotu | 112.45 | 0.53 | zonggaitu | 1861.52 | 8.75 |

#### 5.3.5.2　水量平衡计算

流域总产水量（WYLD）为地表径流（SURQ）、侧向径流（LATQ）和地下径流（GWQ）之和去掉径流量损失（TLOSS）和水库坑塘截留量（pond），见式（5.3）。

$$WYLD = SURQ + LATQ + GWQ - TLOSS - pond \qquad (5.3)$$

其中，TLOSS基本可以忽略，清水河子站以上没有水库坑塘截流。流域1981—2007年长系列模拟结果见表5.20，多年平均产水为114.14mm，折合水量为23.13亿 $m^3$。

表 5.20　　　　　　　　　　流域长系列模拟结果　　　　　　　　单位：mm

| 年份 | 降水 | 地表径流 | 侧向径流 | 地下径流 | 土壤水含量 | 实际蒸发 | 潜在蒸发 | 产水量 |
|---|---|---|---|---|---|---|---|---|
| 1981 | 255.91 | 54.65 | 94.89 | 0.2 | 6.58 | 166.224 | 1166.96 | 119.216 |
| 1982 | 246.43 | 44.03 | 70.9 | 0.61 | 9.1 | 173.712 | 1199.83 | 91.608 |
| 1983 | 296.25 | 57.27 | 70.28 | 0.75 | 20.52 | 190.86 | 1214.67 | 101.92 |
| 1984 | 283.8 | 48.07 | 66.88 | 0.94 | 12.9 | 188.2 | 1162.58 | 91.68 |
| 1985 | 272.53 | 82.22 | 71.43 | 1.25 | 11.48 | 154.972 | 1200.99 | 122.648 |
| 1986 | 240.23 | 45.21 | 63.59 | 1.23 | 7.84 | 156.566 | 1229.44 | 87.184 |
| 1987 | 336.92 | 90.63 | 72.48 | 1.26 | 21.12 | 190.798 | 1171.26 | 129.992 |
| 1988 | 413.43 | 102.71 | 101.56 | 1.74 | 15.55 | 238.544 | 1147.91 | 162.976 |
| 1989 | 260.35 | 47.01 | 69.47 | 1.62 | 19.88 | 163.202 | 1240.88 | 93.648 |
| 1990 | 330.54 | 84.54 | 85.5 | 1.43 | 19.51 | 187.26 | 1190.39 | 135.84 |
| 1991 | 240.88 | 44.57 | 77.64 | 1.32 | 6.09 | 166.158 | 1248.91 | 98.032 |
| 1992 | 247.53 | 36.99 | 64.52 | 1.08 | 12.94 | 154.69 | 1222.06 | 81.2 |
| 1993 | 294.79 | 56.11 | 64.1 | 1.22 | 7.76 | 187.704 | 1121.16 | 95.856 |
| 1994 | 352.29 | 98.42 | 86.02 | 1.39 | 18.71 | 208.236 | 1190.17 | 147.344 |
| 1995 | 318.32 | 65.34 | 87.88 | 1.34 | 14.78 | 205.756 | 1270.11 | 122.664 |
| 1996 | 259.13 | 52.44 | 69.52 | 1.19 | 17.73 | 157.65 | 1180.45 | 97.64 |
| 1997 | 178.8 | 28.59 | 45.27 | 1.03 | 4.48 | 136.868 | 1386.63 | 59.272 |
| 1998 | 300.49 | 83.94 | 59.31 | 1.08 | 7.59 | 173.606 | 1206.19 | 114.184 |
| 1999 | 342.05 | 85.01 | 61.95 | 1.29 | 17.58 | 211.998 | 1231.73 | 117.312 |
| 2000 | 298.95 | 72.86 | 75.32 | 1.48 | 15.19 | 173.282 | 1171.86 | 118.528 |
| 2001 | 343.84 | 85.34 | 84.92 | 1.47 | 10.92 | 222.856 | 1270.67 | 136.064 |
| 2002 | 330.48 | 75.45 | 77.36 | 1.47 | 15.44 | 183.97 | 1263.91 | 122.16 |
| 2003 | 240.29 | 48.8 | 66.37 | 1.44 | 13.5 | 154.94 | 1130.17 | 92.16 |
| 2004 | 380.24 | 99.5 | 91.28 | 1.59 | 12.23 | 213.598 | 1252.1 | 152.272 |

续表

| 年份 | 降水 | 地表径流 | 侧向径流 | 地下径流 | 土壤水含量 | 实际蒸发 | 潜在蒸发 | 产水量 |
|------|------|----------|----------|----------|------------|----------|----------|--------|
| 2005 | 284.2 | 61.12 | 68.16 | 1.7 | 12.79 | 185.87 | 1265.34 | 103.4 |
| 2006 | 329.61 | 78.69 | 89.19 | 1.59 | 8.67 | 191.214 | 1267.51 | 134.336 |
| 2007 | 368 | 92.32 | 98.33 | 1.41 | 9.23 | 218.5 | 1322.37 | 152.56 |
| 均值 | 298.01 | 67.48 | 75.34 | 1.26 | 12.97 | 183.60 | 1219.49 | 114.14 |

限于篇幅，本书仅给出清水河子站（见表5.21）、红山嘴站（见表5.22）水量平衡各项长系列年尺度模拟结果和2007年5—11月红山嘴站月尺度模拟结果（见表5.23）。

表 5.21　　　　　清水河子站所在子流域长系列模拟结果　　　　单位：mm

| 年份 | 降水 | 冰雪融水 | 潜在蒸发 | 实际蒸发 | 土壤水含量 | 侧向径流 | 地表径流 | 地下径流 | 产水量 |
|------|------|----------|----------|----------|------------|----------|----------|----------|--------|
| 1981 | 448.40 | 71.37 | 1071.78 | 192.44 | 14.00 | 290.99 | 106.87 | 0.40 | 398.26 |
| 1982 | 380.00 | 49.28 | 977.13 | 117.79 | 14.55 | 214.38 | 60.42 | 0.65 | 275.45 |
| 1983 | 428.90 | 49.97 | 992.93 | 150.05 | 23.27 | 206.85 | 77.39 | 0.86 | 285.10 |
| 1984 | 427.10 | 29.49 | 984.31 | 162.98 | 16.59 | 207.52 | 45.89 | 0.93 | 254.34 |
| 1985 | 377.00 | 68.42 | 1014.71 | 85.44 | 19.27 | 210.15 | 97.66 | 0.96 | 308.76 |
| 1986 | 403.00 | 54.17 | 1028.29 | 114.19 | 9.84 | 208.56 | 63.65 | 0.98 | 273.19 |
| 1987 | 616.80 | 107.73 | 998.12 | 141.10 | 42.17 | 227.81 | 142.90 | 1.02 | 371.73 |
| 1988 | 537.70 | 62.66 | 882.05 | 159.93 | 13.24 | 256.54 | 97.59 | 1.13 | 355.26 |
| 1989 | 354.80 | 58.02 | 937.69 | 140.41 | 19.34 | 242.90 | 28.01 | 1.20 | 272.11 |
| 1990 | 445.80 | 59.20 | 970.14 | 136.34 | 24.30 | 237.54 | 69.45 | 1.18 | 308.17 |
| 1991 | 298.30 | 56.01 | 1097.57 | 123.16 | 11.53 | 218.98 | 31.77 | 1.15 | 251.91 |
| 1992 | 387.30 | 59.05 | 997.43 | 125.82 | 20.73 | 210.97 | 43.56 | 1.07 | 255.60 |
| 1993 | 449.80 | 67.10 | 926.81 | 148.69 | 7.77 | 211.32 | 71.94 | 1.04 | 284.29 |
| 1994 | 455.10 | 57.90 | 990.26 | 159.86 | 14.34 | 215.16 | 68.41 | 1.03 | 284.59 |
| 1995 | 457.20 | 53.02 | 1065.99 | 161.87 | 11.87 | 221.86 | 58.33 | 1.01 | 281.20 |
| 1996 | 412.40 | 59.64 | 957.06 | 130.44 | 16.00 | 227.07 | 58.00 | 1.02 | 286.09 |
| 1997 | 273.20 | 43.71 | 1228.62 | 102.83 | 11.72 | 208.68 | 44.58 | 1.01 | 254.26 |
| 1998 | 509.70 | 48.57 | 1029.76 | 154.40 | 10.33 | 206.58 | 101.07 | 0.96 | 308.60 |
| 1999 | 578.60 | 59.04 | 969.74 | 169.44 | 20.20 | 219.99 | 116.78 | 0.96 | 337.73 |
| 2000 | 387.50 | 79.91 | 1036.10 | 118.88 | 30.12 | 229.87 | 45.42 | 0.99 | 276.29 |
| 2001 | 467.80 | 48.91 | 1092.70 | 179.61 | 8.45 | 229.71 | 62.42 | 1.04 | 293.16 |
| 2002 | 421.90 | 37.07 | 1100.57 | 139.47 | 15.50 | 230.03 | 65.22 | 1.05 | 296.30 |
| 2003 | 474.70 | 57.76 | 909.91 | 186.33 | 13.24 | 224.24 | 65.74 | 1.04 | 291.02 |

续表

| 年份 | 降水 | 冰雪融水 | 潜在蒸发 | 实际蒸发 | 土壤水含量 | 侧向径流 | 地表径流 | 地下径流 | 产水量 |
|---|---|---|---|---|---|---|---|---|---|
| 2004 | 396.50 | 71.17 | 1030.32 | 131.76 | 14.56 | 224.50 | 53.87 | 1.06 | 279.42 |
| 2005 | 466.50 | 83.27 | 1004.76 | 160.30 | 15.86 | 221.59 | 77.10 | 1.05 | 299.74 |
| 2006 | 408.80 | 57.17 | 1056.15 | 130.16 | 8.22 | 222.67 | 73.64 | 1.06 | 297.37 |
| 2007 | 523.40 | 43.55 | 1079.55 | 174.99 | 7.94 | 226.59 | 97.54 | 1.08 | 325.21 |
| 均值 | 436.60 | 59.01 | 1015.94 | 144.39 | 16.11 | 224.19 | 71.30 | 1.00 | 296.49 |

表5.22　　　　　　　　　红山嘴站所在子流域长系列模拟结果　　　　　　　单位：mm

| 年份 | 降水 | 冰雪融水 | 潜在蒸发 | 实际蒸发 | 土壤水含量 | 侧向径流 | 地表径流 | 地下径流 | 产水量 |
|---|---|---|---|---|---|---|---|---|---|
| 1981 | 276.3 | 9.42 | 1130.86 | 144.57 | 15.58 | 7.72 | 135.32 | 0.41 | 143.45 |
| 1982 | 254.3 | 32.28 | 1137.09 | 137.21 | 7.65 | 24.06 | 72.65 | 0.48 | 97.19 |
| 1983 | 362.1 | 30.98 | 1111.00 | 214.32 | 24.17 | 24.57 | 77.43 | 0.74 | 102.74 |
| 1984 | 298.6 | 16.64 | 1064.79 | 195.38 | 19.12 | 26.35 | 45.69 | 0.87 | 72.91 |
| 1985 | 271 | 39.44 | 1054.50 | 101.72 | 14.25 | 22.85 | 116.63 | 0.94 | 140.42 |
| 1986 | 250.6 | 23.59 | 1093.90 | 157.93 | 9.54 | 21.54 | 44.53 | 1.00 | 67.07 |
| 1987 | 457.3 | 59.43 | 996.86 | 172.01 | 34.37 | 33.60 | 169.15 | 1.04 | 203.79 |
| 1988 | 453.7 | 34.15 | 949.09 | 232.10 | 17.47 | 34.85 | 122.61 | 1.13 | 158.59 |
| 1989 | 255.6 | 34.85 | 1050.79 | 174.60 | 14.79 | 23.43 | 46.63 | 1.19 | 71.25 |
| 1990 | 349.9 | 32.90 | 1087.91 | 190.89 | 17.25 | 26.45 | 82.39 | 1.20 | 110.04 |
| 1991 | 261.4 | 34.29 | 1121.59 | 184.03 | 11.09 | 20.73 | 38.66 | 1.18 | 60.56 |
| 1992 | 307.4 | 31.05 | 1082.06 | 175.95 | 20.15 | 22.47 | 56.97 | 1.12 | 80.56 |
| 1993 | 339.5 | 36.46 | 935.31 | 184.89 | 6.78 | 26.61 | 93.57 | 1.09 | 121.27 |
| 1994 | 362.9 | 33.32 | 1005.81 | 182.05 | 18.74 | 26.19 | 129.10 | 1.09 | 156.37 |
| 1995 | 399.2 | 32.63 | 1108.60 | 252.79 | 18.71 | 30.32 | 73.34 | 1.08 | 104.74 |
| 1996 | 285.7 | 37.94 | 993.27 | 160.90 | 14.94 | 24.38 | 64.87 | 1.09 | 90.34 |
| 1997 | 230.1 | 20.09 | 1278.73 | 132.83 | 9.89 | 17.89 | 69.34 | 1.08 | 88.31 |
| 1998 | 429.1 | 28.59 | 1052.02 | 213.74 | 11.50 | 27.26 | 137.06 | 1.04 | 165.35 |
| 1999 | 467.1 | 50.19 | 1009.38 | 240.42 | 16.64 | 36.58 | 119.40 | 1.02 | 157.00 |
| 2000 | 294.8 | 52.07 | 1069.40 | 147.10 | 20.66 | 25.06 | 74.45 | 1.05 | 100.56 |
| 2001 | 344.7 | 41.30 | 1100.37 | 225.40 | 10.19 | 29.31 | 66.32 | 1.08 | 96.70 |
| 2002 | 337.5 | 26.56 | 1108.90 | 178.18 | 19.21 | 26.74 | 84.54 | 1.11 | 112.39 |
| 2003 | 336.9 | 29.50 | 979.89 | 219.64 | 13.69 | 26.56 | 50.87 | 1.14 | 78.57 |
| 2004 | 336.6 | 72.00 | 1079.66 | 155.02 | 18.35 | 26.25 | 100.85 | 1.17 | 128.27 |
| 2005 | 378.8 | 34.09 | 1094.01 | 198.81 | 16.04 | 27.56 | 124.02 | 1.19 | 152.78 |
| 2006 | 249.6 | 33.87 | 1183.01 | 137.79 | 5.74 | 22.47 | 63.52 | 1.20 | 87.20 |
| 2007 | 496.1 | 27.04 | 1157.67 | 280.25 | 11.52 | 33.36 | 126.57 | 1.20 | 161.13 |
| 均值 | 336.55 | 34.62 | 1075.42 | 184.83 | 15.48 | 25.75 | 88.39 | 1.03 | 115.17 |

表 5.23  　　　　　红山嘴站 2007 年月尺度流域平均模拟结果　　　　　单位：mm

| 月份 | 降水 | 冰雪融水 | 潜在蒸发 | 实际蒸发 | 土壤水含量 | 侧向径流 | 地表径流 | 地下径流 | 产水量 |
|---|---|---|---|---|---|---|---|---|---|
| 5 | 100 | 1.02 | 46.12 | 29.74 | 17.40 | 7.44 | 65.25 | 0.10 | 72.79 |
| 6 | 92.6 | 0.00 | 286.28 | 78.46 | 8.08 | 6.34 | 12.70 | 0.10 | 19.13 |
| 7 | 68.8 | 0.00 | 311.46 | 66.98 | 1.54 | 4.37 | 2.11 | 0.10 | 6.58 |
| 8 | 80.4 | 0.00 | 267.97 | 58.10 | 5.10 | 4.51 | 5.64 | 0.10 | 10.25 |
| 9 | 38.6 | 0.00 | 167.38 | 25.01 | 14.07 | 2.72 | 0.93 | 0.10 | 3.75 |
| 10 | 13 | 0.00 | 66.28 | 19.15 | 7.54 | 1.83 | 0.00 | 0.10 | 1.93 |
| 11 | 8.9 | 0.01 | 11.70 | 2.47 | 10.83 | 0.64 | 2.94 | 0.10 | 3.68 |

利用模型输出数据，可以计算气象、水文、农业以及植被干旱指标，如各子流域的干燥度、径流、水资源量、土壤含水量指标以及植被蒸腾蒸发指标等，为流域干旱评估提供了大量数据。

## 5.4  未来情景预测与模拟

由于全球或区域气候模式对较小范围气候变化的预测具有较大不确定性，本书在分析玛纳斯河流域气象因素变化趋势的基础上，设定基本情景，基于已率定的模型参数，定量模拟气候变化对水资源的影响。

### 5.4.1  玛河流域气候变化趋势分析

本次研究选择玛纳斯河流域的石河子、乌苏、克拉玛依、清水河子、肯斯瓦特、红山嘴以及莫索湾和炮台几个气象水文站点的年均降水、气温及蒸发资料进行气象因素总体变化趋势分析。

#### 5.4.1.1  年均降雨略有增加

清水河子水文站位于玛河支流清水河的上游，肯斯瓦特水文站位于玛河干流上游，距出口山约 30 多千米，石河子气象站位于流域中部平原区，炮台气象站位于平原区 121 团场内，克拉玛依气象站位于流域外西北部的克拉玛依市内，5 个水文气象站的降水资料基本能够反映整个流域的降水变化趋势。

由上述 5 个站 1954—2008 年的年均降水量变化趋势可知［见图 5.15（a）］，除肯斯瓦特水文站外，各站降水均呈现增加趋势；增加幅度略有不同，增幅最大的炮台站为 8.3mm/10a，最小的克拉玛依站为 2.95mm/10a。对各站 1990—2008 年降水趋势分析可知［见图 5.15（b）］，20 世纪 90 年代以后，除克拉玛依站呈减少趋势外，其余各站年均降水量均有较大幅度的增加，增幅最大的清水河子站为 27.68mm/10a，肯斯瓦特站为 22.53mm/10a，最小的炮台站为 16.36mm/10a。

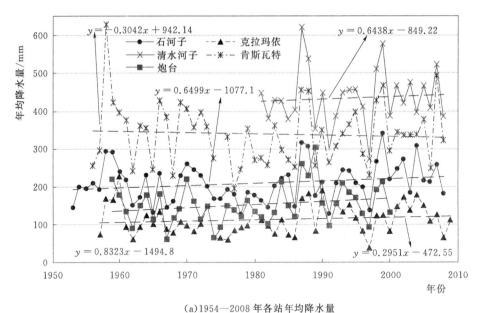

(a)1954—2008 年各站年均降水量

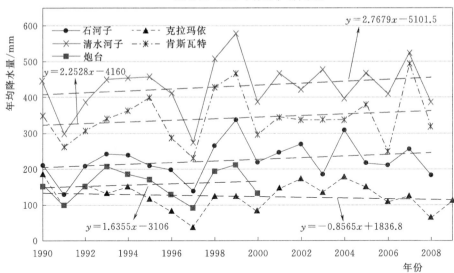

(b)1990—2008 年各站年均降水量

图 5.15　玛河流域年均降水变化趋势

　　根据肯斯瓦特站 1956—2008 年的降水距平累计百分率分析（见图 5.16）可知，20 世纪 60 年代到 70 年代中期为丰水年，年均降水呈不断增加趋势；1972—1985 年降水量持续减少，年均降水低于多年平均值的 11%；1985—1995 年出现小幅度震荡，平均降水量与多年平均基本持平；1995 年以后基本

图 5.16 肯斯瓦特水文站多年降水距平累计百分率

处于增加趋势，增幅为多年平均的 8% 左右。

### 5.4.1.2 年均气温显著升高

据清水河子、肯斯瓦特、石河子和克拉玛依 4 站的年均气温变化趋势可知
[见图 5.17（a）]，各站年均气温均呈现增加趋势，增加幅度在 $0.32 \sim$
$0.46℃/10a$ 之间，增幅最大的为石河子气象站，为 1953—2008 年多年平均值
的 6.4%；最小的为克拉玛依气象站，为 1957—2009 年平均值的 3.78%。

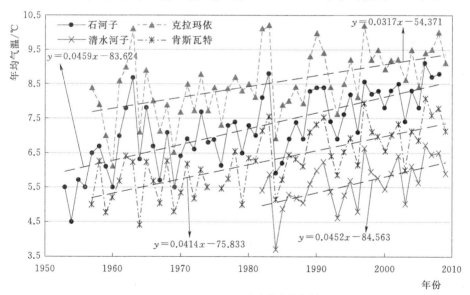

(a)1953—2008 年各站年均气温

图 5.17 （一） 玛河流域年均气温变化趋势

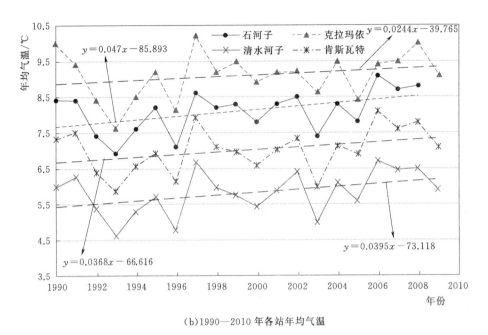

(b)1990—2010 年各站年均气温

图 5.17（二）　玛河流域年均气温变化趋势

从 1990—2008 年气温变化趋势可以看出［见图 5.17（b）］，各站年均气温仍呈不断增加趋势，甚至石河子气象站近 20 年的增幅大于多年平均增幅，为 0.47℃/10a，1990—2008 年均气温比多年平均气温高 12.43％，可见 20 世纪 90 年代以来增温幅度较大，与我国西北地区的气温变化趋势[221]基本一致。

### 5.4.1.3　潜在蒸发能力先减小后增加

利用石河子、莫索湾和炮台气象站 1980—2000 年的小水面蒸发资料（直径 20cm 蒸发皿）进行流域蒸发能力趋势分析。石河子站年均小水面蒸发能力为 1480.0mm，莫索湾站为 1968mm，炮台站为 1926.1mm。从 1980—2000 年总趋势可看出［见图 5.18（a）］，20 年来总的蒸发能力变化趋势为减小；从 1980—1990 年和 1990—2000 年两个时间段的蒸发能力趋势变化可知［见图 5.18（b）］，前十年总体蒸发能力呈现显著减少趋势，后十年则为增加趋势，但增加速率不大。

这种现象主要是因为我国干旱半干旱区 1990 年以前，潜在蒸发能力受太阳总辐射和风速减小的影响较气温的升高影响大，故潜在蒸发能力呈降低趋势，而在 1990 年之后受升温的影响最为显著[222]，因而潜在蒸发有所增加。

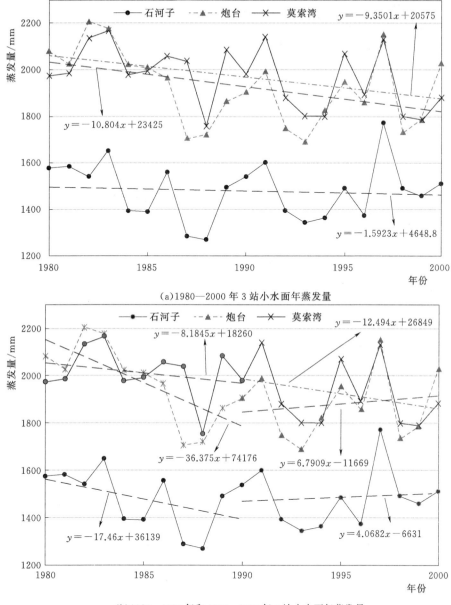

(a)1980—2000 年 3 站小水面年蒸发量

(b)1980—1990 年和 1990—2000 年 3 站小水面年蒸发量

图 5.18 玛河流域小水面年均蒸发量变化趋势

## 5.4.2 情景模拟

根据以上分析，研究区呈增温增湿的趋势，且蒸发能力等因素受增温影响显著。为定量模拟和比较流域水资源时空分布的变化及各循环要素中水通量的变化，设置各站日最高、最低气温均增加 10％、日降水增加 20％两种情景。

#### 5.4.2.1  增温情景

在其他气象因素不变、日气温增加 10％的情况下，模拟流域内 1981—2007 年水资源时空分布变化情况。多年平均降水年（1990 年）各子流域模型预测结果见附表 1。

#### 5.4.2.2  增水情景

在其他气象因素不变、日降水增加 20％的情况下，模拟流域内 1981—2007 年水资源时空分布变化情况。多年平均降水年（1990 年）各子流域模型预测结果见附表 2。

根据模拟结果，相对增雨情景，在增温情景下，地下径流和土壤含水量略微增加，潜在蒸发量上升，而地表径流、侧向径流、实际蒸发量和产水量均减少。增温情景下流域产水量为 20.49 亿 m³，增雨情境下产水量为 24.13 亿 m³。两种情景下流域多年平均水量平衡各项预测结果见表 5.24。

表 5.24　　　　　　增温增雨情景下流域年均水平衡各项预测结果　　　　　单位：mm

| 情景 | 降水 | 地表径流 | 侧向径流 | 地下径流 | 土壤水含量 | 实际蒸发 | 潜在蒸发 | 产水量 |
|---|---|---|---|---|---|---|---|---|
| 增温 | 298.01 | 36.54 | 64.57 | 0.89 | 14.50 | 197.24 | 1464.24 | 101.01 |
| 增雨 | 356.62 | 43.76 | 75.47 | 0.77 | 9.93 | 236.66 | 1381.77 | 119.06 |

## 5.5　本章小结

本章基于玛纳斯河流域的基本情况，阐述了 SWAT 模型基础数据的制备与处理过程，共将流域划分为 99 个子流域，1873 个水文响应单元；根据流域内出山口以上 3 个水文控制站点的径流资料率定模型参数，根据出山口以下主要控制节点的用水量校核其中下游模型参数；基于已率定的参数和流域气象因素变化趋势分析，模拟了正常状况、增温 10％和增雨 20％三种情况下 1981—2007 年流域生态水文过程及水资源量的时空分布情况，三种情况下流域水资源总量分别为 23.13 亿 m³、20.49 亿 m³ 和 24.13 亿 m³，同时，模拟得到的水循环各环节水通量等为下面章节不同情境下干旱时空分布的对比分析提供了基础数据；给出了清水河子站和红山嘴站所在子流域年尺度、流域 2007 年 5—11 月尺度和增温增雨两种情景下多年平均降水年份的模拟结果，为下章干旱指标的计算与评估提供了基础资料。

由于模型所需输入数据较多，仅搜集到模型最基本的输入参数，不充分的数据输入对参数的率定和模拟精度可能造成一定的影响；另外，下垫面条件的改变也是影响模拟精度的因素之一，本书在模拟过程中仅考虑了水资源开发利用的影响，未考虑 27 年中流域内植被的变化，可能带来一些模拟误差。

# 第6章  玛纳斯河流域干旱综合评估

玛河流域属于典型的干旱内陆河流域，流域内高山、河流、作物和天然植被并存，灌溉农业和天然生态系统相互作用较强烈，气象、水文、农业和生态干旱均可能存在。本章应用构建的模糊干旱综合评估模型，基于模型模拟结果及观测数据，对玛河流域的干旱状况进行时空分布评估，并利用数据空间展布方法和制图技术进行流域干旱等级区划分析。

## 6.1  干旱数据空间分析与表达

干旱指标和评估结果的时空表达方式主要有数据、表和图，其中干旱数据分布图是最直接明了的表达方式，它可以为决策者提供直接感官认识，使其清楚地了解区域的干旱分布状况。本节主要说明干旱数据展布方法和评估结果的制图技术。

### 6.1.1  干旱数据空间展布

#### 6.1.1.1  空间插值数据源

在科学计算领域中，空间插值是常用的数据空间展布方法，用于将离散点、线状测量数据转换为连续的数据曲面。为获得连续表面所需要的空间插值数据源包括：野外测量样点数据，数字化的线状、面状图，摄影测量得到的正射航片或卫星影像等。通常所用的空间插值数据是有限的样点测量数据，样点的位置对空间插值的结果影响很大，理想的情况是在研究区内均匀分布。文中无论是气象站点、样点观测数据或是栅格面状数据，其表现形式主要为离散点和规则点，这些数据的空间展布是由区域内的点数据过渡到面数据的关键技术。

#### 6.1.1.2  空间数据插值方法基本原理

很多软件都内置有空间插值算法。它包括了空间内插和外推两种算法，都是基于数据的空间相关性进行的，即空间插值的理论假设是空间位置上越靠近，则事物或现象就具有相似的特征值；反之则差异性越大或者不相关。这个假设体现了事物或现象对空间位置的依赖关系。

#### 6.1.1.3  空间插值方法

空间插值方法从采样数据点使用的角度可分为整体插值和局部插值两大

类，整体插值方法用研究区所有采样点的数据进行全区域特征拟合；局部插值方法是仅用邻近一定数量的数据点来估计未知点的值。整体插值方法通常使用方差分析和回归方程等标准的统计方法，计算比较简单。但整体插值方法将短尺度、局部的变化看作随机的和非结构的噪声，从而丢失了一部分信息。局部插值方法恰好能弥补这种缺陷，可用于局部异常值，而且不受插值表面上其他点的内插值影响。使用局部插值方法需要注意所使用的插值函数，邻域的大小、形状和方向，数据点的个数以及数据点的分布方式几个方面。

空间插值方法主要包括：最近邻点插值法（Nearest Neighbor）、自然邻近插值法（Natural Neighbor）、移动平均法（Moving Average）、径向基函数插值法（Radial Basis Function）、多元回归模型（Polynomial Regression）、克里金插值法（Kriging）和最小曲率（Minimum Curvature）等。依据插值的精确性，可分为空间统计确定性插值法和地统计插值法。

1. 确定性插值法

最近邻点插值法又称泰森（Thiessen）多边形或 Voronoi 多边形分析法，是荷兰气象学家 A. H. Thiessen 提出的一种分析方法，即在每个样点数据周边生成一个邻近区域，即 Thiessen 多边形，从而将整个区域分割成若干子区域，每个子区域包含一个样点，各子区域内的任意一点离其内部的样点最近，在多边形内插值时只有其中心样点参与运算。GIS 和地理分析中经常采用泰森多边形进行快速的插值，用该方法得到的结果图变化只发生在边界上，边界内是均质和无变化的。该插值法只适用于样点分布均匀，且只有少数缺失值时的数据填补。

自然邻近插值法是对泰森多边形插值法的改进，它对研究区内各点都赋予一个权重系数，插值时使用邻点的权重平均值决定待估点的权重，待插点的权重和目标泰森多边形成比例。每完成一次估值就将新值纳入原样点数据集重新计算泰森多边形并重新赋权重。对于由样点数据生成面状栅格数据而言，通过设置栅格大小（cellsize）来决定自然邻近插值中的泰森多边形的运行次数 $n$，即设整个研究区的面积 area，则有：$n = \text{area/cellsize}$，可设置各向异性参数（半径和方向）来辅助权重系数的计算。自然邻近插值法在数据点凸起的位置并不外推等值线。

反距离权重插值法（Inverse Distance Weighting，IDW）是一种精确的整体空间插值方法，属于移动平均插值法的一种，其中距离倒数插值方法是 GIS 软件根据点数据生成栅格数据的最常用方法之一。它综合了自然邻近法和多元回归法的优点，在插值时认为待估点 $Z$ 值为邻近区域内所有样点距离的加权平均值，样点距离最近的若干个点对待估点 $Z$ 值的贡献最大，其贡献与距离成反比；当有各向异性时，还要考虑方向权重；对某待估点而言，其所有邻域的样点数的权重和为1。利用反距离权重插值法生成的表面中，预测样点与实测样点值完全相等，适用于呈均匀分布且密集程度足以反映局部差异的样点数据集；其主要缺点是可能在区域内产生围绕观测点位置的"牛眼"，为消除这种因样点数据的不均匀分布而产生的影响，可引入一个平滑参数，使得插值运算时有尽可能多的样点参与运算。

样条（Spline）函数插值法是用分段曲线的数学函数来估值，最小化所有的表面曲率、逼近曲面的一种精确插值方法，它属于径向基函数插值法的一种。样条函数进行一次拟合只有少数点参与，同时保证曲线段连接处连续，即修改少量数据点配准而不必重新计算整条曲线，故计算量不大，插值速度快。它与其他空间统计插值方法相比具有以下特点：不需要做统计假设，可以计算出高于或低于样点 Z 值的预测值，保留了局部变化特征，在视觉上得到了令人满意的结果。适合于根据较密的点内插等值线，特别是从不规则三角网（TIN）内插等值线；适合于非常平滑的表面，一般要求有连续的一阶和二阶导数。它的缺点是当局部变异性大，或样点数据具有很大不确定性时，插值效果不好。

上面提到的几种插值方法是基于空间统计学的确定性插值法，其优点是以空间统计学作为坚实的理论基础，可以克服内插中误差难以分析的问题，能够对误差做出逐点的理论估计，不会产生回归分析的边界效应；缺点是复杂，需要变异函数。

2. 地统计插值法

地统计插值法是空间统计分析的一个分支。地统计与确定性插值法的最大区别在于它引入了概率模型，即在进行预测时能给出预测值的误差。通常所说的地统计插值指克里金插值法，它是法国地理数学家 Georges Matheron 和南非矿山工程师 D. G. Krige 提出的一种优化插值方法，最初用于矿山勘探，后被广泛应用于地下水模拟、土壤制图等领域，成为 GIS 软件地理统计插值的重要组成部分。这种方法充分吸收了地理统计的思想，认为任何在空间连续性变化的属性都是非常不规则的，不能用简单的平滑数学函数进行模拟，可以在插值过程中根据某种优化准则函数动态地决定变量的数值，用随机表面给予较恰当的描述。Matheron 和 Krige 等着重研究了该方法权重系数的确定，对给定点上的变量值提供最好的线性无偏估计。该方法获得预测图并不要求数据呈正态分布，但当数据呈正态分布时，克里金插值法将是无偏估计法中效果最好的一种。

下面介绍克里金插值法。

普通克里金插值法是一个精确插值模型，制图中常用比采样间隔更细的规则格网进行插值，内插值又可换成等值线图。内插结果与原始样本的容量有关，当样本少时，简单的点普通克里金插值（点模型）方法结果图会出现明显的凹凸现象，这时可采用块克里金插值法，该方法较适用于估算给定面积试验小区的平均值或给定格网大小的规则格网插值。块克里金插值估算的方差结果常小于点克里金插值，所以生成的平滑插值表面不会发生点模型的凹凸现象。

根据样点数据统计特征的不同又可将克里金分成多种方法：当样点数据是二进制值时，用指示克里金插值法进行概率预测；对样点数据进行未知函数变换后，可用该变换函数进行析取克里金插值；当样点数据的趋势值是一个未知常量时，用普通克里金；当样点数据的趋势可用一个多项式进行拟合，但回归系数未知时，用泛克里金插值法；当样点数据的趋势已知时，用简单克里金插值法。其中最常用的是普通克里金与泛克里金插值法；当加入了协变量进行插值时，则叫作协同普通克里金插值法和协同泛克里金插值法。

克里金法的优点是以空间统计学作为其理论基础，物理含义明确，不但能估计测定参数的空间变异分布，还可以估算估计参数的方差分布；缺点是计算步骤较烦琐，计算量大，且变异函数有时需要根据经验选定。无论哪种插值方法，根据统计学假设可知，样本点越多、分布越均匀越好。

## 6.1.2　子流域干旱参数空间统计

数据空间展布后，为获得子流域上的干旱参数，如地下水埋深和 $NDVI$，需要统计子流域中栅格数目、面积及栅格值大小，以加权平均得到子流域上的干旱参数。

干旱参数空间统计的关键技术是寻找区域内所含栅格数目及其位置，在此借鉴王光谦等[223]基于遥感影像统计任意区域内水文参数的思路。首先求解出子流域边界与栅格单元边的交点坐标，并记录下边界栅格单元的索引，按栅格单元具有的拓扑关系确定出子流域内包含的栅格单元。对于子流域内部栅格单元的面积和栅格值，只需要统计出栅格个数及各栅格值，根据任意多边行面积计算公式求栅格面积即可；对于边界栅格单元的识别和计算，方法是：识别出位于子流域边界上的边界栅格单元，子流域边界与边界栅格单元求交计算出边界多边形，根据边界多边形交点计算出位于子流域边界内的栅格单元的面积。这样可根据子流域内部和边界的栅格面积及栅格值，以面积加权平均得到子流域上的某些干旱参数值。

多边形的求交算法是：设子流域多边形为本底多边形，栅格单元边界多边形为上覆多边形，叠置得到的新多边形为叠置多边形。首先将两个多边形的边界全部进行求交运算和切割处理；然后根据切割的弧段重建拓扑关系，并产生一个叠置多边形，对其中的多边形重新编号；最后判断新叠置的多边形分别落在原多边形的哪个多边形内，从而建立叠置多边形与原多边形的联系表。叠置过程如图 6.1 所示。

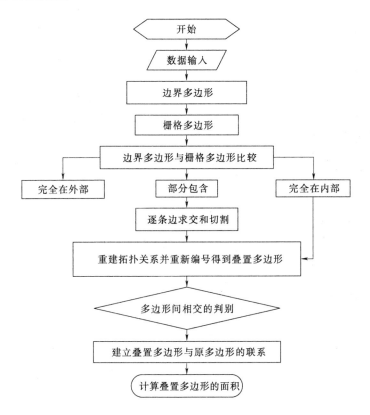

图 6.1 多边形叠置过程

## 6.1.3 干旱等级区划制图

干旱等级区划制图是干旱数据空间表达的一种方式，它能直观反映不同干旱等级及受旱范围，是编制抗旱预案的一项重要内容和指导抗旱工作的一个重要手段。干旱等级制图中，数据联结各个环节是数字制图的基础。干旱等级数字化制图技术方法主要有：数图转换技术，空间数据和属性数据的数据库管理技术，生成、处理和显示图形的计算机图形学技术等[224]。

### 6.1.3.1 数据处理与编辑技术

数据处理和编辑是计算机数字制图的核心工作，主要包括以下两个方面的内容：①数据预处理，即对数字化后的地图数据进行检查、纠正，统一坐标原点，进行比例尺的转换，不同地图资料的数据合并归类等，使其规范化；②为了实施地图编制而进行的计算机处理，包括地图数学基础的建立，不同地图投影的变换，数据的选取和概括，各种地图符号、色彩和注记的设计与编排等。

### 6.1.3.2　数据库管理

本书采用 ArcGIS9.3 图形制作界面和 Arccatalog 数据库管理工具进行制图数据库的管理，建立空间数据和属性数据之间的连接，并实现其共同管理和相互查询。收集到数据有：①基础地理信息数据库，包括流域内行政区划、居民点、水系、道路等在内的 1：25 万基础数据；②专题数据，由干旱演化模拟模型结果计算得到的干旱评估指标，包括气象站点长系列降水量、降水距平值、湿润度指数、干燥度等，水文站长系列河道实测径流量、子流域水资源量，由模型计算结果提供的作物缺水指标、土壤相对湿度，由实测井水位埋深空间展布得到的各子流域地下水埋深，由遥感数据分析计算得到的 NDVI 指数等；③由模型计算或收集到的其他数据。

### 6.1.3.3　图形处理和显示

基于 ArcGIS9.3 的空间分析和制图工具平台，以子流域代码作为唯一标识，将子流域上的各矢量图和各子流域计算得到的干旱指标属性数据进行连接，形成各子流域上的干旱指标专题数据。对专题数据进行作图，并与各类基础地理数据一起进行投影和数据转换，确保投影和比例尺一致（设置投影为 Albers 等面积投影，中央经线为 105°，两条标准纬线分别为 25°和 47°，比例尺为 1：14000）。

（1）版面设计。基于 ArcGIS9.3 制图窗口菜单，新建制图输出版面，根据比例尺、打印尺寸设置图框尺寸及位置；分别设置各数据图层的符号、颜色、大小、粗细标识，并调整图层上下位置；设置图框为黑色，底色为白色，以突出制图要素。

（2）专题数据表达。建立空间数据库，设置投影等信息，放置绘图基础数据。将点图层、线图层和面图层分别放在不同的要素类中，一个要素类可以对应多个图层，并将同一要素类放在一个要素集中。

（3）地图标注。采用自动式标注方法，依据各数据属性表中的属性字段来标识地图。不同干旱等级（无旱、轻旱、中旱、重旱和特大干旱）参考抗旱规划标准辅以不同深浅颜色显示（见表 6.1）。

**表 6.1　　　　　　　　　干旱等级分布图着色设置表**

| 干旱等级 | 红 | 绿 | 蓝 | 图例 |
|---|---|---|---|---|
| 特大干旱 | 0 | 0 | 0 | |
| 重旱 | 50 | 50 | 50 | |
| 中旱 | 99 | 99 | 99 | |
| 轻旱 | 171 | 171 | 171 | |
| 无旱 | 255 | 255 | 255 | |

（4）地图整饰。由于个别矢量图数据较多，在添加标注时选择重复标注自动取舍功能，使其不与其他要素重合。根据干旱指标的不同，合理选择表示方法和表现形式，以充分表现地图主题及制图对象的特点，达到形式与内容的统一。分别调整经纬线、图名、图例、注记的坐标、大小和颜色，保证地图清晰易读，层次分明。

## 6.2　评估指标计算与干旱等级划分

针对本流域实际情况，根据气象、水文、农业和生态四个子系统的特征，遵循科学性、合理性、数据易获得性和易操作性等原则，结合模型模拟结果、实测数据和调查资料等，基于第 4 章构建的评估指标体系和干旱综合评估模型，计算各子系统的评估指标，对流域干旱状况进行模糊综合评估。

### 6.2.1　气象和水文干旱评估指标计算

SWAT 模型可以输出每个子流域 1981—2007 年的水平衡长系列模拟结果，其中包含每月/年的潜在蒸发量、实际蒸发量和降水量，以及径流和水资源量。7 个气象站点均有月观测降水量值，石河子、莫索湾等 3 个气象站有 1980—2000 年的水面蒸发量观测资料，因此，数据可以满足气象干旱的干燥度 $K$、降水距平 $D_p$ 和 $Z$ 指数 3 个指标的计算。

水文干旱的两个评估指标为径流距平值 $D_R$ 和水资源量距平值 $D_W$，也可根据模拟结果计算得到，计算公式同降水距平值。其中以两个量 27 年的平均值作为年尺度指标计算中的 $\bar{R}$ 和 $\bar{W}$，以 27 年中每个月的平均值作为月尺度指标计算的 $\bar{R}$ 和 $\bar{W}$。

### 6.2.2　农业干旱评估指标计算

农业子系统干旱评估指标包含土壤相对湿度（$S_d$）、作物缺水指数（$CWSI$）和作物综合干旱指标（$K_d$）3 个。模拟结果中包含了土壤根系层的含水量，以水深表示，土壤田间持水量由土壤湿容重、土壤层深度和分层土壤有效持水百分数计算得到。

#### 6.2.2.1　土壤相对湿度

由土壤含水量测定试验可知，根系层土壤所含水量为：

$$w = H\theta_{综合}\gamma_{湿} / (1 + \theta_{综合})\qquad(6.1)$$

式中：$w$ 为作物根系层土壤饱和有效含水量，mm；$H$ 为根系层土壤厚度，mm；$\gamma_{湿}$ 为根系层土壤湿容重，g/cm³；$\theta_{综合}$ 为根系层土壤综合有效持水体积百分数，%。

根据土壤物理特性参数，每种土壤可分为若干层，每层土壤厚度 $h$ 和有

效持水百分数 $\theta$ 各不相同，故先由每层土壤有效持水百分数根据土壤厚度加权平均求得根系层土壤综合有效持水百分数［见公式（6.2）］，然后由公式（6.1）求得作物根系层的含水量。根系层深度内各层土壤综合有效持水体积百分数的计算公式如下：

$$\theta_{综合} = \sum_{i=1}^{n} (\theta_i \times h_i)/H \qquad (6.2)$$

式中：$\theta_{综合}$ 为作物根系层土壤综合有效持水体积百分数，%；$\theta_i$ 为第 $i$ 层土壤的有效持水量，%；$h_i$ 为第 $i$ 层土壤的厚度，mm；$H$ 为作物根系层总厚度，mm。

由于子流域由各水文响应单元组成，每个水文响应单元根据不同的土壤类型、植被类型和坡度划分，故每个水文响应单元的土壤类型可能不同，因而每个子流域中含有多种土壤类型。由公式（6.1）计算出每种土壤的根系层有效含水量后，子流域的作物根系层土壤含水量需要根据子流域汇总各土壤类型的面积加权平均求得，公式如下：

$$W_{总} = \sum_{i=1}^{n} (w_i \times A_i)/A \qquad (6.3)$$

式中：$W_{总}$ 为子流域作物根系层土壤饱和有效含水量，mm；$n$ 为子流域中土壤类型个数；$w_i$ 为第 $i$ 种土壤类型的根系层土壤饱和有效含水量；$A_i$ 为子流域中第 $i$ 种土壤的面积，hm²；$A$ 为子流域总面积，hm²。

土壤相对湿度指标 $S_d$ 由子流域作物根系层土壤饱和有效含水量和模拟结果的子流域土壤实际含水量 $SW$ 计算得到，公式如下：

$$S_d = SW/W_{总} \qquad (6.4)$$

式中：$S_d$ 为子流域作物根系层土壤相对湿度，%；$SW$ 为子流域土壤实际含水量，由模型计算结果得到。

根据土壤相对湿度划分干旱等级，见表 6.2。

表 6.2　基于土壤相对湿度的干旱等级划分

| 干旱等级 | 无旱 | 轻旱 | 中旱 | 重旱 | 特大干旱 |
|---|---|---|---|---|---|
| 土壤相对湿度/% | $S_d > 60$ | $60 > S_d \geqslant 55$ | $55 > S_d \geqslant 45$ | $45 > S_d \geqslant 40$ | $S_d < 40$ |

#### 6.2.2.2　作物缺水指数

作物缺水指数 $CWSI$ 定义为：

$$CWSI = 1 - E_d/E_p \qquad (6.5)$$

式中：$E_d$ 为子流域实际蒸散量，mm；$E_p$ 为子流域潜在蒸散量，mm。

$CWSI$ 可根据模拟结果计算得到，该指标值越大，表明子流域内作物水分越亏缺，作物越干旱。目前还没有根据该指标划分干旱等级的成熟研究结论。

#### 6.2.2.3　作物综合干旱指标

土壤相对湿度和作物缺水指数表明作物生长的下垫面和作物种类对干旱的

反映，未说明灌溉、耕作等人类活动对作物干旱状况的影响，而作物综合干旱指标 $K_d$ 考虑了降水、地下水的补给、土壤含水量以及灌溉水等多种因素对作物的综合影响，是作物干旱与否的综合表现指标，其计算公式为：

$$K_d = (P + G + W_1 - W_0 + I)/(W_2 - W_0 + ET_0) \qquad (6.6)$$

式中：$K_d$ 为作物综合干旱指数；$P$ 为相应时段内的有效降水量，mm；$G$ 为相应时段内地下水补给量，mm；$W_1$ 为相应时段初作物根系层土壤含水量，mm；$W_2$ 为相应时段末作物根系层土壤适宜含水量，mm；$W_0$ 为土壤凋萎含水量，mm；$I$ 为时段内灌溉水量，mm；$ET_0$ 为时段内充分供水条件下作物潜在需水量，mm。

当 $K_d > 1$ 时，表示作物根系层土壤水分充足，作物水量尚有盈余；当 $K_d < 1$ 时，说明土壤对作物水分供应出现亏缺，作物可能受旱，该指标越小，说明作物受旱的程度越深。该指标概念明确，代表性较好，可方便用于作物旱情预测预报系统[225]。但目前仍未出现根据该指标划分干旱等级的成熟研究。

子流域有效降水量 $P$ 和地下水补给量 $G$ 可由模拟结果直接给出；$W_1 - W_0$ 为作物根系层土壤的实际有效含水量，$W_2 - W_0$ 为土壤饱和有效含水量，也可以根据模拟结果给出；子流域评估时段内的灌溉水量 $I$ 可由灌溉制度得到，模型中已经考虑了灌溉措施，土壤含水量中应有体现，在此公式中不计该部分水量；作物潜在需水量 $ET_0$ 由子流域评估时段内的潜在蒸发量 $PET$ 乘以 0.85 的折算系数得到。

## 6.2.3 生态干旱评估指标计算

生态干旱评估指标为 NDVI 指数和平原区地下水位埋深，两个指标通过遥感和观测数据直接得到，但 NDVI 数据为栅格数据，地下水埋深数据为点状观测数据，两者均需要在相应的子流域范围内进行空间展布。空间插值方法见章节 6.1 介绍。

### 6.2.3.1 潜水埋深

玛河流域冲洪积扇潜水埋深自扇顶向北逐渐变浅，山前断层使玛河在出山口处形成跌水。扇缘顶部潜水埋深一般大于 50m；到玛纳斯大桥—园艺场—凉州户六队一带，潜水埋深 50m 左右；扇中部埋深 20~50m，含水层主要由粗大卵石层组成，为扇区最富水地带[226]；河流冲洪积扇缘及冲积平原区，潜水水位埋深大多在 2~8m，至溢出带附近潜水埋深 5m 左右，溢出带以北小于 3m。石河子市、143 团一带水位埋深 15~50m，地表主要由 1~5m 不等的粉土和粉质黏土组成，渗透性相对较弱；石河子乡、152 团一带，水位埋深 50~150m，含水层由卵砾石组成[227]。

地下水埋深资料主要参考《玛河流域综合规划》《石河子地区超采区划定说明书》《玛纳斯县地下水超采区划定》《玛纳斯县水资源论证报告》[228]等文

字和图片资料，以及生产井主要年份水位调查成果。在资料中尽可能多地搜索平原区生产井和观测井位置，结合 Google Earth 定位系统，在图中找到各位置的地理坐标，整理输入 ArcGIS 中，经过投影后做成点状矢量图。然后根据资料情况，把各点相关的起测年份、起测年埋深、井深、各年份地下水埋深等属性数据输入点状矢量图的属性表中。根据天然植被分布和地下水位的关系，本次评估所用数据主要是潜水埋深，对承压井水位埋深不予考虑。共收集到 84 眼地下水埋深观测井或生产井的位置点，有长系列观测资料的井共 64 眼，基本能覆盖流域的平原区。各井基本属性统计见表 6.3。各井地下水埋深除表 6.3 中所列年份外，还有 2007 年和 2008 年埋深，以及部分观测井 2007 年 1 月至 2008 年 6 月的逐月地下水埋深数据。

以 2005 年各井的实测埋深资料为例，利用 ArcGIS 空间分析模块所提供的数据空间插值方法，选择自然临近插值法、样条函数插值法、Kriging 插值法和反距离权重插值（IDW）法四种方法，以流域边界为边界，按照 7 级划分标准分别得到流域内平原区的地下水位埋深分布图（栅格数据，GRID 格式），见图 6.2 和图 6.3。根据上述不同空间插值方法作图效果的比较认为，自然临近插值法覆盖范围小，IDW 插值法存在"牛眼"现象，Kriging 插值法和样条函数插值法比较理想，选择较常用的 Kriging 插值法作为点数据空间展布方法。

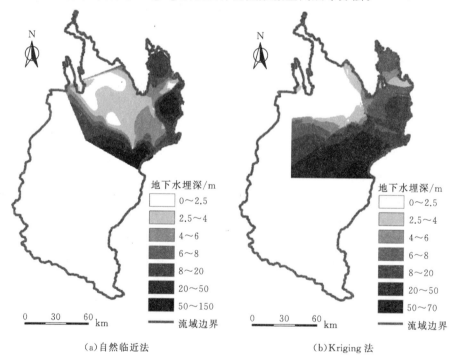

图 6.2　自然临近法和 Kriging 法插值结果

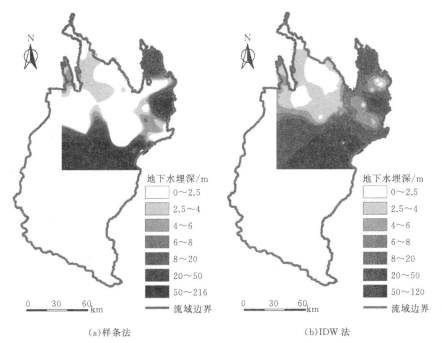

(a)样条法                    (b)IDW 法

图 6.3  样条法和 IDW 法插值结果

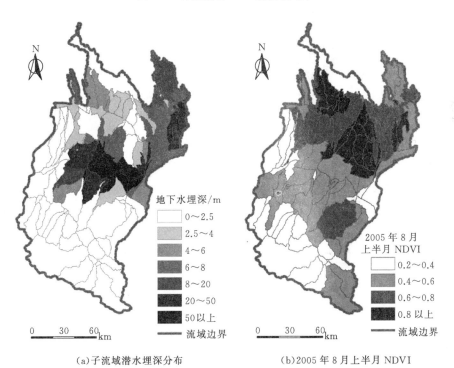

(a)子流域潜水埋深分布        (b)2005 年 8 月上半月 NDVI

图 6.4  子流域生态干旱指标分级

表 6.3　玛河平原区浅层地下水动态监测井属性

单位：m

| 统一编号 | 原编号 | 纬度 | 经度 | 位置 | 井深 | 地面标高 | 起测年 | 起测 | 地下水埋深 | | | |
|---|---|---|---|---|---|---|---|---|---|---|---|---|
| | | | | | | | | | 1999 | 2000 | 2004 | 2005 |
| BC1 | C2 | 44.233 | 86.241 | 石河子市乌伊公路客运站 | 200 | 448.775 | 1983 | 6.61 | 14.433 | 14.411 | 16.31 | 16.21 |
| BC2 | C7 | 44.198 | 86.242 | 石河子市游戏广场军垦一号井 | | 471.786 | 1996 | 39.975 | 40.69 | 40.923 | 25.85 | 13.19 |
| BC3 | C8 | 44.099 | 86.301 | 石河子市152团3连厂房后2m处 | | | 1998 | 120.66 | 122.0 | 123.02 | 150 | 150 |
| BC4 | S1-1 | 44.268 | 86.253 | 石总场一分场场部 | 20 | 418.61 | 1984 | 2.13 | 1.75 | 1.91 | 2.93 | 3.17 |
| BC5 | S1-3 | 44.243 | 86.239 | 石总场一分场龙口 | 13 | 388.54 | 1984 | 1.39 | 1.16 | 1.08 | 1.18 | 1.13 |
| BC6 | S1-5 | 44.281 | 86.263 | 石总场一分场二连四斗 | 23 | 419.81 | 1981 | 1.56 | 2.13 | 2.25 | 2.83 | 2.44 |
| BC7 | S2-2 | 44.263 | 86.214 | 石总场试验场水管站 | 20 | 422.06 | 1984 | 2.22 | 2.50 | 2.64 | 3.15 | 3.09 |
| BC8 | S3-6 | 44.286 | 86.035 | 石总场三分场7连水管站 | 18 | 404.65 | 1984 | 1.53 | 1.26 | 1.29 | 1.16 | 1.11 |
| BC9 | S6-3 | 44.536 | 86.161 | 石总场六分场北庄子 | 70 | 375.1 | 1984 | 4.51 | 7.35 | 7.23 | 6.16 | 5.71 |
| BC10 | S6-4 | 44.507 | 86.258 | 石总场六分场石莫公路29km处 | 70 | 374.44 | 1985 | 3.82 | 7.76 | 7.46 | 5.85 | 5.46 |
| BC11 | 147-2 | 44.508 | 86.354 | 147团2营9连南500m（荒地） | 30 | 379.195 | 1987 | 2.64 | 3.16 | 3.27 | 3.21 | 3.30 |
| BC12 | 147-3 | 44.532 | 86.331 | 147团2营5连猪场边 | 30 | 376.479 | 1987 | 2.55 | 3.92 | 4.03 | 3.97 | 3.85 |
| BC13 | 147-5 | 44.545 | 86.262 | 147团3营17连东羊圈边 | 30 | 368.974 | 1987 | 3.50 | 4.98 | 4.93 | 4.05 | 4.11 |
| BC14 | 147-7 | 44.635 | 86.192 | 147团3营15连东羊圈边 | 30 | 359.986 | 1987 | 1.95 | 1.85 | 1.91 | 2.03 | 1.98 |
| BC15 | 147-9 | 44.651 | 86.123 | 147团3营3连东400m（荒地） | 31 | 356.155 | 1987 | 3.34 | 4.38 | 4.68 | 4.08 | 4.02 |
| BC16 | 148-1 | 44.861 | 86.306 | 148团气象站 | 25.5 | 357.224 | 1989 | 1.86 | 1.91 | 1.78 | 1.46 | 1.62 |

续表

| 统一编号 | 原编号 | 纬度 | 经度 | 位置 | 井深 | 地面标高 | 起测年 | 地下水埋深 | | | | |
|---|---|---|---|---|---|---|---|---|---|---|---|---|
| | | | | | | | | 起测年 | 1999 | 2000 | 2004 | 2005 |
| BC17 | 148－2 | 44.822 | 86.341 | 148团1营2连 | 29.1 | 360.88 | 1989 | 1.90 | 1.25 | 0.97 | 1.05 | 1.133 |
| BC18 | 148－3 | 44.859 | 86.368 | 148团1营7连 | 29 | 360.54 | | | | | | |
| BC19 | 148－4 | 44.929 | 86.276 | 148团2营 | 28.3 | 354.534 | | | | | | |
| BC20 | 148－5 | 44.798 | 86.212 | 148团3营25连 | 28.5 | 358.694 | 1991 | | 2.88 | 2.99 | | |
| BC21 | 148－6 | 44.773 | 86.266 | 148团3营23连 | 24.5 | 362.2 | 1991 | 3.5 | 2.43 | 2.49 | 2.31 | 2.537 |
| BC22 | 148－7 | 44.837 | 86.363 | 148团1营水管站 | 29.1 | 362.668 | 1989 | 2.13 | 1.73 | 1.46 | 1.70 | 1.704 |
| BC23 | 149－1 | 44.926 | 86.439 | 149团一站部 | | | 1999 | 3.158 | 3.158 | 3.132 | 3.37 | 3.495 |
| BC24 | 149－3 | 44.802 | 86.336 | 149团3连机务门前 | | | 1999 | 4.315 | 4.315 | 4.349 | 5.43 | 5.81 |
| BC25 | 150－1 | 45.108 | 86.147 | 150团25连场院内 | | | 1998 | 11.06 | 11.90 | 12.16 | 13.04 | 13.44 |
| BC26 | 150－2 | 45.058 | 86.208 | 150团3营油库 | | | 1998 | 9.08 | 9.58 | 9.73 | 10.48 | 10.88 |
| BC27 | 150－3 | 45.009 | 86.324 | 150团玉米场 | | | 1998 | 4.33 | 4.45 | 4.55 | 5.48 | 6.56 |
| BC28 | 150－4 | 44.899 | 86.286 | 150团4连场院 | | | 1998 | 5.45 | 5.61 | 6 | 7.18 | 6.27 |
| BC29 | 150－5 | 44.944 | 86.183 | 150团5~6连场院 | | | 1998 | 9.54 | 9.89 | 10.27 | 11.16 | 11.34 |
| BC30 | 143－1 | 44.231 | 86.948 | 143团水三站桥头 | | | 2000 | 46.25 | 46.3 | 46.3 | 51.64 | 46.7 |
| BC31 | 143－2 | 44.188 | 86.008 | 143团17连西200m处 | | | 2000 | 35.2 | 35.6 | 35.1 | | 105 |
| BC32 | 144－1 | 44.508 | 85.609 | 144团14连正南方向400m | 171 | 411.19 | 1990 | 1.03 | 3.69 | 4.12 | 3.52 | 3.61 |

续表

| 统一编号 | 原编号 | 纬度 | 经度 | 位置 | 井深 | 地面标高 | 起测年 | 地下水埋深 | | | | |
|---|---|---|---|---|---|---|---|---|---|---|---|---|
| | | | | | | | | 起测年 | 1999 | 2000 | 2004 | 2005 |
| BC33 | 144－2 | 44.481 | 85.671 | 144团医院 | 30.7 | 423.93 | | | | | | |
| BC34 | 144－3 | 44.463 | 85.666 | 144团15连桥西10m处 | 30.1 | 429.73 | 1990 | 2.96 | 3.12 | 3.03 | 3.32 | 3.60 |
| BC35 | 144－4 | 44.462 | 85.639 | 144团3分支闸门西北 | 30.4 | 428.03 | | | | | | |
| BC36 | 144－5 | 44.463 | 85.691 | 144团15连羊圈东450m处 | 45 | 429.43 | 1990 | 4.29 | 2.05 | 2.10 | 1.43 | 1.48 |
| BC37 | 144－6 | 44.439 | 85.714 | 144团3连路口 | 30.1 | 431.21 | | | | | | |
| BC38 | 122－1 | 44.657 | 85.540 | 水场 | | | | | | | | 3.35 |
| BC39 | 121－1 | 44.825 | 85.542 | 121团14连与3连交界处，团部 | 30 | 326.277 | | | | 2.76 | 1.31 | 1.35 |
| BC40 | 121－3 | 44.809 | 85.762 | 121团19连东南渠边，18连 | 30 | 335.003 | | | | 1.95 | 1.95 | 1.95 |
| BC41 | 134－1 | 44.685 | 85.467 | 134团团部办公楼东100m | 60 | 361.82 | | | | | | |
| BC42 | 133－1 | 44.663 | 85.262 | 133团水管站西北角 | 15.5 | | 1995 | 1.81 | 2.15 | 2.27 | | 2.63 |
| BC43 | 133－2 | 44.675 | 85.285 | 133团俱乐部南角 | 15 | | 1995 | 1.945 | 1.21 | 1.28 | | |
| BC44 | 132－2 | 44.656 | 85.175 | 132团场丁字路口12连奎下公路方向120m | 30.7 | 359.867 | 1987 | 5.88 | 4.12 | 4.2 | 3.66 | 3.52 |
| BC45 | 132－3 | 44.644 | 85.133 | 132团场三支渠闸门东南方向150m | 30.2 | 360.791 | 1987 | 9.27 | 6.24 | 5.87 | 5.59 | 5.61 |
| BC46 | 132－4 | 44.660 | 85.094 | 132团场奎下公路大拐弯桥南150m | 30.6 | 354.38 | 1987 | 8.07 | 4.19 | 4.48 | 2.90 | 2.88 |
| BC47 | 132－6 | 44.678 | 85.173 | 132团场1连马号2支渠边，2连家属区东南方向20m处 | 95.6 | 351.85 | 1987 | 1.65 | 4.06 | 4.68 | 5.59 | 5.64 |

续表

| 统一编号 | 原编号 | 纬度 | 经度 | 位置 | 井深 | 地面标高 | 起测年 | 地下水埋深 | | | | |
| --- | --- | --- | --- | --- | --- | --- | --- | --- | --- | --- | --- | --- |
| | | | | | | | | 起测年 | 1999 | 2000 | 2004 | 2005 |
| BC48 | 142-1-2 | 44.275 | 85.473 | 142团1营砖厂附近30m处 | 30 | 471.76 | 1982 | 3.64 | 16.88 | 15.18 | | 20.19 |
| BC49 | 142-2-1 | 44.296 | 85.501 | 142团1营营部东500m处 | 50 | 489.54 | 1986 | 0.43 | 5.56 | 5.04 | 5.86 | 6.44 |
| BC50 | 142-1-5 | 44.301 | 85.535 | 142团1营一斗一羊圈100m处 | 30 | 469.75 | 1982 | 5.53 | 20.99 | 19.19 | 21.06 | 21.52 |
| BC53 | 141-1 | 44.618 | 85.445 | 141团2连新羊圈西50m | 28.9 | 375.2 | 1989 | 2.21 | 2.62 | 2.50 | | 1.94 |
| BC54 | 141-2 | 44.573 | 85.439 | 141团3连猪圈南柳树旁2m | 30 | 386.7 | 1989 | 0.96 | 1.30 | 1.29 | | 0.82 |
| BC55 | 141-3 | 44.611 | 85.274 | 141团7连水井东北800m | 31 | 376.62 | | | | | | |
| BC56 | 141-4 | 44.563 | 85.365 | 141团8连农具厂西20m | 30 | 391.5 | 1989 | 1.09 | 1.44 | 1.40 | | |
| BC57 | 141-5 | 44.558 | 85.327 | 141团11连3斗渠南 | 30 | 393.39 | | | | | | |
| BC58 | 141-6 | 44.593 | 85.259 | 141团12连新羊圈北50m | 30.9 | 380.74 | 1989 | 3.49 | 5.00 | 4.92 | | |
| BC59 | 141-7 | 44.609 | 85.360 | 141团部东牟西3m,机关渠堂5m | 5 | 376.43 | 1995 | 1.53 | 1.63 | 1.64 | | 1.59 |
| BC60 | 135-1 | 44.907 | 85.271 | 135团团部 | | | 1995 | 2.86 | 2.82 | 2.80 | | |
| BC61 | 136-1 | 45.169 | 85.057 | 136团农机中心院内 | | | 1996 | 10.38 | 10.41 | 10.66 | | |
| BC62 | 136-2 | 45.094 | 85.048 | 136团4连农机院内 | | | 1998 | 3.20 | 3.23 | 3.25 | | |
| BC63 | 136-3 | 45.097 | 85.201 | 136团7连农机院内 | | | 1998 | 3.22 | 3.21 | 3.24 | | |
| BC64 | 136-4 | 45.157 | 85.149 | 136团3连农机院内 | | | 1998 | 2.49 | 2.50 | 2.53 | | |
| 1 | | 44.295 | 86.200 | 园艺场三队 | 120 | 480.5 | | | | | 59.77 | 58.54 |
| 2 | | 44.246 | 86.261 | 凉州户镇凉州户六队 | 110 | 507.5 | | | | | 67.2 | 71.25 |
| 3 | | 44.264 | 86.152 | 凉州户镇凉州户一队 | 150 | 542.5 | | | | | 121.6 | 121.7 |
| 4 | | 44.219 | 86.266 | 包家店镇黑梁湾三队 | 120 | 517.82 | | | | | 69.96 | 69.33 |

续表

| 统一编号 | 原编号 | 纬度 | 经度 | 位置 | 井深 | 地面标高 | 起测年 | 起测年 | 地下水埋深 | | | |
|---|---|---|---|---|---|---|---|---|---|---|---|---|
| | | | | | | | | | 1999 | 2000 | 2004 | 2005 |
| 5 | 5 | 44.193 | 86.463 | 乐土驿镇酒花队 | 84 | 521.69 | | | | | 49.61 | 49.45 |
| 6 | 6 | 44.309 | 86.134 | 水电子制厂 | 70 | 486.66 | | | | | 56.18 | 55.6 |
| 7 | 7 | 44.249 | 86.035 | 平原林场 | 57 | 478.33 | | | | | 35.56 | 36.56 |
| 8 | 8 | 44.319 | 86.217 | 玛场湖水源地5# | 73 | 448.75 | | | | | 17.42 | 18.04 |
| 9 | 9 | 44.276 | 86.228 | 头工乡团结四队 | 120 | 494.41 | | | | | 63.6 | 64.6 |
| 10 | 10 | 44.231 | 86.288 | 乐土驿镇乐土驿六队 | 86 | 493.85 | | | | | 25.11 | 25.5 |
| 11 | 11 | 44.337 | 86.160 | 兰州湾乡二道树三队 | 85 | 453.89 | | | | | 23.43 | 23.3 |
| 12 | 12 | 44.373 | 86.136 | 兰州湾乡夹河子四队 | | 428.4 | | | | | 7.32 | 6.22 |
| 13 | 13 | 44.275 | 86.359 | 包家店镇牧场三队 | 80 | 458.7 | | | | | 14.62 | 15.24 |
| 14 | 14 | 44.343 | 86.274 | 广东地乡广丰二队 | 64 | 435.33 | | | | | 5.24 | 5.45 |
| 15 | 15 | 44.304 | 86.278 | 水源地66# | 70 | 456.52 | | | | | 21.25 | 22.3 |
| 16 | 16 | 44.277 | 86.286 | 水源地53# | 73 | 467.82 | | | | | 30.7 | 32.07 |
| 17 | 17 | 44.222 | 86.418 | 乐土驿镇变电所 | 70 | 495 | | | | | | |
| 18 | 18 | 44.247 | 86.435 | 包家店镇新光六队 | 80 | 481.47 | | | | | 16.2 | 16.85 |
| 19 | 19 | 44.220 | 86.378 | 包家店镇王传文井 | 80 | 510 | | | | | 67.41 | 68.53 |
| 20 | 20 | 44.374 | 86.224 | 兰州湾乡广西二队 | | 433.26 | | | | | 6.42 | 6.35 |
| 21 | 21 | 44.693 | 86.324 | 包家店镇繁育场 | 90 | 493.02 | | | | | 52.18 | 53.31 |
| 22 | 22 | 44.308 | 86.230 | 包家店镇保林六队 | | 448.03 | | | | | 17.81 | 19.08 |

为得到平原区子流域上的潜水埋深，根据章节 6.1.2 的介绍，将位于子流域边界内的栅格值进行面积的加权平均，得到整个子流域地下水埋深值。玛河流域内山区和山前带地下水埋深条件和平原区差异较大，本次评估认为山区地下水埋深均在不干旱的范围内，故除观测井覆盖的平原区子流域外，其余各子流域地下水埋深都设为 0。根据上述步骤将子流域内潜水埋深分级得到子流域潜水埋深分布，见图 6.4（a）。其中除观测井覆盖的平原区子流域外，其余子流域均划为"无旱"级别。

#### 6.2.3.2 NDVI

本书所采用的 NDVI 数据来自长时间序列中国植被指数数据集[229]。该数据集包含三种遥感数据产品，分别为：SPOT VEGETATION，MODIS 和 AVHRR。本书采用 SPOT VEGETATION 和 AVHRR 的植被 NDVI 指数数据集，前者是基于 1km 的从 1998 年 4 月 1 日至今每 10 天合成的四波段光谱反射率及 10 天最大化 NDVI 数据集；后者是基于 1°的 1981 年 7 月至 2006 年底 NOAA/AVHRR 每 15 天合成的最大化 NDVI 数据集。

长时间序列中国植被指数数据集需要用遥感软件打开和处理。本书应用 ENVI 软件，输入大区域内的 NDVI 影像数据，经过投影和数据格式转换，利用流域边界矢量图层，得到本流域内各期 NDVI 指数栅格数据（GRID 格式），以便进行各子流域内的 NDVI 提取和计算。年尺度用的是各年份 NOAA/AVHRR-NDVI 数据集 8 月上半月的数据，月尺度用的是 SPOT VGT-NDVI 数据集中 5—11 月中旬数据。

同潜水埋深一样，NDVI 栅格数据需要转化到各子流域上，利用章节 6.1.2 所述方法，对子流域边界内的栅格面积和栅格值进行统计，并对栅格值进行面积加权平均，得到各子流域的 NDVI 值，重新划分得到子流域上的 NDVI，以 NOAA/AVHRR-NDVI 数据集 2005 年 8 月上半月的数据为例，得到子流域的 NDVI，如图 6.4（b）所示。

以上干旱指标的计算除生态子系统潜水埋深指标受资料限制外，其余各指标均可计算年、月尺度上的指标值，可用于年过程和月过程的干旱综合评估。限于篇幅，下文在整个流域和各子系统年尺度的干旱评估中以典型年为例，月过程干旱评估以 2007 年 5—11 月为例，进行流域内年和月过程干旱状况的评估与分析。

## 6.3 干旱模糊综合评估

### 6.3.1 典型年选取

由模型模拟结果可计算得到 1981—2007 年 99 个子流域的气象、水文和农业干旱指标，限于篇幅，本书仅给出典型年各子流域的评估结果。典型年根据降水量选取，由于空间差异性，根据每个水文气象站计算得到的典型降水频率年很可能不一致，石河子、乌苏、克拉玛依和肯斯瓦特站气象数据系列均超过50年，经过比较分析，石河子典型降水频率年多在模拟期间1981—2007年内，且石河子位于流域中部的平原区，降水量较有代表性，故本书选择石河子气象站降水排频作为典型降水频率年，所选典型年见表6.4。

表6.4　　　　　　　　石河子气象站典型降水频率年及相应降水量

| 降水频率 | 50％ | 73.68％ | 75％ | 90％ | 95％ | 多年平均 | 5.26％ |
|---|---|---|---|---|---|---|---|
| 典型降水频率年 | 1995 | 1989 | 1963 | 1982 | 1991 | 1990 | 2004 |
| 年降水量/mm | 208.8 | 175.6 | 172.2 | 144.8 | 129.1 | 209.95 | 308.4 |

其中75％降水频率年为1963年，不在模拟系列内，故以73.68％降水频率年1989年代替；石河子站多年平均降水为209.95mm，对应的年份为1990年（210.7mm）；2004年作为丰水年也给出了评估结果。

## 6.3.2　指标分级阈值及分级隶属度

根据国内外通用的指标分级阈值及内陆河流域的实际情况，确定指标分级标准，并根据分级阈值确定干旱等级的分级隶属度。

### 6.3.2.1　分级阈值确定方法

对于西北内陆河流域的气象、水文、农业和生态评估指标，没有统一的干旱等级划分阈值，而阈值的确定对干旱评估与区划相当重要。对于干燥度指标，国内外有成熟的研究结果，本书直接引用。对于降水距平值、径流距平值和年产水量距平值的分级阈值选取则是基于概率统计的思想，根据研究区子流域各值长系列（1981—2007年）计算结果，从小到大进行排频，分别取45％、30％、15％和5％频率对应的距平值为正常与轻旱、轻旱与中旱、中旱和重旱、重旱和特旱的临界值。

对于Z指数和土壤相对湿度指标，虽有相关的研究和分类标准，但由于内陆河流域本身的自然环境和下垫面状况已经适应了干旱区的大气候，原有标准并不适合本流域；作物缺水指数的范围在0～1之间，在内陆河流域，作物的实际蒸发远小于参考作物蒸发量，该指标的分级参考内陆河流域实际蒸散发与潜在蒸发能力的比值；作物综合干旱指数大于1属于湿润状况，指标值越小越干旱。以上几个指标根据本流域的实际情况，选择6个典型频率年99个子流域的指标值，按照指标的正、负向性，对指标进行排频，分别设45％、30％、15％和5％频率下对应的指标值为干旱等级划分的分级临界值（见表6.5）。

表 6.5           评估指标的分级标准

| 评价指标 | 无旱 | 轻旱 | 中旱 | 重旱 | 特大干旱 |
|---|---|---|---|---|---|
| 干燥度 | <1.0 | 1.0~2.7 | 2.7~3.5 | 3.5~16 | ≥16 |
| 降水距平/% | >−6.24 | −17.48~−6.24 | −27.60~−17.48 | −39.96~−27.60 | <−39.96 |
| Z 指数 | >−0.206 | −0.358~−0.206 | −1.459~−0.358 | −1.847~−1.459 | <−1.847 |
| 径流距平/% | >−7.209 | −19.128~−7.209 | −55.037~−19.128 | −70.098~−55.037 | <−70.098 |
| 年产水量距平/% | >−8.045 | −45.914~−8.045 | −61.008~−45.914 | −71.979~−61.008 | <−71.979 |
| 土壤相对湿度/% | >38.8 | 26.3~38.8 | 13.9~26.3 | 5.9~13.9 | <5.9 |
| 作物缺水指标 | <0.869 | 0.869~0.885 | 0.885~0.899 | 0.899~0.913 | >0.913 |
| 作物综合干旱指数 | >0.662 | 0.628~0.662 | 0.559~0.628 | 0.485~0.559 | <0.485 |
| 植被归一化指数 | >0.4 | 0.28~0.4 | 0.22~0.28 | 0.14~0.22 | <0.14 |
| 地下水埋深/m | <3.24 | 3.24~5 | 5~8.12 | 8.12~20.67 | >20.67 |

  植被归一化指数 NDVI 值的范围在 −1~1 之间，但 NDVI 值小于 0 时，地面为雨、雪、水等反射可见光部分强烈的区域，NDVI 值等于 0 时，地面为裸岩、沙砾等无植被地带，有植被的地带 NDVI 值大于 0，且随着植被覆盖度的提高而增加，故当 NDVI 值等于 0 时，归为特大干旱级别，当 NDVI 值小于 0 时，归为正常级别，并参考上述频率方法，以 45%、30%、15% 和 5% 频率对应的指标值将其在 (0，1] 范围内分级。对于地下水埋深分级临界值的确定说法不一，本书参考西北地区以往的研究结果[230]以及干旱区植物群落生长特点确定该指标的分级，如地下水埋深小于 2.0m 的最适植物群落是湿生的芦苇，埋深在 2~3.5m 的适宜植物群落有胡杨林、柽柳等，埋深在 4m 左右范围适宜梭梭的生长[231]，并根据指标排频的结果，确定地下水埋深在 0~3.24m 为"正常"级别。

  径流距平、NDVI 等水文和生态指标分级阈值的确定采用了基于概率分析的方法，一方面使分级标准具有实际的统计意义，并符合流域的实际情况；另一方面减少了部分人为因素对指标阈值的主观影响，使得分级标准更客观。

## 6.3.2.2 指标阈值分级隶属度

  根据指标的分级阈值，基于模糊分级理论，计算指标值所属的干旱等级，建立分级指标的模糊相对隶属度矩阵，见表 6.6。

表 6.6           指标分级隶属度

| 干旱等级 | 干燥度 | 降水距平/% | Z 指数 | 径流距平/% | 年产水量距平/% | 土壤相对湿度/% | 作物缺水指标 | 作物综合干旱指数 | 植被归一化指数 | 地下水埋深/m |
|---|---|---|---|---|---|---|---|---|---|---|
| 无旱 | 1 | 1 | 1 | 1 | 1 | 1 | 1 | 1 | 1 | 1 |
| 轻旱 | 0.887 | 0.897 | 0.914 | 0.86 | 0.56 | 0.68 | 0.798 | 0.86 | 0.77 | 0.96 |
| 中旱 | 0.833 | 0.361 | 0.293 | 0.42 | 0.39 | 0.36 | 0.634 | 0.59 | 0.59 | 0.84 |
| 重旱 | 0.215 | 0.192 | 0.074 | 0.24 | 0.26 | 0.15 | 0.46 | 0.29 | 0.37 | 0.55 |
| 特大干旱 | 0 | 0 | 0 | 0 | 0 | 0 | 0 | 0 | 0 | 0 |

### 6.3.3　指标权重

本书采用主观赋权和客观赋权相结合的方法为评估指标赋权重（见章节4.3.5），利用了层次分析法、专家打分法和熵权法三种分别得到准则层及指标层权重，见表6.7。

**表 6.7　三种赋权方法指标权重结果**

| 方法 | 准则层 | 气象子系统(B1) | 水文子系统(B2) | 农业子系统(B3) | 生态子系统(B4) |
|---|---|---|---|---|---|
| 层次分析法 |  | 0.340 | 0.282 | 0.242 | 0.136 |
| 专家打分法 | W | 0.249 | 0.184 | 0.407 | 0.160 |
| 熵权法 |  | 0.277 | 0.193 | 0.314 | 0.217 |

| 方法 | 指标层 | 干燥度(C11) | 降水距平(C12) | Z指数(C14) | 径流距平(C21) | 产水量距平(C22) | 土壤相对湿度(C31) | 作物缺水指数(C32) | 作物综合干旱指数(C33) | 植被归一化指数(C41) | 潜水埋深(C42) |
|---|---|---|---|---|---|---|---|---|---|---|---|
| 层次分析法 |  | 0.111 | 0.492 | 0.397 | 0.510 | 0.490 | 0.329 | 0.316 | 0.355 | 0.531 | 0.469 |
| 专家打分法 | V | 0.072 | 0.759 | 0.170 | 0.762 | 0.238 | 0.299 | 0.223 | 0.478 | 0.365 | 0.635 |
| 熵权法 |  | 0.372 | 0.360 | 0.268 | 0.527 | 0.473 | 0.317 | 0.331 | 0.352 | 0.496 | 0.504 |

**表 6.8　综　合　权　重**

| 准则层 | 气象子系统（B1) | | 水文子系统（B2) | | 农业子系统（B3) | | | 生态子系统（B4) | |
|---|---|---|---|---|---|---|---|---|---|
| W | 0.347 | | 0.289 | | 0.230 | | | 0.134 | |
| 指标层 | 干燥度 | 降水距平 | Z指数 | 径流距平 | 产水量距平 | 土壤相对湿度 | 作物缺水指数 | 作物干旱指数 | 植被归一化指数 | 地下水埋深 |
| 相对 V | 0.103 | 0.497 | 0.401 | 0.509 | 0.491 | 0.315 | 0.316 | 0.369 | 0.526 | 0.474 |
| 绝对 V | 0.036 | 0.172 | 0.139 | 0.147 | 0.142 | 0.073 | 0.073 | 0.085 | 0.070 | 0.063 |

利用三种方法计算得到的评估指标权重各不相同，层次分析法和专家打分法赋权主要受人为因素影响，为减弱这种影响，本书采用熵权法和层次分析法相结合的赋权方法得到综合权重，见表6.8。其中相对 V 为相对于准则层 B 的指标权重，绝对 V 为相对于目标层 A 的指标权重。

### 6.3.4　典型年和月过程干旱评估结果

根据指标值计算公式，得到99个子流域5%（2004年）、多年平均、50%、75%、90%和95%降水频率年的干旱指标值。基于最大熵理论的模糊综合评估模型，首先进行气象、水文、农业和生态子系统干旱评估，而后对流域干旱状况进行模糊综合评估，评估结果见附表3～附表6。经过各子系统评估后，根据准则层权重进行流域干旱模糊综合评估，评估结果见附表 7 和图 6.5。

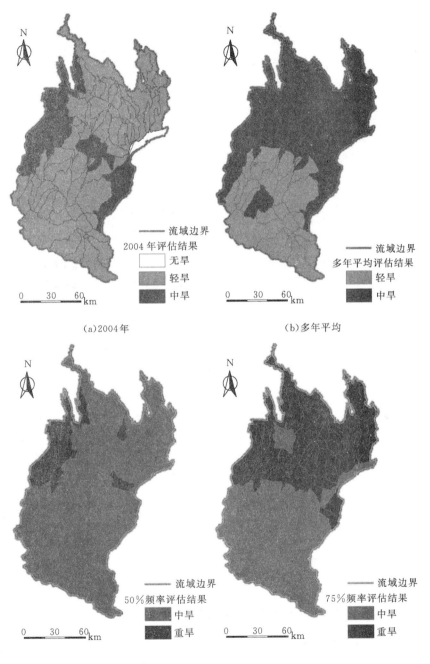

(a)2004年　　　　　　　　　　　　　　　(b)多年平均

(c)50％频率年　　　　　　　　　　　　　(d)75％频率年

图 6.5 （一）　六个典型年干旱综合评估结果

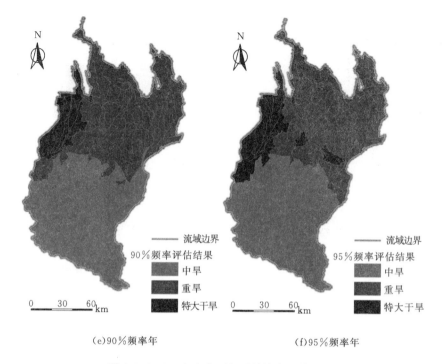

(e)90％频率年　　　　　　　　　　　(f)95％频率年

图 6.5（二）　六个典型年干旱综合评估结果

　　其中生态干旱评估指标中获得的地下水埋深数据年份有限，仅有 1999 年、2000 年、2004 年、2005 年、2007 年、2008 年和起测年，以及 2007 年 1 月至 2008 年 7 月的潜水埋深数据，故本书参考实测数据年份的降水频率，分别作为各典型年的潜水埋深指标：多年平均参考 2000 年潜水埋深值，50％降水频率年参考 2005 年，75％、90％和 95％降水频率年均参考 2008 年埋深值；受潜水埋深数据资料限制，本书选择 2007 年（石河子气象站降水频率为 17.54％，降水量为 257.3mm）5—11 月作为月过程干旱评估算例，按照年过程评估的指标计算和综合评估方法，得到 2007 年月过程评估结果，见图 6.6。

　　限于篇幅，2007 年月过程各子系统综合评估结果未列出，仅给出各月干旱综合评估结果（见附表 8）。

## 6.3.5　增温增雨情境下典型年评估结果

　　在各水文气象站气温增加 10％和降水增加 20％两种情境下，基于 SWAT 模型预测结果，根据以上计算步骤，进行干旱评估指标的计算和干旱模糊综合评估。评估结果见图 6.7 和图 6.8。

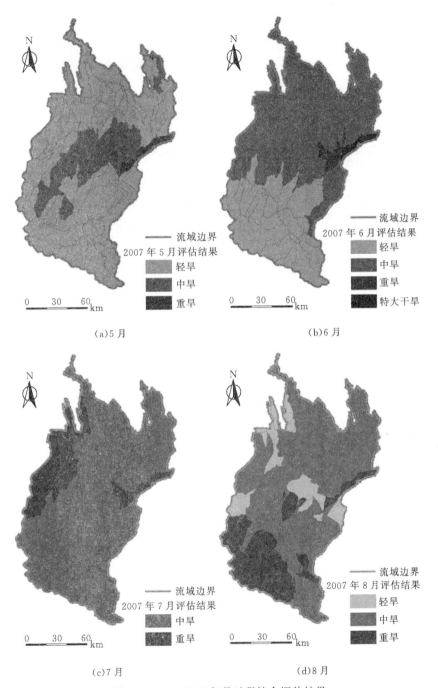

(a)5月

(b)6月

(c)7月

(d)8月

图 6.6（一） 2007 年月过程综合评估结果

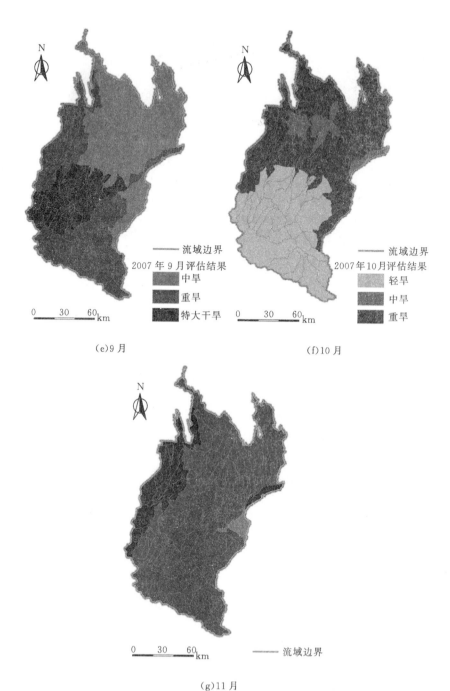

(e)9 月

(f)10 月

(g)11 月

图 6.6（二）　2007 年月过程综合评估结果

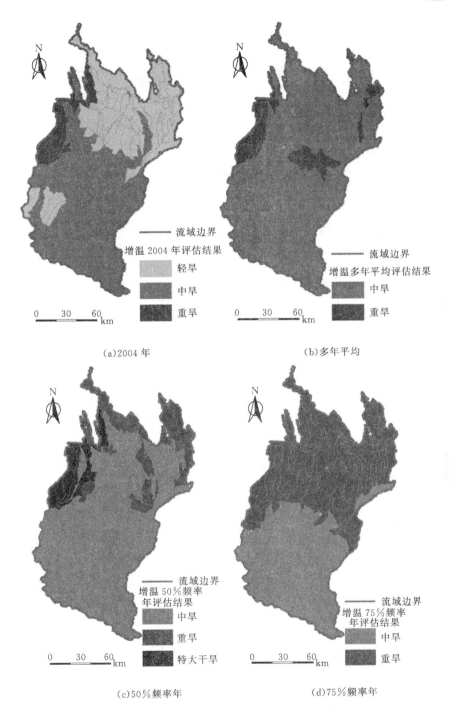

(a)2004 年

(b)多年平均

(c)50%频率年

(d)75%频率年

图 6.7（一） 增温情境下流域干旱模糊综合评估结果

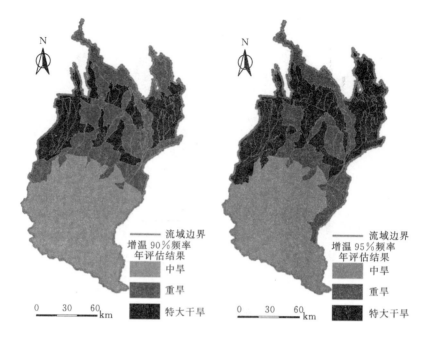

(e)90％频率年　　　　　　　　　　(f)95％频率年

图 6.7（二）　增温情境下流域干旱模糊综合评估结果

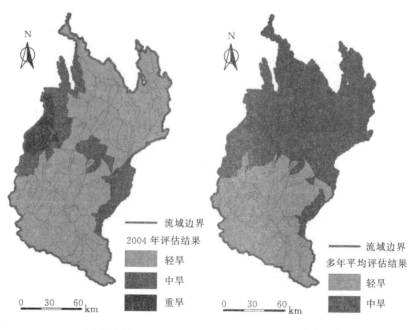

(a)2004 年　　　　　　　　　　(b)多年平均

图 6.8（一）　增雨情景下流域干旱模糊综合评估结果

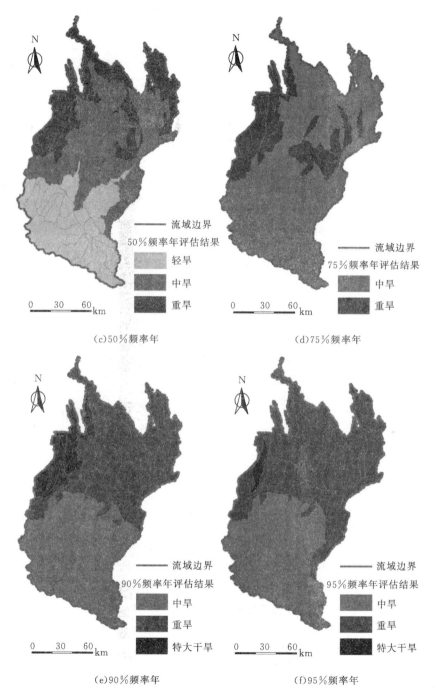

(c)50%频率年      (d)75%频率年

(e)90%频率年      (f)95%频率年

图 6.8（二） 增雨情景下流域干旱模糊综合评估结果

## 6.4　干旱评估结果分析

### 6.4.1　评估结果与历史统计资料的对比分析

由于统计数据大多是按照行政区划统计上报的，没有具体针对玛河流域旱情及旱灾的历史统计资料；且旱情统计多基于农业旱灾和天然径流减少情况。本节根据相关统计数据，利用附近县市旱情资料简要对照分析本书的评估结果。

根据灌溉农业区易旱季节统计，流域内的玛纳斯县和奎屯市属于夏旱类型，即旱季为 6—8 月，大部分位于流域内的克拉玛依市和沙湾县属于春夏旱类型，旱季为 5—6 月。石河子市、玛纳斯县附近由于降水或天然河道来水较少而发生较严重干旱的事件为：1995 年和 1997 年的春旱，2005 年的春夏旱，2006 年和 2007 年的春旱和夏秋连旱。

由于灌溉农业区位于本流域的北部，从 2007 年 5—11 月北部各子流域的水文和农业干旱状况看，5 月份各子流域在径流上表现为轻旱，在农业上表现为中旱，6 月份以后水文径流和水资源量上表现出供水不足，农业墒情出现水分亏缺，玛纳斯县出现夏秋旱，沙湾县出现秋旱，奎屯市和乌苏市出现夏秋旱，见表 6.9。

表 6.9　　　　　　　　　　流域内县级水文、农业干旱统计

| 县（市） | 5 月 | 6 月 | 7 月 | 8 月 | 9 月 | 10 月 | 11 月 |
|---|---|---|---|---|---|---|---|
| 玛纳斯县 | 轻、中旱 | 中、重旱 | 重旱 | 重旱 | 重旱 | 重旱 | 重旱 |
| 沙湾县 | 轻、中旱 | 重旱 | 重旱、无旱 | 重旱 | 重旱 | 重旱 | 重旱 |
| 奎屯市 | 轻、中旱 | 特、重旱 | 重旱 | 重旱 | 重旱 | 重旱 | 重旱 |
| 乌苏市 | 轻、中旱 | 重旱 | 重旱 | 重旱 | 特、重旱 | 特、重旱 | 重旱 |

2007 年流域内各县的旱情与历史统计的 2007 年出现春旱和夏秋旱情况基本吻合，但本书未评估其他年份的旱情，故不能得到易旱季节的分布。由于数据不充分，评估结果可能存在些许偏差，但总体干旱状况与统计相似，结论具有一定的可靠性。

### 6.4.2　流域干旱总体特征及时空分布

#### 6.4.2.1　总体特征

玛河流域水源主要是冰川融水和山区降水，径流年际变化大，且呈连续丰水和连续枯水的特点，水文气象干旱时有发生。流域内灌溉农业发达，下游平原区耕地面积不断增加，随着国民经济发展和生态保护的需要，水资源供需矛盾日益突出。虽然玛河上已建成拦河引水枢纽 2 座，大、中型平原水库 5 座，

灌溉渠系配套，水资源开发利用程度较高，但由于玛河水资源总量并未发生大变化，导致上游灌区的季节性缺水长期未能解决，人工绿洲灌溉保证率得不到提高；且径流年内分配集中，7月和8月的径流占全年的54.01％，4月和5月的径流仅占7.36％，在作物生长期，特别是作物萌蘖的春夏季节，用水极为不利，容易发生"卡脖子旱"；而在人工绿洲区内部某些区域，又因地下水位上升而造成局部面积土壤次生盐渍化，农作物难以正常生长，使已有耕地弃耕后演化成盐碱地。流域内水资源利用不能得到优化配置，土壤盐渍化、沙化问题突出，甚至产生局部地下水超采等问题，严重影响绿洲生态环境的改善和天然绿洲生态系统的稳定。有资料显示，石河子市地下水位以平均每年0.6m的速度下降，在开垦区内人工绿洲的边缘，水资源利用不当导致区域性水位下降，部分天然绿洲带出现沿古河道植被枯萎退化现象，由长年生植物演变为短期生长植物。

### 6.4.2.2　时空分布规律

在时间尺度上，尽管干旱区年降水量相差较小，但不同的降水频率年干旱状况仍有较大差异，随着典型年年际降水量减少以及降水量影响下的径流量、地下水位及植被覆盖的变化，干旱状况在年际呈现加重的趋势。以2007年的月尺度评估结果看，干旱在年内的发生发展也具有一定的规律性：在作物生长的5月，由于冰川融雪的补给，流域内干旱状况不明显，随着作物生长需水量的增加，6月和7月逐渐显现出一定的缺水迹象，8月份可能由于降水量和灌溉水量的增加，旱情有所缓解，9—11月份为作物成熟和收割季节，灌溉量减少，植被覆盖相应下降，旱情呈加重的趋势。

在空间尺度上，无论是典型年旱情、增温增雨情景下典型年干旱状况，还是2007年各月干旱过程，总体上流域南部山区较北部平原区轻，作物生长季节较其他季节轻，奎屯市和石河子市附近及石河子市以东的部分地区较其他地区旱情严重；2007年8月、9月份，估计由于灌溉和降水的原因，流域南部山区旱情较北部地区严重。

## 6.4.3　干旱成因与趋势分析

从干旱分布图来看，本流域干旱状况受流域的自然地理、水文气象、水利工程设施、下垫面和作物生长季节等因素的综合影响。

### 6.4.3.1　自然地理条件

本流域南部为山区，是流域水资源的产汇流区，植被覆盖度高，且随高程分层结构明显，水资源量较多，受水分影响较小，干旱不易发生；北部为水资源耗散区，天然植被覆盖度较低，对水分的增减十分敏感，干旱状况易发生，同时也易解除。这种自然因素是流域经过数百年演化形成的，未来还将影响流域的干湿状况。

### 6.4.3.2　气象条件

降水量是决定各类干旱严重程度的主要因素，是水平衡和水循环中的主要过程，它不仅是气象干旱的主要影响因子，也是影响其他各类干旱严重程度的主导因素。从石河子气象站典型降水频率年的综合评估结果可以看出，随着降水量的减少，各年份干旱状况逐步加重。在全球气候变暖这一大气候影响下，西北地区和玛河流域暖湿气候可能还要持续一段时间，根据多年平均降水条件下情境预测的结果，气温增加 10% 的情况下，中旱区域的面积相对减少 2.89%，重旱区域面积增加 31.19%；在降水增加 20% 的情况下，中旱面积相对减少 32.12%，流域内已无重旱现象，减少的重旱面积占总流域面积的 8.48%，而轻旱现象出现，轻旱面积占总流域面积的 40.6%。持续高温少雨是引发干旱的最主要原因，降水量和冰川融水对流域干旱状况的影响仍占主要地位。

### 6.4.3.3　水文条件

与北疆多数混合型补给河流相似，玛河径流冰川融水补给的比重较高（占 34.6% 左右），其径流量主要受气温和降水的影响，年径流量的多寡尤其与气温的高低有着显著联系。同时气温和降水又相互制约，即夏季天气晴朗气温较高时，高山区永久性积雪和冰川融水量增加，此时降水量相对不大；阴雨天气时气温偏低，冰雪融水量减少，而中低山区降雨产流较多。这种相互制约的关系使玛河径流量的年际变化相对平稳，但近几年由于受全球气候变化的影响，年径流量增加，年际变化更明显，致使玛河整个径流系列的 $C_v$ 值由 0.12 增至 0.18，$C_s$ 值由 0.66 增至 1.62（出山口红山嘴径流系列，见图 6.9），影响十分显著。

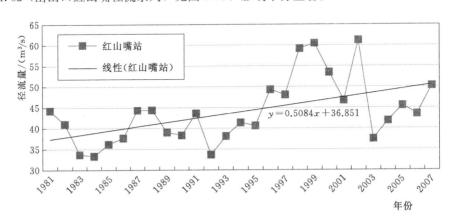

图 6.9　红山嘴站径流变化

除此之外，玛河径流量年内分配十分不均。3—5 月份，玛河平均来水仅为 1.22 亿 m³，为全年径流量的 9.7%；6—9 月份来水量占全年径流量的

76.21%，且来水量受昼夜温差的影响，变化也较大；枯水段（11—4月）径流量只占全年总量的10.86%，枯水流量主要依靠冰川融水和地下潜流补给。其中，11月和4月受气温和降雨的影响，年际间变化相对偏大；12月至次年3月各月流量变化相对比较稳定，变幅不大。受西北整体气候变化趋势的影响，气温降水的变化可能引起玛河年径流量年内分配过程的较大变化。

### 6.4.3.4  水利工程措施

在降水量较为集中的5—10月，水利工程对径流的分配作用对干旱的影响较为显著。流域出山口以下地表水开发利用率较高，地表水资源利用主要依靠上引下蓄的方式实现，在作物需水较多的8月、9月份，由于北部平原区灌溉水量和降水量的增加，南部山区则呈现较干旱的状态。另外，红山嘴渠首在出山口可以控制全灌区316.30万亩灌溉面积，但5座大中型平原水库均在灌区中部，只能控制北部65%左右的灌溉面积。目前灌区在春季只能采取尽量为上游灌区配水，下游先用库水的方式运行，一旦玛河来水不足或不及时，上游就会受旱。南部灌区（接近流域中部）为摆脱旱情，被迫在春秋两季过多地开采地下水，导致局部地区超采严重，特别是石河子灌区，工农业均开采地下水，局部地方形成漏斗，造成区域生态干旱较为严重。这种状况只有在流域水资源达到合理、高效配置的情况下，才可能缓解。肯斯瓦特水利枢纽建成运行后，预计将大大改善流域水资源配置格局。

### 6.4.3.5  下垫面条件

土壤性质、耕作措施和施肥等对干旱程度也有较大影响。土壤含水层可调节降水及灌溉水下渗速率，流域南部山区为草甸土、灰褐色森林土和黑钙土等，具有较好的持水性，南部多为棕钙土、灰漠土和盐土等，持水性相对较差，这种差异也是导致南部和北部干旱风险不同的原因之一。耕作和施肥措施可调节作物根系层土壤水的蒸发量，休耕或免耕区的土壤蒸发量相对较小。另外，流域北部平原区为灌溉绿洲，受作物生长季节和种类的影响，北部旱情在不同的季节变化较大：5—6月份作物生长需水较多，易发生春旱；10—11月份需要灌水保墒，可能发生秋旱。这种情况的改善有待于未来作物品种的改良、种植结构的调整和作物生长季节的变化等。

### 6.4.3.6  经济社会快速发展

天山北坡经济带水资源承载能力与区域经济社会发展格局极不协调，由于奎屯市、乌苏市和玛纳斯县等经济社会发展速度较快，非农社会经济需用水增加，在需用水量的高峰期河道来水量不能满足需求，从而挤占农业和生态用水，造成正常来水年份干旱缺水程度超出正常旱情。跨流域调水、节约用水和提高水综合利用率是解决区域水资源分布不均和资源性缺水矛盾、缓解流域旱情的根本途径。

## 6.4.4　干旱类型时空演化定量分析

### 6.4.4.1　单个子流域干旱类型演化定量分析

以红山嘴水文站所在子流域 65 为例，定量分析气象、水文、农业和生态干旱类型在各典型年和月尺度上的时间变化过程，比较增温增雨条件对各干旱类型的影响。

1. 年尺度

子流域 65 在 2004 年、多年平均、50%、75%、90% 和 95% 降水频率年的干旱状态见表 6.10。从表可以看出其所处的干旱状态，但并不能反映子流域中各干旱类型对综合评估结果的贡献量，以及随时间变化的规律。

基于各干旱类型的权重和模糊评价过程，定量分析各典型年不同干旱类型对综合评估结果的贡献量，即以综合干旱等级的模糊隶属度值为标准，计算不同干旱类型模糊隶属度的比重，以此来分析干旱类型在时间上发生演变的可能性。

表 6.10　　　　　　　　　　　子流域 65 各年干旱等级

| 干旱类型 | 情景 | 降水频率 | | | | | |
|---|---|---|---|---|---|---|---|
| | | 5% | 多年平均 | 50% | 75% | 90% | 95% |
| 综合干旱 | 正常 | 中旱 | 中旱 | 中旱 | 中旱 | 重旱 | 重旱 |
| | 增温 | 中旱 | 中旱 | 中旱 | 重旱 | 重旱 | 重旱 |
| | 增雨 | 中旱 | 中旱 | 轻旱 | 重旱 | 重旱 | 重旱 |
| 气象干旱 | 正常 | 中旱 | 中旱 | 轻旱 | 中旱 | 中旱 | 中旱 |
| | 增温 | 中旱 | 中旱 | 轻旱 | 中旱 | 中旱 | 中旱 |
| | 增雨 | 中旱 | 轻旱 | 轻旱 | 中旱 | 中旱 | 中旱 |
| 水文干旱 | 正常 | 中旱 | 中旱 | 中旱 | 中旱 | 中旱 | 中旱 |
| | 增温 | 重旱 | 重旱 | 重旱 | 重旱 | 重旱 | 重旱 |
| | 增雨 | 中旱 | 中旱 | 重旱 | 重旱 | 重旱 | 重旱 |
| 农业干旱 | 正常 | 中旱 | 中旱 | 中旱 | 中旱 | 重旱 | 重旱 |
| | 增温 | 中旱 | 中旱 | 中旱 | 中旱 | 重旱 | 重旱 |
| | 增雨 | 中旱 | 轻旱 | 中旱 | 中旱 | 重旱 | 重旱 |
| 生态干旱 | 正常 | 重旱 | 中旱 | 中旱 | 重旱 | 重旱 | 重旱 |
| | 增温 | 重旱 | 中旱 | 中旱 | 重旱 | 重旱 | 重旱 |
| | 增雨 | 重旱 | 中旱 | 中旱 | 重旱 | 重旱 | 重旱 |

从表 6.11 可以看出，尽管干旱类型所占比重变化较小，但在正常模拟、增温和增雨三种情景中，多年平均状况下气象因素随降水量的减少所占比重在

增加，正常模拟情况下比重小于增温和增雨情景，增温情景下气象因素所占比重最大。

**表 6.11　　　　典型降水频率年不同情境下各干旱因素所占比重**

| 干旱类型 | 情景 | 降水频率 | | | | | |
|---|---|---|---|---|---|---|---|
| | | 5% | 多年平均 | 50% | 75% | 90% | 95% |
| 气象干旱 | 正常 | 0.3477 | 0.3464 | 0.3466 | 0.3477 | 0.3477 | 0.3482 |
| | 增温 | 0.3482 | 0.3469 | 0.3471 | 0.3482 | 0.3486 | 0.3486 |
| | 增雨 | 0.3466 | 0.3464 | 0.3460 | 0.3482 | 0.3482 | 0.3482 |
| 水文干旱 | 正常 | 0.2892 | 0.2895 | 0.2897 | 0.2892 | 0.2892 | 0.2882 |
| | 增温 | 0.2882 | 0.2885 | 0.2887 | 0.2882 | 0.2885 | 0.2885 |
| | 增雨 | 0.2897 | 0.2895 | 0.2892 | 0.2882 | 0.2882 | 0.2882 |
| 农业干旱 | 正常 | 0.2297 | 0.2300 | 0.2301 | 0.2297 | 0.2297 | 0.2301 |
| | 增温 | 0.2301 | 0.2303 | 0.2305 | 0.2301 | 0.2292 | 0.2292 |
| | 增雨 | 0.2301 | 0.2300 | 0.2309 | 0.2301 | 0.2301 | 0.2301 |
| 生态干旱 | 正常 | 0.1333 | 0.1341 | 0.1336 | 0.1333 | 0.1333 | 0.1335 |
| | 增温 | 0.1335 | 0.1343 | 0.1338 | 0.1335 | 0.1337 | 0.1337 |
| | 增雨 | 0.1336 | 0.1341 | 0.1340 | 0.1335 | 0.1335 | 0.1335 |

水文干旱因素在丰水年和平水年增雨情境下所占比重最大，其次为正常模拟情景，在增温情景下比重最小；而在枯水年正好相反。在增雨情景下，随着降水量的减少，水文干旱因素所占比重不断下降；在正常模拟和增温情境下规律不明显。

农业干旱类型所占比重在正常模拟年份相差不多，但在丰水年和平水年所占比重较枯水年大，且呈现均随降水量的减少而增加的趋势；在增温情景下丰水年和平水年所占比重较枯水年大，但丰水年和平水年比重随降水量的减少而增加，枯水年呈现随降水量的减少而减少的趋势；在增雨情景下较其他年份大，但规律不明显。

生态干旱类型所占比重在正常模拟、增温和增雨情景下，丰水年和平水年较枯水年大，丰水年与枯水年分级较明显，且所占比重均随降水量的减少而增加。

2. 月尺度

2007 年 5—11 月子流域 65 干旱等级见表 6.12。从表中可以看出，子流域 65 总的干旱状况为从轻旱逐渐演变为重旱，而后减轻为中旱。其中除生态干旱一直处于中旱状态外，气象、水文和农业干旱类型变化规律不明显。

表 6.12　　　　　　　　2007 年 5—11 月子流域 65 干旱等级

| 干旱类型 | 5 月 | 6 月 | 7 月 | 8 月 | 9 月 | 10 月 | 11 月 |
|---|---|---|---|---|---|---|---|
| 综合干旱 | 轻旱 | 中旱 | 中旱 | 中旱 | 中旱 | 重旱 | 中旱 |
| 气象干旱 | 轻旱 | 轻旱 | 中旱 | 无旱 | 中旱 | 中旱 | 中旱 |
| 水文干旱 | 中旱 | 重旱 | 重旱 | 中旱 | 中旱 | 重旱 | 中旱 |
| 农业干旱 | 轻旱 | 轻旱 | 轻旱 | 轻旱 | 重旱 | 中旱 | 重旱 |
| 生态干旱 | 中旱 | 中旱 | 中旱 | 中旱 | 中旱 | 中旱 | 中旱 |

从表 6.13 可以看出，气象干旱类型除 8 月份外，所占比重随时间呈现逐渐变小的趋势；水文干旱类型则随时间呈现逐渐增大的趋势；农业干旱类型所占比重变化不明显；而生态干旱类型 5—7 月、8—10 月呈现随时间增加的趋势，在 8 月份出现转折。

表 6.13　　　　　　2007 年 5—11 月子流域 65 各干旱类型所占比重

| 干旱类型 | 5 月 | 6 月 | 7 月 | 8 月 | 9 月 | 10 月 | 11 月 |
|---|---|---|---|---|---|---|---|
| 气象干旱 | 0.3513 | 0.3499 | 0.3487 | 0.3494 | 0.3482 | 0.3460 | 0.3459 |
| 水文干旱 | 0.2850 | 0.2867 | 0.2872 | 0.2877 | 0.2882 | 0.2892 | 0.2905 |
| 农业干旱 | 0.2310 | 0.2300 | 0.2304 | 0.2297 | 0.2301 | 0.2309 | 0.2296 |
| 生态干旱 | 0.1327 | 0.1335 | 0.1337 | 0.1333 | 0.1335 | 0.1340 | 0.1339 |

### 6.4.4.2　流域干旱类型演化定量分析

以 2007 年 5—11 月各干旱类型干旱等级面积的变化情况分析流域各干旱类型在月尺度上的演化过程。

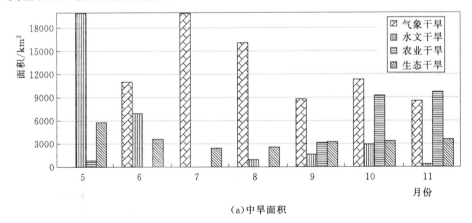

(a)中旱面积

图 6.10（一）　流域中旱和重旱等级面积 2007 年 5—11 月份月变化情况

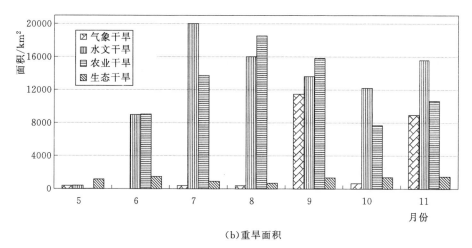

(b)重旱面积

图 6.10（二）    流域中旱和重旱等级面积 2007 年 5—11 月份月变化情况

以各月中旱和重旱等级面积为例，从各月份不同干旱类型中旱面积图上〔见图 6.10（a）〕可以看出，5 月份水文干旱造成的中旱面积占比重最大，但随着时间的推移迅速降低，转化为由气象干旱类型占主导；气象干旱造成的中旱面积随时间先增加后减小，而后转化为农业干旱造成的面积占主导；农业干旱造成的中旱面积随时间呈增加的趋势；生态干旱造成的中旱面积比较稳定，呈现先减后增的趋势。

从各月份不同干旱类型重旱面积图〔见图 6.10（b）〕上可知，水文和农业干旱造成的重旱面积占主导。水文干旱在 7 月份造成的干旱面积达到峰值，随后逐渐减少，但面积比重大；农业干旱与水文干旱趋势相似，但农业干旱造成的重旱最大面积出现在 8 月，比水文干旱滞后一个月；气象干旱造成的重旱面积在 9 月和 11 月较明显，其他月份几乎无影响；生态干旱造成的重旱面积各月较稳定，且面积很小。

### 6.4.4.3    干旱类型空间演化分析

以 2007 年 5—11 月各干旱类型干旱等级面积分布分析流域各干旱类型的空间演变规律，气象干旱类型空间变化趋势见图 6.11，农业干旱类型空间演变规律见图 6.12。

5 月份，流域大部分表现为：气象干旱和农业处于轻旱等级，奎屯地区气象干旱处于无旱等级，而此时水文干旱表现为中度干旱。6 月气象干旱在北部灌区演变为中度干旱，而水文和农业干旱均演变为重旱，南部山区气象和农业干旱类型仍为轻旱，水文上则表现为中旱。7 月气象干旱中旱等级扩大至全流域，水文上表现为全流域的重旱等级，农业重旱等级面积由平原灌区向南北两个方向蔓延。8 月沙湾县和玛纳斯县中部、奎屯市、乌苏市及克拉玛依市在流

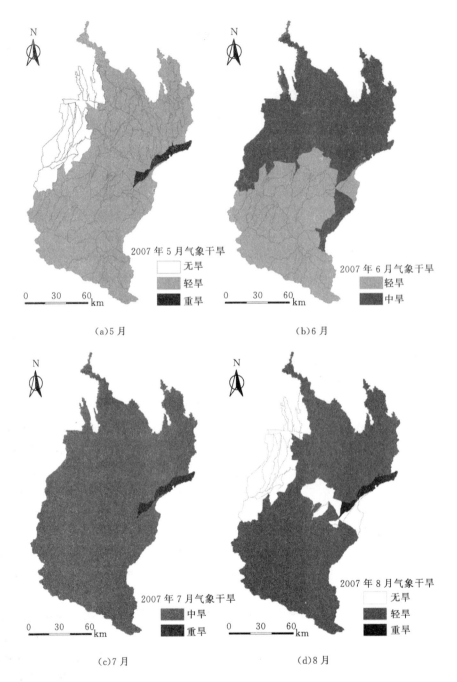

图 6.11（一）　气象干旱类型 2007 年 5—10 月空间分布变化

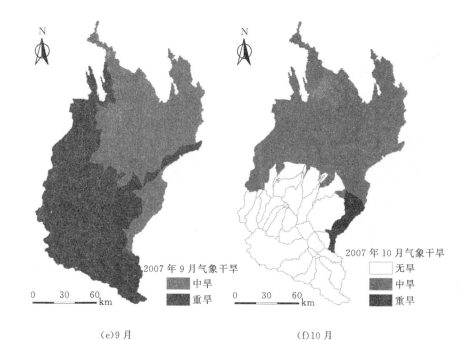

(e)9 月                (f)10 月

图 6.11（二） 气象干旱类型 2007 年 5—10 月空间分布变化

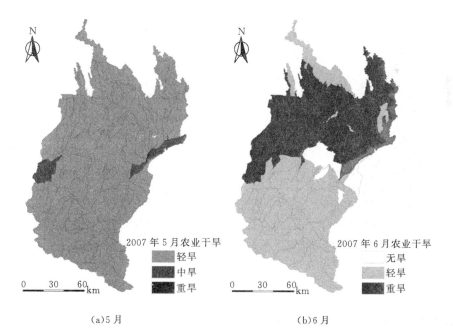

(a)5 月                (b)6 月

图 6.12（一） 农业干旱类型 2007 年 5—10 月空间分布变化

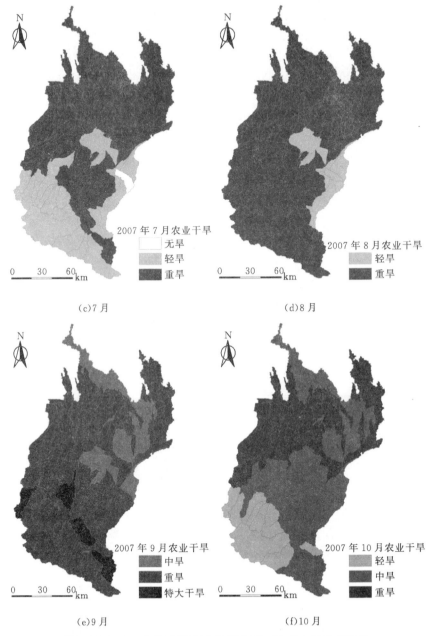

图 6.12（二）　农业干旱类型 2007 年 5—10 月空间分布变化

域内的部分在气象上表现为无旱等级，其余区域为中旱等级；奎屯市附近和沙湾县中部在水文干旱类型上表现为中旱和轻旱，其余区域则为重旱级别，北部新湖灌区部分面积则为特旱级别；除沙湾和玛纳斯县中部部分区域农业干旱级别为轻旱外，其他区域为重旱。9 月份南部山区气象旱情加重，演变为重旱区域，北部灌区仍为中旱级别；山区西南部部分子流域水文旱情进一步演变为重旱级别，石河子市附近区域减轻；农业旱情南部山区部分子流域进一步加重，而北部新湖灌区及玛河古河道附近区域旱情减轻，演化为中旱级别。10 月份南部山区气象旱情解除，演变为无旱级别，而北部灌区仍为中旱等级；水文旱情也有所缓解，西南部区域子流域变为轻旱状况，东南部区域仍为重旱，西岸大渠灌区旱情缓解为中旱，特旱等级面积大大减少；农业旱情也逐渐缓解，中旱面积扩大，重旱面积减少，并在西南部山区降低为轻旱级别，东南部降低为中旱级别，西岸大渠灌区仍为重旱级别。11 月份气象旱情南北两大区域差异明显，南部山区为重旱级别，北部灌区为中旱级别；农业旱情除沙湾县中部小部分面积外，全区域基本处于重旱以上级别，北部灌区旱情较重；农业旱情状况与气象相反，南部较北部旱情轻，南部山区缓解至中旱级别，北部灌区重旱面积则比 9 月份略微增加。

生态干旱类型 7 月、8 月份平原灌区大部分呈现无旱状态；石河子市附近由于地下水位较低，5—11 月一直呈现重旱状态；重旱区域外围为部分中旱区域；南部山区各月均为轻旱状态。限于篇幅，水文和生态干旱类型的空间变化图未给出。

## 6.5 本章小结

本章根据流域基本干旱特征，采用多因子的干旱评估指标体系对玛河流域的干旱状况进行评估，通过多因子干旱指标的计算和干旱等级划分，利用基于最大熵理论的干旱模糊综合评价方法，选择降水多年平均、5％、50％、75％、90％、95％降水频率年以及 2007 年 5—11 月，对流域内各子流域的典型年和月过程的干旱状况作出了模糊综合评估，并评估了增雨增雨两种情景下未来流域的干旱状况。相应的评估结果不但对认识流域内干旱状况有重要的科学和实践价值，而且对协调流域水资源-生态环境-经济发展之间的矛盾，实现流域社会经济与生态环境的健康、稳定及可持续发展也有一定的现实意义。

根据各干旱指标计算结果，考虑内陆河流域干旱的实际情况，对于分级阈值无成熟研究结果的评估指标，提出了基于概率的指标分级阈值确定方法；在综合比较分析了各空间插值模型优缺点的基础上，利用 Kriging 模型的数据空间展布技术和地理信息系统软件 ArcGIS 的绘图功能，对典型降水频率年、2007 年月过程的干旱状况综合评估结果和部分年份生态干旱评估指标的干旱等级区划结果进行绘图；在生态干旱评估指标的空间栅格数据转化为子流域面上的数据过程中，使用了面积加权平均的方法，得到子流域上相应评估指标的值，便于子流域上的图形显示和参与干旱模糊综合评估。

对于干旱模糊评估结果，采用历史资料和评估结果相对比、定性和定量相结合、单个子流域和整个流域相互印证的方法，对流域的整体干旱状况及等级区划、时空分布规律进行了分析，并进一步剖析了流域干旱成因及未来干旱趋势；利用典型年和月尺度的评估结果定量分析了干旱类型的时空演化规律。

干旱等级区划的质量主要取决于评估指标和结果的合理性与精确程度，本章一方面基于模糊不确定性理论提高了评估结果的精度，另一方面承认干旱状况的不可精确估计的现实，利用基于子流域单元的干旱等级区划方法，尽可能地为决策者提供充足的信息，从而为干旱风险管理和风险决策提供技术服务。

# 第7章 干旱风险管理与调控

干旱评估和干旱等级区划是干旱风险管理的一部分，其目的是了解旱情发生演变过程及其空间分布，预见性、针对性地采取具体措施减轻旱灾损失，为风险管理提供技术支撑。风险管理涉及人与自然两大类因素，牵涉到社会经济、生态环境、资源等各个方面，是衡量风险等级、减少风险所带来的社会损失的综合管理手段。随着全球气候变化和社会用水需求的不断增加，世界许多地区水资源供需矛盾日趋突出，旱灾时有发生，对经济社会和生态环境的影响越来越大。从国内外的抗旱经验和风险管理模式来看，推行主动预防的积极干旱风险管理模式，综合利用抗旱工程措施和法律、行政、经济、技术和教育等非工程措施，合理制定并因地制宜地实施有效的抗旱减灾措施，及时发布预警信息，能以较小的投入降低干旱风险发生的概率和旱灾损失。

## 7.1 干旱风险管理模式探索

干旱风险管理是在明确干旱诱因的基础上制定有关政策和减灾计划，启动干旱预警系统，从而为决策人员提供可靠的信息，以便其及时采取相关措施降低旱灾风险[223]。研究者除关注干旱风险管理措施外，主要研究基于干旱评估的风险管理，即在对干旱风险进行监测、识别、预测、评估的基础之上实施管理目标、手段和应对措施，包括对干旱期水资源管理、制定和实施干旱预案等。国际干旱风险管理总的趋势是由过去被动的应急抗旱和危机管理向主动和积极的风险管理模式转变，我国洪水风险管理多年的经验和近些年干旱风险管理的探索也已表明，国内的干旱危机管理模式已不适应新时期经济社会发展的需要[232]，需要探索积极的主动防御与应急管理相结合、注重主动防御，工程与非工程措施相结合、重视非工程措施，自上而下管理与自下而上辅助相结合、注重基层抗旱服务体系建设的干旱管理模式。

### 7.1.1 国外干旱风险管理经验

为应对各种自然灾害，世界许多国家在总结经验的基础上，建立了相应的防灾、抗灾和减灾体系，为我国风险管理模式的形成和管理思路转变提供了宝贵的经验。

（1）建立灾害早期预警系统，使人们提早知道干旱等灾害事件的发生，尽可能减轻灾害损失。随着各种自然灾害，特别是水旱灾害的频发，许多国家都在收集和整理较为详实的灾害性天气历史资料的基础上，建立了灾害天气预警系统；印度洋海啸发生以后，全球更发展了灾害预警系统。如葡萄牙和意大利建立了夏季高温预警体系帮助老人度夏，该措施很快推广到罗马、米兰、都灵、博洛尼亚、巴勒莫等 12 个城市。俄罗斯紧急情况事务部于 2001 年成立了抗灾中心，预测或监测到紧急情况时，该中心通过下属 6 个分部迅速将有关信息通报给地方政府部门、机关单位和大众传媒等，各媒体特别是电台及时通知大众。进入 21 世纪以来，英国为应对全球气候变暖、各种疫情等灾害，逐渐建立起以内阁、气象、交通、环境和紧急救援部门为基础的灾害预警和防范系统，为市民提供全面完整的防灾服务。美国是旱灾频发的国家，目前已建立多重气候观测网络，收集从陆地、海洋、大气和太空获得的各类气象数据，其灾害性预警包括监测-预警-信息传输-用户响应系统，预报技术设施先进、信息发布规范畅通、防御意识措施得力，在全球处于领先地位。

（2）细化干旱评估结果，制作干旱分布图，建立干旱防灾体系。为有效缓解干旱，特别是减小持续性、破坏性干旱造成的影响，美国建立了一系列减灾措施，包括建立干旱监测指标、实施降低系统脆弱性的风险管理：由国家干旱减灾中心（National Drought Mitigation Center，NDMC）、国家海洋大气局气候预测中心（NOAA/CPC）和农业部世界农业发展委员会（USDA/WAOB）合作开发了干旱分类系统[233]；进行农业旱灾影响与脆弱性评估，确定可行、有效的行动，降低旱灾风险等。联合国亚太社会经济委员会（UNESCAP）在联合国国际减灾战略秘书处、亚洲灾难防备中心、联合国防治荒漠化公约秘书处及美国内布拉斯州大学国际干旱信息中心（IDIC）的协助下，由世界环境基金支持，正在建设亚太区域干旱防灾系统。目前，阿富汗、柬埔寨、老挝、缅甸、巴布亚新几内亚、越南已加入了该体系，印度、巴基斯坦、泰国等也将加入。同时，随着各国家和地区对干旱管理的逐步重视，在区域干旱管理的基础上，全球干旱防灾网络（Global Drought Preparedness Network，GDPN）正在构建，它将为世界各地共享有关干旱管理的技术政策、早期预警、自动测报、干旱指标评价体系、干旱影响评估方法、减灾计划、应急方案、公众参与、开源节流的措施和方法等方面提供良好的经验交流平台[232]。

（3）制定干旱预案和干旱管理计划，主动防灾，减少旱灾损失。对于各种可能发生的不同程度的干旱，制定相应的防范措施，对干旱期水资源进行管理。韩国"中央灾害对策本部"汇集了韩国全国的各种气象、水文和其他灾情资料，分别制定了对策期和非对策期的应急预案。美国应对干旱的措施主要分为短期应急措施和长期应对措施，短期应急措施主要是通过政府应急资金对相关计划予以支持和援助；长期应对措施包括建立干旱指标，进行干旱预测、评估和风险管理。1991年，Wilhite出版了供各州制定干旱计划参照的"十步规划程序"[234]。监测和早期预警、风险分析以及减灾和应变行动是美国"应对干旱管理计划"的三大要素。

（4）加强非工程管理措施。印度在受旱严重的地区推行干旱适应计划和小额信贷保险计划，制定干旱管理规划，公布旱灾影响和评估结果等，促进干旱应对措施的公开讨论，并向可持续的方向转变。澳大利亚实施的新抗旱措施有：实施收入平等保证金计划和农场管理债券计划，实现农民收入的均衡；建立农业基金储蓄，帮助农民实施风险管理；根据预报实施风险管理，遇灾向农民提供福利补贴、国家提供特别基金等措施；种植转基因作物，利用卫星导航系统帮助农民进行精准农业的耕作和施肥等，采用先进的免耕少耕技术[234]。巴西政府通过统一的"国家家庭农业供给计划"和"旱灾补偿金"制度帮助农民应对旱灾，减轻其经济损失。西班牙采取分区供水、减少用水量、海水淡化等措施应对干旱。

（5）加强公众防灾意识，鼓励民众参与抗旱。日本的抗旱协会由河流管理者、用水者和当地政府等管理部门组成，干旱发生时在用水户和利益相关者之间进行协调和咨询，讨论各种干旱情况下可采取的措施。到1998年底，日本对其境内跨越两个县郡以上的86条河流成立了抗旱协会。澳大利亚联邦、州、区的部长于1992年第一次制定并通过国家干旱政策（National Drought Policy），于1997年修订，制定该政策的目的是鼓励农业直接生产者和其他农业部门依靠自身力量应付气候的多变性。

综上所述，国外干旱管理的经验主要包括干旱早期预警系统、干旱评估体系、干旱预案以及工程和非工程措施几个方面的内容。2007年，联合国国际减灾战略中心（UNISDR）公布了一份《旱灾风险缓减框架与实践》报告，明确了以旱灾风险和脆弱性为核心概念的干旱管理框架。该框架包括政策运行响应机制与政府管理、干旱风险评估与预警、知识普及与公众意识，以及有效的预防与减灾措施四大方面的内容[235]。该旱灾风险管理框架以及各国对旱灾管理的经验，对转变我国干旱风险管理理念、明确干旱管理职能、健全管理体系和提高干旱风险科学管理水平有较好的借鉴意义。

## 7.1.2　我国干旱风险管理模式的转变

20世纪90年代以来，美国开始实施"从洪水控制向洪水管理"的战略转变，国家干旱减灾中心（NDMC）提出的"十步规划程序"所关注的重点已从注重组织、协调和应对能力的危机管理转向风险管理。风险管理作为一种科学有效的管理模式正被越来越多的国家和地区所接受[232]。如20世纪90年代以前，澳大利亚抗旱对策以应急救援和危机管理为主，1989 年澳大利亚政府设立了干旱政策审核特别工作组，并于 1990 年提出转变干旱管理理念，1992 年澳大利亚政府提出了以农业结构调整、危机管理和可持续发展为主旨的新政策，2002 年农场主成立了具有 200 亿澳元的农业风险管理基金，专门用于应对类似于干旱的异常事件[236]。南非的干旱管理政策主要以畜牧业为中心不断进行调整或变更，经历了从 20 世纪 90 年代前的被动响应到 21 世纪主动管理的过程，逐渐加大对农业旱灾保险的投入，加强中长期气象预报的研究。

长期以来，我国干旱管理重"抗"轻"防"，难以做到以最小的投入取得最大的抗旱减灾效果；重工程措施，轻非工程措施，难以发挥工程设施的最大抗旱效益；重行政手段，轻经济、法律、科技手段，难以适应市场经济体制的要求；重经济效益，轻生态效益，难以满足经济社会可持续发展的要求[235]。近年来，随着科学风险管理模式的提出，干旱管理工作逐步从被动抗旱向主动、科学防旱转变，从应急抗旱向常规抗旱和长期抗旱转变的防旱减灾新思路与新理念正在逐步形成，干旱管理方式正在从现行的危机管理向风险管理转变[236]。2009 年 2 月，国务院原则性通过了首个具有法律意义的《中华人民共和国抗旱条例》，对抗旱工作的组织管理、旱灾预防、抗旱减灾、灾后恢复、法律责任等作了规定[235]。总体来说，今后干旱管理的发展方向是实施动态风险管理，即应用各种现代化技术，在基本监测资料快速收集、处理和传递的基础上，对干旱进行实时监测、预测、评估和动态信息发布。

### 7.1.3　玛河流域干旱风险管理模式

干旱风险管理是一种有组织、有计划、持续动态的管理过程，是政府及其他公共组织针对干旱发展的不同阶段采取的一系列控制行为，以期有效预防、处理和消弭干旱带来的损失[237]。干旱风险管理在内容上强调通过对干旱的主动干预，降低干旱灾害风险，在组织结构上强调社会各个部门的协作，在技术方法上强调科学性、系统性和准确性，其管理模式可能有多种多样。美国的干旱风险管理模式特征是自下而上由州政府推动联邦政府进行管理，尽管各州具体的管理政策不同，但绝大多数围绕节水这一中心任务展开。其干旱管理可分为 3 级：初级阶段一般是通过各种方式引起公众的注意（drought watch），次级是预警阶段（drought warning），最高级别为应急响应阶段（drought emergency）。干旱等级利用多个干旱指标计算确定，如 Palmer 干旱指数、降水、径流、水库蓄水、地下水水位等，每一个阶段都有明确的节水目标[235]。从我国的抗旱工作实践看，干旱管理已自上而下向风险管理的方向转变，且许多省市都相继开展了干旱预案编制，尽管这些工作还处于起步阶段。

以玛河流域的实际情况看，其干旱风险管理应有明确的目标与标准，在干旱期以降低用水需求、增加供水和减小干旱影响为重点，以区域水资源承载能力与供用水平衡计算系统、地表与地下水定量监测和预报系统、定量化旱情监测评估与预警体系为核心，综合利用工程、行政、经济、科技和教育等调控手段，在干旱风险系统研究、分析与评估的基础上合理配置水资源，避免或减轻旱灾风险，走可持续干旱管理体制之路，以调整人与自然之间的利害关系，协调社会、经济、生态系统的和谐发展。据此，本书提出玛河流域的干旱风险管理模式框架，见图 7.1。

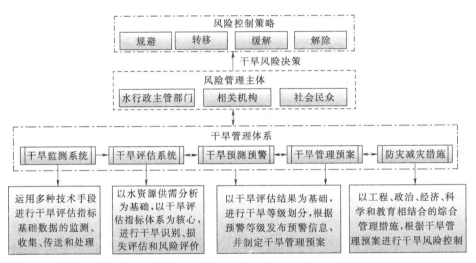

图 7.1 玛河流域干旱风险管理模式框架

## 7.2 基于水资源供需平衡和合理配置的干旱风险调控

在干旱管理模式中，除干旱评估预警系统外，另一重要的部分即防灾减灾措施的制定，一般把控制或降低风险的措施通常分为工程和非工程措施。工程措施是根据流域水资源供需平衡分析，在水资源合理配置的基础上进行流域内工程布置与建设；非工程措施是根据一定的条件，通过行政管理手段的推动落实、政策法规手段的强制执行、经济教育手段的补偿培训和科学技术手段的有力支撑，尽可能做到旱前预防、旱期合理配置水资源、旱后妥善处理和补偿，最大可能地减少旱灾损失。

### 7.2.1 工程措施

将工程措施分为：为保证流域总水资源量的水源涵养工程和跨流域调水工程；为保证工农业用水的流域蓄、引、提水工程，农田整治、农业节水灌溉、工业生活管网改造工程和人畜饮水解困工程，以及作物抗旱工程；为保护生态用水安全的地下水保护工程、植被修复工程等。

对于玛河流域来说，水资源供需平衡分析中在保证饮水、工业用水和最低的生态用水要求情况下追求区域上缺水程度的均化，使得干旱的破坏减到最低程度[238]；对现有水利工程的分水比例进行实时调整，对肯斯瓦特水利枢纽与下游的红山嘴水利枢纽实行联合调度和实时调度，追求流域水资源的合理配置和高效利用；对当地水资源进行挖潜，通过提高流域污水处理率和污水回用率增加可供水量；针对干旱严重区的具体情况，通过推广精准农业和耐旱作物新品种和生长期较短的作物，逐渐改变农业种植结构[239]，发展滴灌喷灌面积，采取休耕免耕技术等措施节约农业用水；在充分论证流域水资源可利用量的基础上，确定合理的灌溉面积，避免超过流域水资源承载能力；在可行的情况下可以通过跨流域调水来解决流域根本的水资源短缺问题等。通过各种工程措施，促进水资源的公平、合理配置和高效、可持续利用，使干旱风险在时间和空间上得以转移或降低。

## 7.2.2　非工程措施

将非工程措施分为四个方面：制定相关法律法规等政策强制性措施；实施紧急人工增雨，利用高科技设施增加干旱预报、评估和预警精度，制定生态用水实时调度方案、干旱管理预案、计划等科学技术手段；发放旱灾补偿金，建立旱灾保险基金等经济辅助诱导措施；为公众普及旱灾知识及预防措施教育宣传手段等。世界各地采用工程措施大体相同，但非工程措施差别较大，且更强调非工程措施的重要作用。

针对玛河流域抗旱管理体制不健全、旱情监测系统标准和技术水平较低、缺乏干旱管理预案等问题，作者认为应注意以下几个方面：

（1）在旱情信息采集、传递、分析等基础设施建设方面加大投入，尽快建立集旱情监测、传输、分析和决策支持于一体，涵盖水情、雨情、旱情变化及各种相关因素的干旱风险管理评估和预警平台，提高旱情发展趋势科学分析和预测的精度，增加抗旱决策的准确性、时效性和权威性。

（2）加大科研投入，确定社会经济及生态系统的用水需求，在流域水资源供需水平分析的基础上摸清流域干旱特征；建立比较科学的干旱预测评估体系，量化干旱强度、持续时间和范围，评估旱灾造成的损失；制定干旱等级图、干旱预报预警和风险管理计划，以便科学部署防旱抗旱工作，提高抗旱减灾管理水平。另外，针对未来致灾因素的影响，如气候变化、城市化、土地利用方式、未来用水供需水平和环境管理等，开展一些前瞻性的研究工作。

（3）效仿美、英、加拿大、澳大利亚、西班牙、日本等的旱灾保险和洪水保险制度以及我国的旱灾保险试点经验，引入市场经济机制，试行灾害补贴、作物保险补贴、土地休耕补贴和资源保育补贴等政策，探索旱灾保险等风险转移制度，促使旱灾保险制度研究的推进，保障灾后人们生活水平的提高和工农业的稳定发展。

（4）加快制定相关政策法规，依法规范抗旱行为。美国于 1998 年和 2003 年先后通过《国家干旱政策法》和《国家干旱预备法案》，建立了综合性的国家干旱政策，并根据法律条文批准成立了联邦抗旱领导机构统一协调应对干旱行动[240]。我国现在只有《水法》等少数法律法规的个别条款对抗旱工作有所规定，且是原则性规定，缺乏系统性和可操作性。今后应根据流域气候特点、水源条件、用水需求，分析不同程度的干旱可能发生的概率，尽早制定相关抗旱法规、政策或预案，主动防范干旱风险，使抗旱工作更具前瞻性和科学性。

（5）建立和完善抗旱服务网络，注重预防和减灾、降低应急救灾费用；鼓励个体农户成立抗旱协作组织，积极参与防旱抗旱计划和相关宣传、教育和培训。

（6）重视生态干旱和防灾的生态效益，促使流域社会经济的可持续发展和人与自然的和谐发展。由于玛河中下游用水量的加剧，尾闾湖泊在 20 世纪 70 年代已经干涸，只有在个别降水量大的年份才有少量水流入玛纳斯湖，人类作为生态系统的一部分，不能一味发展经济，过分挤占生态环境用水。玛河下游湿地消失、地下水位下降、土地沙化、自然植被退化等现象的存在，是生态干旱预防需要注意的问题。

### 7.2.3 流域综合规划

编制干旱预案以降低旱灾风险是提高干旱适应能力的一个方面，另一个重要的方面是明确流域发展中长期目标——编制流域综合规划，即制定社会经济不同发展阶段、发展水平和工农业发展规模下，流域内水资源的需用情况和配置方案，以及流域内未来的水利工程布局、生态环境保护、防洪抗旱等措施。根据流域综合规划制定相应的抗旱规划，即干旱阶段应采用和执行的有效抗旱措施，以及为提高抗旱能力而进行的长期防旱减灾计划。目前，玛河流域的综合规划正在修编，抗旱规划也未完全完成（大区域上的抗旱规划仍在进行编制），此次流域综合修编和抗旱规划编制不仅要对流域内的工程措施进行规划，而且将对非工程措施加以安排，还会对规划期内的社会经济发展规模给于确定，对人类活动和行为给予约束和引导。

因此，基于水资源供需平衡和合理配置的干旱风险管理模式应以流域为单元，以流域综合规划和抗旱规划为基础，结合经济社会发展、资源管理、土地利用规划等，明确干旱管理的中长期战略目标和计划，因地制宜，将工程与非工程措施有机结合，辅以风险分担与风险补偿政策，制定具有量化标准、前瞻性、长效性和可持续性的综合干旱风险管理计划，同时加强相关部门的抗旱减灾能力建设，对流域的防旱抗旱和减灾工作给予统一的安排，实现尽可能降低干旱风险和损失的目标。

## 7.3　干旱预警

干旱预警是干旱评估结果向公众发布的一种干旱状况表现形式，是干旱风险管理中最基本、最重要的组成部分[211]。干旱预警的目的是通过对所在区域干旱发生、演化规律的分析和研究，应用干旱评估技术对干旱事件进行实时识别、可能损失估算以及干旱风险预测，并根据风险程度的不同，以事先拟定的干旱等级（无旱、轻旱、中旱、重旱和特旱）及其划分标准，由政府有关部门向其他部门和社会公众发布干旱状态（发生、持续、发展、缓和及解除）和干旱风险程度等预警信息，为有关部门实施防旱抗旱措施提供重要的决策依据，达到对干旱进行风险管理的目的。

一般对灾害较为严重或持续发生的状态进行预警。对于预警等级划分，根据《气象灾害预警信号及防御指南》，台风、暴雨、大风、暴雪和寒潮预警信号分为四级，分别以蓝色、黄色、橙色和红色表示，并有相应的预警标准；高温、雷电、大雾沙尘暴和道路结冰分为黄、橙、红三级预警信号，霜冻分为蓝、黄和橙三级预警信号；冰雹、霾和干旱分为橙、红二级预警信号，干旱等级根据国家标准《气象干旱等级》（GB/T 20481—2006）中的综合气象干旱指数为标准。国内对农业干旱预警的发布对应于干旱风险程度的高风险、中风险、低风险和无风险四个级别，分别用红色、橙色、黄色和蓝色四种颜色表示，也代表特旱、重旱、轻旱和无旱状态。本书将干旱状态划分为五级，分别以蓝、绿、黄、橙和红表示无旱、轻旱、中旱、重旱和特大干旱，代表预警级别的无风险、低风险、中度风险、较高风险和高风险。

对于一个完整的、具有实际应用价值和可操作性的灾害预警系统，应包括监测、识别、损失评估、灾害等级评价、预测、管理、信息发布和反馈等基本功能和基础子系统。随着我国卫星、气象预报、遥感、灾害监测及信息技术的发展壮大和实际应用范围的拓展，将这些技术系统应用于灾害评估与预警将会大大增强灾害监测的实时有效性，有助于提高灾害评估和预测的精准度，有利于充分发挥灾害预警的作用。本书通过第8章内陆河流域干旱演化模拟与评估仿真平台（以玛纳斯河流域为例）的构建，以卫星遥感数据、实测和模拟数据为基础，以干旱指标计算和干旱模糊综合评估技术为核心，以"3S"技术和流域三维虚拟可视化技术为支撑，以干旱等级区划和预警为目的，为决策者提供干旱状况的发生、演化过程模拟、评估及干旱等级区划结果，使决策者和公众获得更多有效、直观的信息和感性认识，可以为实施防旱抗旱措施提供决策依据，为实现干旱管理科学化提供一条新的技术途径。

## 7.4　本章小结

国际干旱风险管理趋势是由过去被动的应急抗旱和危机管理向主动和积极的风险管理模式转变，包括建立早期预警体系和防灾体系、制定干旱预案和干旱管理计划、提高民众防灾意识等。本章在探讨各主要国家干旱风险管理模式及经验的基础上，指出我国干旱风险管理方式也正在从现行的危机管理向风险管理转变，提出了玛纳斯河流域的干旱风险管理体系应包括干旱及旱情监测系统、评估系统、预测预警系统、管理预案、防灾减灾措施等；在充分了解和分析玛河流域各区域干旱成因、掌握干旱时空变化规律和发展趋势的基础上，针对流域的干旱特点，进一步提出了基于水资源供需平衡和合理配置的内陆河流域干旱风险管理模式框架与管理、预警措施；最后指出，流域干旱风险管理和调控要落实于灾害预警预报系统，其更高层次则是建立一套完整、可操作的，包含旱情监测与识别、旱情评估与损失评估、灾害等级评价、风险管理与调控、信息发布与反馈等功能的流域干旱演化模拟与评估仿真系统。

# 第8章 干旱演化模拟与风险调控平台

随着信息技术的迅猛发展，以数字化、网络化、智能化为特征的信息科学技术成为推动社会可持续发展的强大动力，在水利领域的突出表现为："数字流域"研究和开发成为现代水利的重要内容和主要标志，是实现流域信息化管理的重要途径。三维仿真是"3S"技术、数据库、计算机网络、系统仿真、虚拟现实技术、科学计算可视化技术等现代科技的高度集成与升华。三维仿真技术是数字流域建设的前提和核心，任何与水相关的信息均可以通过空间数据建立联系。三维仿真系统的建立使现代水资源管理的方式发生了改变，三维景观图以直观的三维地形、逼真的地物使地图超出了传统的地理信息符号化、空间信息水平化和地图内容凝固化、静止化的状态，进入了动态、时空变换、多维可交互的地图时代。同时，三维景观图的建立也使人们对地图的认识方式发生了巨大变化，为各种空间分析创造了良好条件。

三维仿真技术在流域管理中发挥了重要作用，尤其在洪水演进可视化系统的构建方面，尚未见其在抗旱信息化系统方面的应用。为了应对影响日益增加的干旱事件，采用立体监测、模拟计算和评估模型等综合技术手段进行干旱及其风险研究成为大势所趋，而对其产生的多维多时空尺度的海量数据的有效管理、快速分析与可视展现问题，可能的解决途径是：充分利用三维仿真模拟技术，将海量数据集成于数字仿真系统中，并以多模式、多角度方式展现在三维场景中，辅助决策者及时了解干旱状态，综合采用工程和非工程措施，迅速制定防灾减灾方案，降低旱灾损失。

## 8.1 流域干旱演化模拟与评估仿真系统总体框架

### 8.1.1 系统框架

流域干旱演化模拟与评估仿真系统是干旱及其风险管理的综合平台和技术手段，是干旱风险管理的发展方向。它承担着汇集多源数据、操控多种模型、挖掘分析各种数据的任务，并将数据以直观的方式提交给决策者，实现数据与信息的高度集成、可视化表达与综合分析，从而能够全面把握干旱演变规律，及时提出调控措施。仿真系统能够实现的功能较多，本研究仅针对涉及的干旱过程模拟、评估与风险管理等内容，初步建立干旱演化模拟与评估仿真系统，实现干旱信息查询、干旱演化模拟、评估和图形展示等基本功能。

系统总体框架分为数据层、模型层、平台层与功能层（见图8.1）。数据层负责向模型层和平台层提供基础数据；模型层将计算结果双向传递，一是传送到数据层进行存储，一是传送到平台层进行集成显示；功能层是平台层的专业应用。

数据层将固定、移动和人工监测到的干旱静态信息、实时数据和历史数据以空间数据库和属性数据库方式进行存储。空间数据库存储遥感影像、航拍图片、GIS图层、实体模型几何结构和纹理图像/图片等；属性数据库存储实体属性信息、气象水文数据、水资源数据、水利工程数据、实时旱情数据、社会经济数据、抗旱管理数据、历史旱灾数据、图形数据等。

模型层是该系统的核心，它以数据库存储的干旱数据为基础，建立描述全球变化和人类剧烈活动导致的水循环演变模拟模型——自然-人工二元水循环模型，模拟和预测流域水资源状况，同时制定干旱评估准则，计算不同指标体系下的干旱指数，建立流域干旱综合评估模型，评估流域干旱现状及其演变趋势，实现对流域干旱时空分布状况的定量分析。

平台层作为前台显示和交互界面，是系统面向用户的窗口，通过平台层将数据库、模型计算结果等信息转换为三维场景方式表达，最终将融合的旱情信息实时、动态显示在可视化平台上。

功能层是整个系统的应用层，是用户与后台数据交互的纽带，用户可以通过功能组件在三维虚拟场景中以直观的方式计算、查询或浏览信息，快速全面把握旱情。

## 8.1.2 基本功能

流域干旱演化模拟与评估仿真系统应具有干旱监测、干旱过程模拟与预测、干旱指标计算、旱情综合评估和干旱预警等业务应用功能，具有历史旱情信息查询、旱情统计分析和信息发布等基础信息服务功能，还应具有空间可视化、漫游、视点定位、文字标注、音频播放等仿真系统平台的基本功能。

### 8.1.2.1 业务应用功能

本书初步建立的业务应用功能包括干旱过程模拟与预测、干旱指标计算、旱情综合评估和干旱预警等基本模块，由于未连接到监测信息站网，不具备干旱信息监测功能。干旱过程模拟与预测功能通过二元水循环模型来实现，即通过模型层的干旱演化模拟模型实现；干旱指标计算功能通过在系统中内嵌指标计算模块来实现；旱情综合评估功能通过模型层的流域干旱综合评估模型来实现；干旱预警功能通过干旱等级区划、监测数据的空间展布等图形表达方式来实现。

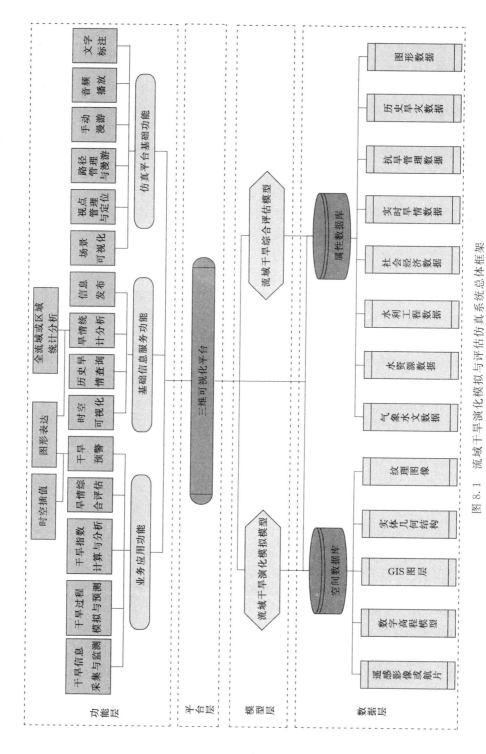

图 8.1　流域干旱演化模拟与评估仿真系统总体框架

#### 8.1.2.2　基础信息服务功能

本书仅实现了基础信息服务功能中的信息查询和统计分析两个基本功能，信息发布涉及其他硬件系统，本书暂不能实现。两个功能的实现将在下面章节涉及。

在信息查询功能中，可以查询系统数据库提供的各种水文、气象、水资源、历史旱情、农情、水利工程和社会经济等属性数据，也能获得 GIS、RS 数据、纹理、DEM 等空间数据，还可查询由模型层计算得到的干旱指标、实时旱情、干旱综合评估结果等专用数据和统计分析数据。

旱情统计分析功能由数据层支撑，可以利用系统嵌入的统计分析模块，基本功能有：统计分析点、线、面状数据；分析专业应用模块计算得到的各种数据；综合分析评估结果并利用图形展示或时空可视化表达等。

#### 8.1.2.3　三维仿真平台基本功能

仿真平台的基本功能有场景的可视化、路径漫游、视点定位、文字显示、音频播放等，涉及的关键技术有三维图形的现实、场景漫游控制、细节层次控制和海量数据调用技术等，将在章节 8.4 和章节 8.7 中具体说明。

## 8.2　干旱仿真系统平台综合数据库

干旱仿真系统数据库可实现数据的收集、处理、管理和维护。数据库包含三维实体模型数据、实体模型属性数据、模型计算数据、实时传输数据、历史统计数据等以及 GIS 和 RS 图形图片数据等，可分为基础数据和专用数据。这些数据能够通过地理空间坐标相互建立联系，并在三维可视化平台上实现多源数据无缝集成与综合信息的直观表达。通过对数据和信息特性分析，将仿真系统综合数据库划分为空间数据库和属性数据库两大类，两者的相互动态关联需要通过建立各类数据间的逻辑和拓扑关系来实现。

### 8.2.1　空间数据库

空间数据库管理利用 Terra Vista 软件来实现，它能够以工程项目的方式对地理数据进行管理，以统一的地理坐标系作为基准，将数字高程模型、遥感影像或航片、各种矢量数据、实体模型等集成起来自动生成大范围三维场景模型[242]。

玛河流域数字高程模型分辨率为 90m 的 GRID 格式，利用 ArcGIS 9.3 软件将 GRID 格式转换为 ASC 格式，导入到新建工程后自动转换为 txl 格式。Google Earth 提供了大量且精度能够满足三维显示要求的遥感影像数据源，利用影像自动提取工具，设置玛河流域边界范围与最高分辨率，就能实现遥感影像的分块提取与合成，生成 JPEG 格式的图片，同时生成文本文件记录遥感影像范围与地理坐标系参数；经过配准后以 GeoImage Import 方式导入到工程项目中，并自动转换为 ECW 格式的纹理图片；在 Geospecific Imagery 中设置纹理图片的范围参数，与数字高程模型进行空间位置的匹配。研究区的水系、道路、植被、标志性建筑物、居民区等矢量数据用来表现三维场景的细部特征，根据需求选择描述相应对象的矢量数据并将其转换为 Terra Vista 能够识别的文件格式。矢量数据利用 Terra Vista 提供的点、线、面矢量建模模板[243]进行赋值，实现矢量数据的实体化，即将矢量数据表现为实际的三维实体并赋予特定的信息，从而构建出丰富的地物模型。

#### 8.2.1.1　地物建模

Terra Vista 软件平台提供的三维模型有限，浏览重点关注的物体时，需要软件模型库提供更精细的模型。流域实体模型采用精确的几何结构建模方式，并将经过处理的纹理映射到几何结构上，这样既能操纵模型的动态变化，又能在外观上反映真实的实体景观。Terra Vista 提供了矢量要素模板，不但实现三维模型的智能定位，而且能与周围地形无缝拼接，提高了建模的精度和效率。嵌入步骤如下：利用 Creator 建立三维模型 test model，并设置 footprint；将建好的 Open Flight 格式模型以 Open Flight Converter 方式导入已建的 Terra Vista；复制一个点状模板作为替换模板，将其代码更改为 test model，作为模板的索引名；将替换模板的 Model 属性中已有模型用 Model Library 中的自建模型代替，实现自建模型与 test model 模板的关联；在 Point Layout 中设置自建模型的嵌入方式，通常选择 Integrated 实现自建模型与周围地形的无缝集成；在 Set Point Elevations 中设置自建模型的高程，还可设置模型朝向、修改映射纹理等。

渠道断面规则，较天然河道建模而言相对简单，但手工绘制工作量仍较大。采用 Terra Vista 提供的 Complex River/Stream 生成工具，可以方便地在地形中无缝嵌入渠道，自动化建模程度高。将渠道矢量线标识赋值为 Complex River/Stream，该实体主要包括渠道宽度，水面以上的宽度、深度，水面以下的宽度、深度等属性值，赋值完毕即可生成与地形无缝连接的渠道。为配合渠道两侧的路面，建模中将渠道矢量线复制，按照渠道和路面宽度之和的一半作为两矢量线的间距，将渠道两侧的矢量线赋值为道路或树木，如此即可自动生成渠道及其两侧道路和树木等。

#### 8.2.1.2　地形网格处理

重点关注的区域需要采用高分辨率的地形和纹理，以精细表现其地形地貌状况，然而不同精度地形块的无缝集成较难处理，不仅要实现不同多重细节（LOD）等级的嵌套，而且还需要纹理和几何模型的无缝融合。Terra Vista 提供了网格加密和高分辨率纹理插块技术，有效地解决了该问题。对于需要设置高分辨率地形纹理和需要增加网格密度的区域，先使用矢量编辑器 Vector Editor 将其勾勒出并设置为面状矢量实体，将其标识为 HiRes Texture Inset 和 High Polygon Budget Inset 模块，分别在其 Meters Per Pixel 属性中设置目标分辨率、在 Triangle Budget 属性中设置满足需求的三角形数目。最高分辨率取决于纹理文件实有分辨率；在地形自动生成过程中，该区域的三角形自适应加密，并能够与周围网格进行无缝拼接。

Terra Vista 利用了混合建模的思想，充分结合规则网格和不规则网格的优势，以构造基于视点变化的连续多分辨率地形结构，提高实时仿真模拟的效率。Terra Vista 使用 Poly Calculator 工具对网格进行剖分，其中需要设置多重细节的数量、可视距离、网格的大小和每个网格中的三角网密度，各层次地形网格则对应输出相应网格大小和精度的纹理图片。大范围地形是按照分块的方式统一生成，这些方块以规则的行列号命名方式存储在硬盘空间内，并以外部引用节点的方式集成在 master.flt 文件中，每个块内三角网密度和纹理分辨率相同，尽可能地满足系统实时性的要求。按照上述方式对玛河流域地形参数和矢量数据进行处理，生成玛河流域三维场景（见图 8.2）。

图 8.2 玛河流域三维场景

空间数据采用 OpenFlight 格式的三维数据模型按照其几何结构进行存储。从基础的三角形面组合为局部结构，最后构造为完整形体，通过节点的三维坐标和形体拓扑关系存储模型的几何信息。与单个实体的空间信息描述和存储相似，在整个大场景地形地物空间信息的组织存储方面，应用外部节点进行各单一实体空间位置信息的存储和管理，并通过单个实体标识 ID 加以区分，保证了空间数据记录的唯一性，同时可为实体属性的数据提供关联信息。

### 8.2.2　属性数据库

属性数据既包括文本数据，也包括相关的图片、影像数据及三维实体其他信息等。模型计算中，一方面需要存储计算所需的基础数据，如地形、糙率、网格离散数据以及相关的水文信息等；另一方面需要存储计算结果。上述数据既有动态数据，也有静态数据，数据库表格设计按照系统的特点分类考虑，以减少数据冗余。由于许多操作基于实体，且许多实体属性数据均属于静态数据，因此设计时以三维实体为中心，将其相关的静态属性存储在一个表中，模型计算结果则另建表格加以存储，并通过区域 ID 字段保证记录数据的唯一性。

除了上述三维实体模型和模型计算结果的属性信息外，属性数据库还包括八类专用数据：气象水文数据、水资源数据、水利工程数据、实时旱情数据、社会经济数据、抗旱管理数据、历史旱灾数据、图形数据。气象水文数据包含日照、风速、蒸发、降雨、河道（水库）水位、流量等实时信息，数据来源为监测数据；水资源数据包含水库、湖泊、坑塘、水窖蓄水量和过境径流可利用量，以及可利用的浅层地下水资源量和深层地下水量等信息；水利工程数据包含水库、机井、塘坝、水窖、提灌站、水闸及灌溉等设施的基本信息及监测信息；实时旱情数据包括实时旱情统计信息、墒情监测信息、农情、灾情、旱情遥感信息、地下水埋深、城乡生产生活需用水和生态用水信息等；社会经济数据包含社会经济数据库的各种信息及抗旱专用社会经济信息；抗旱管理数据包括抗旱法律法规、抗旱服务组织信息、应急预案等；历史旱灾数据包含历史旱灾发生时间、地点、规模、造成的损失、抗旱措施及对经济、社会、生态的影响等；图形数据是在包含共享基础地理信息图形库的基础上，增建专题数据层。

## 8.3　数字仿真平台建立

### 8.3.1　数字仿真软件平台

GVS（General Visualization System）是实时三维仿真软件开发和系统集成的高级应用程序接口（API）。它提供了各种软件资源，可以以接近自然和面向对象的方式组织视景图元并进行编程，以模拟视景仿真的各个要素。GVS 包含了一组高层次、面向对象的 C＋＋应用程序开发接口，直接架构于世界领先的三维图形标准之上，只需用少量代码即可快速生成高质量的三维应用软件。OpenGVS 是实时三维场景驱动和管理软件，它提供的 API 分为场景、摄像机、对象等各组资源，可按照需要调用这些资源来驱动硬件实时产生所需的图形和效果，OpenGVS 技术框架如图 8.3 所示。

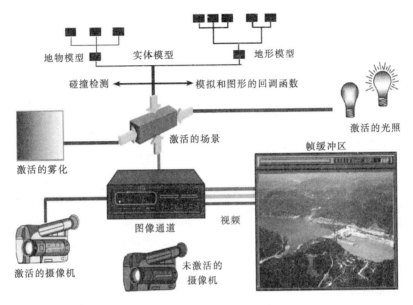

图 8.3　OpenGVS 技术框架

　　场景为主要的中心软件资源，场景中包含了用户定义的实体对象集合，这些对象在系统运行时进行帧绘制。所有的实体对象均具有层次结构，如用户自定义的树状结构，这个树状结构由一个"父"节点开始，每个节点可以有多个"子"节点/子对象。OpenGVS 主要依靠对象的这种层次显示来执行渲染任务，对象定义实例化后能够在任何时候方便地从场景中加载或删除。

　　在场景中，大气模糊和特效通过加载雾化模型来实现，动态光照效果通过添加单个或多个光源来实现。通道是计算机图像生成要素，是伴随着摄像机而建立的一个三维视觉管道，可以看作是场景、对象、雾、光源等众多资源的集合体，也可以当作以屏幕表示的三维窗口，即将三维视野范围外的区域消隐。在通常的仿真程序中，至少建立一个通道，在其中渲染预绘制的场景。通道与帧缓存相连时，GVS 就可以绘制所需场景，并把视频信号传输到操作系统与窗口系统的物理输出媒介上，多数情况下，通道的显示面是桌面显示器或投影设备。

　　摄像机是用户观察场景的主要控制设备。每个摄像机都有一个或多个相互关联的平台。在用户应用程序中，摄像机只有被加入通道才能被激活。系统中可以有多个不同位置的摄像机，但每一时刻只能有一个摄像机是活动的。用户可以在不同摄像机之间切换，就像用不同的镜头观察场景，使用哪个摄像机取决于场景如何绘制。

## 8.3.2　数字仿真系统程序结构

数字仿真系统平台与传统的动画三维可视化不同，它不仅要满足三维场景真实表达的要求，而且要具备良好的交互性。本书在图形工作站的硬件支撑下，基于 Visual C++在 OpenGVS 基础上搭建流域干旱演化模拟与评估仿真平台，系统启动界面见图 8.4。

图 8.4　系统启动界面

系统启动过程中要调度三维地形地物模型，进入系统界面的速度取决于数据量大小，为防止调用较大数据时出现空白界面，在启动时增加了闪屏功能。该系统平台的程序结构主要分为系统初始化、系统运行和系统退出三部分，见图 8.5。

系统初始化利用函数 GV_sys_init()初始化软件管道，并启动连接数据库。在完成自身的初始化动作后，调用用户初始化函数 GV_user_init()，此函数是系统真正进行初始化的地方；然后生成关键图形资源，建立帧缓存、通道、相机、场景和光源，载入地形地物；定义对象后生成对象实例，再将实例加入到场景中；进行其他必要的资源链接；将光源加入到场景中，为通道设置摄像机和场景，将通道加入帧缓存。

系统运行是利用系统函数 GV_sys_proc()调用用户函数 GV_user_proc()，

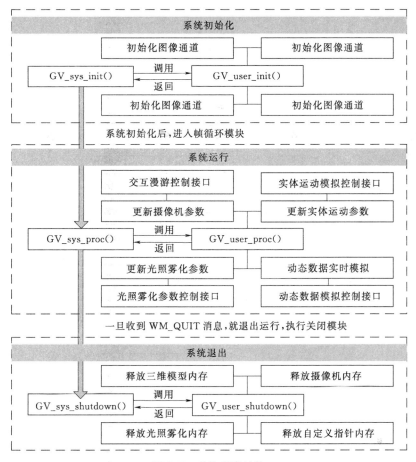

图 8.5 系统程序结构

在每帧循环过程中实现对各种图形资源的动态更新。该函数通过变化摄像机六个自由度参数实现对三维场景的漫游控制;根据视点位置的移动和观察角度变化实时探测与地面相对位置,避免穿过地面或者其他物体造成的不真实感觉;通过改变雾化和光照参数实现特殊效果。在该函数中,通过分析自然界刚体和柔体的变化规律建立物体运动和变化方程,系统能够使刚性实体的空间位置移动和旋转角度发生变化,同时根据已建立的连接关系对刚体结构进行操控,如闸门的升降、船体的运行等;也能够实现柔性物体的实时动态仿真,如闸门启闭导致下泄水流变化的实时仿真、河湖水体的波动等。干旱参数演化的时空分布也可以采用类似方法进行图形仿真。

系统退出利用系统函数 GV_sys_shutdown() 调用用户函数 GV_user_shutdown(),执行系统占有内存的释放,包括各种指针对象和各种 GVS 图形资源的内存释放。

## 8.4　干旱演化三维仿真系统关键技术

### 8.4.1　三维图形显示技术

用计算机绘制三维景物时，为了使生成的物体图形具有真实感，需要对图像进行消隐处理、光照模拟、明暗处理等。尽管如此，还只能生成颜色单一的光滑景物表面，难以满足图形真实感的要求，这是由于在采用光照模型计算景物表面上各点的光照亮度时，只考虑了表面法向的变化而假设表面反射率为一常数。实际上，真实景物表面存在着丰富的纹理细节，人们正是依据这些纹理细节来区别各种具有相同形状的景物。因此，景物表面纹理细节的模拟在真实感图形的生成技术中有着非常重要的作用，将其称为纹理映射技术。

根据纹理定义域不同，可以将纹理分为二维纹理与三维纹理。按照纹理图像表现形式，又可将纹理分为颜色纹理、凹凸纹理和过程纹理。其中，颜色纹理和凹凸纹理是在二维空间定义的，属于二维纹理；过程纹理是在三维空间定义的，属于三维纹理。在三维场景建模中，纹理图像主要来源有：专业摄影图片，实地摄影图片，航天航空遥感图像，Google Earth 中的纹理图片，区域地形图或其他专题图，区域矢量数据与地貌图像复合生成的纹理图像，以及分形生成的纹理图像等。其中最理想的图像是真彩色航空遥感图像。

纹理映射的过程是先在一个纹理空间中制作纹理图案，然后确定三维物体表面的点与纹理空间中点的映射关系，按照一定的算法将纹理图案映射到三维物体上。其关键技术是建立物体空间坐标与纹理空间坐标间的对应关系，并进行纹理的反走样处理，这样可以用较少的时间和空间使图形具有高度真实感。在实际显示时，还利用三维图形的平移、旋转等实现复杂物体随观察方向的改变而转动的效果。

### 8.4.2　场景控制漫游技术

场景漫游通过对视点/摄像机的空间位置和旋转角度控制来实现。OpenGVS 提供了控制视点变化的 Camera 接口函数，在图形回调中，通过编写摄像机的运动规则实现在漫游过程中视点不低于地面、不穿越建筑物等功能。在场景漫游过程中，根据距离地面的高低和视线方向控制漫游的速度。从高空对场景浏览时，设置一定高程值，视点高程大于该值时，漫游速度逐渐加快，对场景进行大体浏览；小于该值时，调整观察视角，使漫游速度减慢，对景物进行仔细欣赏。这也符合人类观察事物的心理，离开观察物较远时，不能观察到物体细节，需走近物体近距离观察，此时需放慢浏览速度。图 8.6 为水平视角的慢速度漫游，图 8.7 为垂直视角的快速度漫游。

图 8.6　水平视角慢速度漫游

图 8.7　垂直视角快速度漫游

## 8.4.3　细节层次模型技术

根据人眼观察事物的原理，对较近物体看的清楚且物体看起来较大，而较远的物体则较模糊且小。这种现象反映在计算机图形学中即是细节层次（LOD）技术：当观察点距离某一物体很近时，该物体的成像在屏幕上将占据较多的像素点，反之则只能在屏幕上占据较少的像素点，显然对于较远的物体给出其简单轮廓描述即可。在计算机绘制该帧图像时，较近物体详细绘制，而较远的物体用较少的多边形来表示，可以提高绘制速度。简言之，细节层次技术就是在不影响画面视觉效果的前提下，通过逐次简化景物的表面细节来减少场景的几何复杂性，从而提高绘图效率。

应用细节层次模型技术时，首先为每个物体建立多个相似模型，不同模型对物体的细节描述不同，对物体细节描述越准确，模型就越复杂。场景绘制时将根据物体在屏幕上占据的大小及观察点等因素自动为各物体选择不同细节层次模型，从而减少所需显示的多边形数目。例如可以对大坝由复杂到简单建立一系列模型，当观察点离大坝远时，可以选择较为简单的模型；随着视点的逐步接近，逐步更新模型，选择越来越精确的模型来描述。这里涉及两个问题，一个是如何进行不同细节层次模型间的切换，另一个是如何建立每个物体的多个细节层次。

根据人的视觉特性，不同细节模型间切换可以选择如下方式：①根据物体与视点的距离；②根据物体在投影平面所占空间的大小（即物体在屏幕上所占像素大小）；③根据物体与视线方向的夹角；④根据人与物体是否存在相对运动。

物体细节层次建模有两种方案，一是静态建立，即事先建立好物体的不同层次，然后有选择地加以调用（切换）；另一种则为动态实时简化，不同细节层次模型间实现连续过渡，不存在切换问题。两种建立方法的技术是一致的。图 8.8 为不同细节层次的水电厂实体模型（静态），图 8.9 为不同细节层次的地形网格与覆盖在其上的纹理图像（动态）。

图 8.8　静态细节层次模型示意

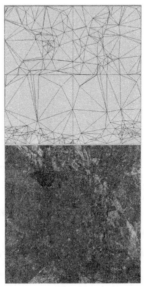

图 8.9　动态 LOD 模型示意

利用一些基本操作可以实现动态或静态模型的简化，模型简化的层次取决于每次简化所带来的模型误差。目前这类误差度量的方式有全局误差和局部误差，具体执行时，计算每次操作给模型带来的误差，将其作为权值插入到一个按权值增序排列的序列中，然后开始循环进行网格基本简化操作；每一次循环，选取序列中权值最小的进行简化，并更新变化的网格信息，重新计算改变了的网格基本元素的误差，插入到序列中开始下一个循环；直到序列中的最小误差达到用户设定的阈值或用户希望的网格数目。通过上述操作，可以建立原始模型的不同细节层次模型，但相对于原始格网，模型间的误差是逐步递增的。目前常通过建立相邻层次模型元素间的对应关系，依照这个对应关系通过线性内插实现不同细节层次模型间的光滑过渡。

细节层次显示和简化是计算机图形学中应用比较广泛的技术，利用这种技术可以较好地简化模型的复杂度，同时采用不同分辨率的模型显示复杂场景中的不同物体，使生成的图像在质量损失小的情况下，实时产生真实感图像。

## 8.4.4　海量数据调度技术

仅靠一组 LOD 模型很难做到大范围地形数据的全部显示，欲实现地形数据的实时交互式渲染，就必须在数字仿真系统运行中根据计算机硬件配置调度与其相适应的部分数据进行绘制显示，随着摄像机视点和视角的变化，视野范围内地形数据的细节层次由设定的调整规则相应地发生变化。这种基于视点的海量地形数据的实时绘制任务需要场景的动态更新机制来承担，即通过合理方式组织与管理流域海量地形数据，保证视野中的地形数据实时反复地调入和卸载。系统通过定义相关参数实现海量地形数据的管理，并通知系统何时将某个区域的数据从数据库中调入和从内存中卸载。所以，必须正确设计存储地形数据的数据库和数据结构，以便快速、有效地存取地形数据。现有许多视景软件包，如 OpenGVS、Vega Prime、OSG 等，均提供了虚拟环境的动态更新机制，用户在虚拟环境中随意浏览漫游时，软件将当前数据页范围的地形数据调入、数据页范围外的数据卸载，且更新摄像机变换后仍在数据页范围内的地形数据的细节层次。

通过将海量地形数据分块和内存数据分页，可解决大范围虚拟环境的实时可视化仿真问题。首先把研究区域的地形数据分割为平面投影面积相等的正方形数据块；然后在每个地形块中构建 LOD 模型；在此基础上建立实时绘制的数据分页机制。将研究区地形分为 $16 \times 16$ 的数据块，在每帧数据页内显示的数据块大小为 $8 \times 8$，伴随着视点的移动变换，不断卸载、更新和调入数据页中的数据块，这种动态更新方式要根据当前的视点位置 $(x_e, y_e)$ 与数据页几何中心 $(x_c, y_c)$ 间的上下、左右两个方向的偏移量来实现[244]：

$$\begin{cases} \Delta X = X_e - X_c \\ \Delta Y = Y_e - Y_c \end{cases} \tag{8.1}$$

当 $\Delta X$ 为正时，视点向 $x$ 正轴方向移动，反之向负轴方向移动。若 $|\Delta X|$ $>$cellSizeX（数据块宽度），且 $|\Delta Y|>$cellSizeX/2，通过搜索移动方向上进入数据页范围内新的一列数据块，将其读取到数据页内，同时卸载反方向上离开数据页的另一列数据块，如图 8.10 所示。同理，$\Delta X$ 和 $\Delta Y$ 可在八个方向上移动。

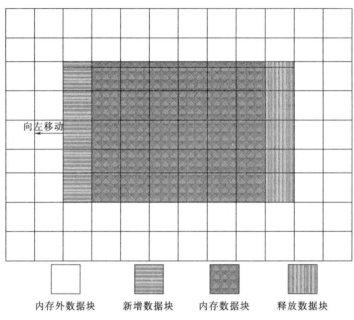

图 8.10 基于分块数据的动态数据页建立

## 8.5 业务应用功能实现

### 8.5.1 干旱指数计算

为提供旱情定量分析与监测结果，仿真系统建立了气象、水文、农业和生态干旱四类干旱指标的计算模型。气象干旱指标包括降水量、降水量距平百分率、干燥度、标准化降水 SPI、Z 指数、Thornthaite 指数；水文干旱指标包括径流量、径流距平、水资源量、河道水位等；农业干旱指标包括土壤相对湿度、土壤水分亏缺率、作物水分指数 CMI、作物缺水指数等；生态干旱指标包括地下水位、植被归一化指数 NDVI。除此之外，还包括帕尔默指数、综合旱涝指数 CI 等指标计算，计算界面见图 8.11。

图 8.11　干旱指标计算界面

## 8.5.2　干旱参数空间统计分析

为定量分析研究区干旱的变化状况，有时需统计有关干旱参数的空间面积，如受旱面积、不同干旱等级面积等，包含对矢量数据和栅格数据的空间面积统计。

### 8.5.2.1　任意多边形的面积计算

根据地理信息系统开发标准，多边形的描述采用其顶点 $P_0$，$P_1$，$P_2$，$P_3$，$P_4$，…，$P_n$ 来表示，并且有两个规定：①$P_0 = P_n$，即表示多边形闭合；②$P_0$，$P_1$，$P_2$，$P_3$，$P_4$，…，$P_n$ 是按逆时针构成，即沿着多边形边界按逆时针方向前进时，多边形总在左侧。$(x_0, y_0)$，$(x_1, y_1)$，$(x_2, y_2)$，$(x_3, y_3)$，$(x_4, y_4)$，$(x_5, y_5)$，$(x_0, y_0)$ 表示的多边形如图 8.12 所示。对于任意 $n$ 边形，其面积公式为：

$$S_n = \frac{1}{2} \sum_{i=0}^{n-1} (x_i y_{i+1} - x_{i+1} y_i) \qquad (8.2)$$

式中：$(x_i, y_i)$ 为 $n$ 边形第 $i$ 个顶点的坐标；$(x_0, y_0)$，$(x_1, y_1)$，$(x_2, y_2)$，…，$(x_{n-1}, y_{n-1})$，$(x_n, y_n)$ 按逆时针回路构成多边形，并且 $x_n = x_0$，$y_n = y_0$。

### 8.5.2.2　栅格统计区域识别与面积计算

以栅格数据模型说明，当给定某个统计区间 $[V_1, V_2]$ 时，需要找出栅格内分别对应于 $V_1$ 和 $V_2$ 的等值线，再以两条等值线为临界线段，判定位于

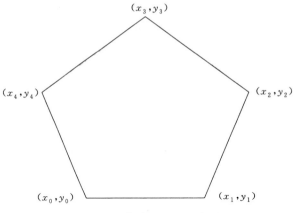

图 8.12　任意五边形示意图

$[V_1，V_2]$ 区间内的栅格区域，将统计区域内的边界点代入任意多边形面积计算公式进行求解。为了直观地了解各种统计区域的分布情况，枚举出所有可能情况（过顶点时，需要特殊处理，包含在这些情况中），可以分为无等值线存在、一条等值线存在、两条等值线存在、三条等值线存在、四条等值线存在五大类，共有 79 种情景，如图 8.13 所示。其中阴影部分为需要统计的栅格区域。栅格统计区域识别与计算的算法原理如下：

首先给定干旱参数值的判定区间 $[V_1，V_2]$，循环栅格四条边计算是否存在 $V_1$ 或 $V_2$ 的等值点，判断方法是将给定参数值 $V_1$ 和 $V_2$ 与节点参数值进行比较，大于标记为"＋"，小于标记为"－"。然后计算对应于 $V_1$ 和 $V_2$ 的等值线条数，如对于给定值 $V_1$，全部为"＋"或"－"，无等值点；只有一个"＋"或"－"，有一条等值线；有相邻两个顶点为"＋"或"－"，只有一条等值线；有两个相对的顶点，均为"＋"或"－"时，有两条等值线段。再者，根据统计的 $V_1$ 和 $V_2$ 值的等值线个数，按图 8.13 给出的所有情况，识别出统计区域的分布状况，从而可以计算出统计区域栅格的面积。

如果栅格单元内不存在等值线，对于栅格单元所有顶点属性值大于 $V_2$ 或小于 $V_1$ 的情况，不进行统计；对于栅格单元所有顶点属性值大于 $V_1$ 且小于 $V_2$ 的情况，将整个栅格单元面积计入。如果栅格单元仅存在 $V_1$ 值或者 $V_2$ 值的一条等值线，如果该等值线两个端点在相邻边上，判断相邻边的共同顶点是否大于 $V_1$ 值或小于 $V_2$ 值，若该顶点值小于 $V_1$ 值，则将等值线端点与其他三个栅格顶点组成的多边形面积计入，若大于 $V_1$ 值，则将该顶点和等值线两端点组成的三角形面积计入；若该顶点值小于 $V_2$ 值，则将 $V_2$ 值和等值线两端点所在边的共同顶点组成的三角形面积计入，否则，将 $V_2$ 值和其他三个栅格顶点组成的多边形面积计入。

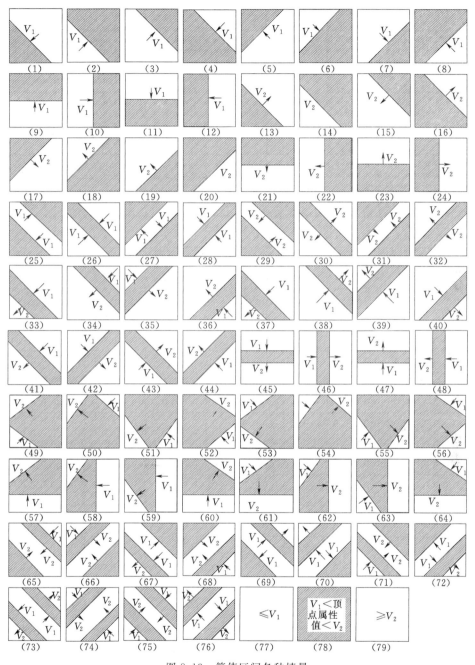

图 8.13 等值区间各种情景

如果栅格单元仅存在 $V_1$ 或 $V_2$ 值的一条等值线，且等值线两端点在相对的
边上，判断其中两个相邻的栅格顶点是否大于 $V_1$ 值或小于 $V_2$ 值，若该相邻端

点属性值大于 $V_1$ 值或小于 $V_2$ 值，将等值线两端点与该两个端点组成的多边形面积计入；否则，将等值线两端点与其他两个端点组成的多边形面积计入。

如果栅格单元内仅存在 $V_1$ 值或 $V_2$ 值的两条等值线，判断等值线两个端点所在边的共同点的属性值是否大于 $V_1$ 值或小于 $V_2$ 值，若满足此条件，将每一条等值线两端点与该顶点组成的三角形面积计入，否则，将两条等值线的四个端点与其余两个栅格顶点组成的多边形面积计入。如果栅格单元内同时存在一条 $V_1$ 值等值线和一条 $V_2$ 值等值线，这两条等值线的其中两个端点均位于栅格单元的同一边上，根据端点组成的多边形面积计入；如果 $V_1$ 值等值线的两端点与 $V_2$ 值等值线两个端点均不共边，等值线的四个端点与栅格单元顶点属性值位于 $V_1$ 和 $V_2$ 区间的顶点组成的多边形单元面积计入；如果 $V_1$ 值等值线有一个端点和 $V_2$ 值等值线的一个端点共边，找出属性值位于 $V_1$ 和 $V_2$ 之间的栅格顶点，将它们与等值线端点组成的多边形面积计入。

如果栅格单元内存在三条等值线，其中为两条 $V_1$ 值等值线或两条 $V_2$ 值等值线。如果为两条 $V_1$ 值等值线，其中一条等值线两端点和 $V_2$ 值等值线两端点组成的多边形面积计入，另外一条 $V_1$ 值等值线两端点与它们所在两条边公共点组成多边形的面积计入。如果栅格单元内存在四条等值线，分别为两条 $V_1$ 等值线和两条 $V_2$ 等值线，如图 8.13（73）～（76）所示，其中一条 $V_1$ 等值线与一条 $V_2$ 等值线的端点位于共点的两条栅格边上，统计面积为这两条等值线四个端点组成的多边形面积，同理得出另一条 $V_1$ 等值线和 $V_2$ 等值线包围的面积，则该栅格需要计入的面积为上述两者之和。

### 8.5.2.3　统计计算二义性判断

通常从矩形网格中提取等值线的技术是基于线性插值方法的。考虑由四个网格点组成的一个单元，它们的坐标分别是 $(x_i, y_i)$，$(x_i, y_{i+1})$，$(x_{i+1}, y_{i+1})$，$(x_{i+1}, y_i)$，如图 8.14 所示，与这些点相对应的干旱参数值用 $Z_1$，

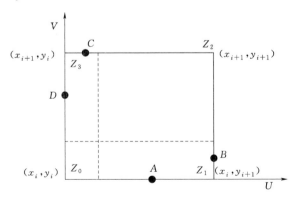

图 8.14　等值线在一个栅格单元内的进出点

$Z_2$，$Z_3$，$Z_4$ 表示。假定需要提取参数值 $V$ 的等值线，该等值线只通过 $Z_0$，$Z_1$，$Z_2$，$Z_3$ 中大于 $V_1$ 和小于 $V_2$ 的单元。

对应于 $V_1$ 值或 $V_2$ 值，栅格单元内可能存在两条等值线即存在四个等值点的情况。由于先计算等值点，再判断等值线的连接方向，其中某条边上的等值点所要连接的等值点可能位于与该条边相邻的两条边上，即两个顶点的属性值较大，另两个顶点的属性值较小，从而造成存在 $A$，$B$，$C$，$D$ 四个等值点的情况，假定从 $A$ 点出发，由于等值线不能相交，所以不能连接 $C$ 点，那么究竟是连接 $B$ 点还是 $D$ 点，这就造成了所谓等值线连接的"二义性"。本书采用双线性插值函数方法来解决这个问题。

在双线性插值方法中，单元点 $(x，y)$ 处的值由下式给出：

$$f(x，y) = (1-u)(1-v)d_0 + u(1-v)d_1 + uvd_2 + (1-u)vd_3 \qquad (8.3)$$

式中：$(u，v)$ 是单元标准化坐标，其中：

$$u = (x-x_i)/(x_{i+1}-x_i)，\quad v = (y-y_i)/(y_{i+1}-y_i) \qquad (8.4)$$

常值 $f(x，y) = C$ 在单元内的等值线由下面给出的双曲线来表示：

$$auv - (Z_0-Z_1)u - (Z_0-Z_3)v + Z_0 - C = 0，a = Z_0 + Z_2 - Z_1 - Z_3$$
$$\qquad (8.5)$$

曲线的两条渐近线平行于 $u$ 轴和 $v$ 轴，分别为：

$$u = (Z_0-Z_3)/a，\quad v = (Z_0-Z_1)/a \qquad (8.6)$$

双曲线不能与渐近线相交，因此，如果 $A$ 点连接 $B$ 点，那么 $A$ 必须位于渐近线 $u = (Z_0-Z_3)/a$ 的右侧，而且点 $B$ 必须位于渐近线的 $v = (Z_0-Z_1)/a$ 下侧。点 $A$ 的坐标为：$(u，v) = ((Z_0-C)/(Z_0-Z_1)，0)$，因而上述条件可以简化为当 $C < b$，其中，$b = (Z_0Z_2 - Z_1Z_3)/a$。对于点 $B$ 的条件是：位于渐近线 $v = (Z_0-Z_1)/a$ 之下而且是相同的不等式。同理，如果是点 $A$ 连接到点 $D$，则可以得到 $C > b$ 的结论。

把连接两个对顶点的属性值 $Z_1$ 和 $Z_3$ 比较低的连线称为低对角线，而连接对顶点属性值 $Z_0$ 和 $Z_2$ 比较高的连线称为高对角线，可以采用如下方法解决等值线提取的"二义性"情况：①如果 $C < b$，那么等值线穿过低对角线；②如果 $C > b$，那么等值线穿过高对角线；③如果 $C = b$，那么等值线与自身相交。

### 8.5.3 干旱数据空间插值

数据库中涉及的许多属性数据是水文气象站的观测数据，或是分布式水文模型计算单元的数据，这些数据的离散存储形式无法反映其在研究区空间上的连续分布状况，因此需要采用空间插值方法将这些离散数据"平铺"到整个研究区域。系统提供了克里金和距离平方反比两种常用的插值方法，空间插值工具界面见图 8.15。

图 8.15　空间插值工具界面

### 8.5.3.1　克里金插值法

克里金插值法建立在变异函数理论及结构分析基础上，用相关范围内的采样点来估计待插点属性值。变异函数和相关分析的结果表明，区域化变量存在空间相关性，其实质是利用区域化变量的原始数据和变异函数的结构特点，对未采样点的区域化变量的取值进行线性无偏、最优估计（见章节 6.1 介绍）。与其他插值方法相比，它的显著特点是使误差的方差最小。

假设区域化变量 $Z(x)$ 是一个二阶平稳的随机函数，且满足本征假设，其数学期望为 $m$，协方差函数 $c(h)$ 及变异函数 $\gamma(h)$ 存在。即：

$$E[Z(x)]=m，c(h)=E[Z(x)Z(x+h)]-m^2，\gamma(h)$$

$$=\frac{1}{2}E[Z(x)-Z(x+h)]^2 \tag{8.7}$$

设 $Z(x)$ 在 $n$ 个位置取样：$Z(x_1)$，$Z(x_2)$，…，$Z(x_n)$，点 $x_0$ 处的估计量为：

$$Z^*(x_0)=\sum_{i=1}^{n}\lambda_i Z(x_i) \tag{8.8}$$

式中：$\lambda_i$ 为权重系数，表示空间样本点 $x_i$ 处的观测值 $Z(x_i)$ 对估计值 $Z^*(x)$ 的贡献量。

### 8.5.3.2　距离平方反比法

距离平方反比法认为待估点的值为周围已知点的加权平均值，权重大小与待估点和已知点的距离的平方成反比。距离平方反比插值的最大优点是算法简便易行，同时可以为变量值变化很大的数据提供一个合理的插值结果，当数据不存在各项异性时，其插值结果优于克里金插值。距离平方反比插值公式如下：

$$P_k = \sum_{i=1}^{n} \omega_{ik} P_i / \sum_{i=1}^{n} \omega_{ik} \qquad (8.9)$$

式中：$P_k$ 为待插值点的值；$P_i$ 为已知样本点值；$\omega_{ik}$ 为样本点 $i$ 相对于待插值点 $k$ 的距离权重，取值为 $\omega_{ik} = 1/d_i^2$；$d_i$ 为样本点 $i$ 与待插值点 $k$ 之间的距离；$n$ 为样本点数目。

针对距离平方反比法出现的"牛眼"现象，许多学者提出了改进方法，其中具有代表性的是魏勇提出的屏蔽系数加权法[241]。该算法考虑了同一方向上距离待插值点 $M_0$ 较近的点 $M_i$ 对于较远点 $M_j$ 的屏蔽程度，引入了屏蔽系数，在方位-距离加权法的基础上，利用吸引子分维数、Hurst 指数在变化复杂程度高者取小权、低者取大权的指导思想，进一步改进了方位-距离加权法。即认为 $M_i$、$M_j$ 对 $M_0$ 的值都有影响，但 $M_j$ 对 $M_0$ 的影响受到 $M_i$ 的屏蔽，且屏蔽效应应简单化、绝对化，大部分情况下是不完全屏蔽。本书采用此算法提高距离平方反比法的插值精度，具体步骤请参看相关文献。

### 8.5.4 干旱演化参数的图形表达

若要获取数据库中某个特定位置的系列数据信息，或者进行几个位置数据信息的时空分布比较，有时需要采用图形的方式将其变化趋势直观表现出来。常采用的图形表达方式有曲线型、柱状图和面积图等，如图 8.16～图 8.18 所示。

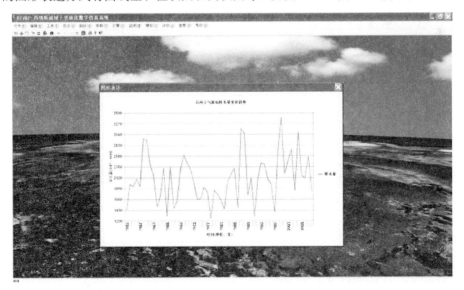

图 8.16　降水量变化曲线图

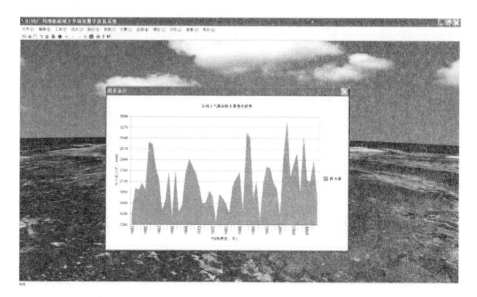

图 8.17　降水量变化面积图

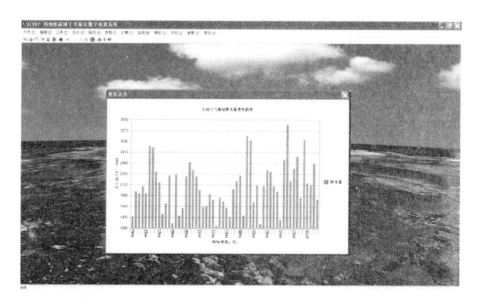

图 8.18　降水量柱状图

　　图形表达功能主要由 VC 提供的 MSChart 控件实现。MSChart 是微软制作的功能强大的图表工具，可以方便地建立各种图表。将 MSChart 控件加入到工具箱后，放置到新建对话框中，声明 CMSChart 类型的全局变量 m ＿Chart,编写生成图表的基本代码：

m_Chart.SetTitleText("石河子气象站降水量变化趋势")　//设置标题，为 CString 类型

m_Chart.SetStacking(FALSE);//设置栈模式

m_Chart.SetRowCount(iRowCount);//iRowCount 和 iColumnCount 为 int 类型

m_Chart.SetColumnCount(iColumnCount)

m_Chart.SetShowLegend(TRUE);　　//显示图例

//Y轴设置

VARIANT var;

m_Chart.GetPlot().GetAxis(1,var).GetValueScale().SetAuto(FALSE);//不自动标注刻度

m_Chart.GetPlot().GetAxis(1,var).GetValueScale().SetMaximum(100);//最大刻度

m_Chart.GetPlot().GetAxis(1,var).GetValueScale().SetMinimum(1);　//最小刻度

m_Chart.GetPlot().GetAxis(1,var).GetValueScale().SetMajorDivision(5);//刻度 5 等分

m_Chart.GetPlot().GetAxis(1,var).GetValueScale().SetMinorDivision(1);//

m_Chart.GetPlot().GetAxis(1,var).GetAxisTitle().SetText("降水量(单位:mm)");//纵坐标名称

//X轴设置

m_Chart.GetPlot().GetAxis(0,var).GetCategoryScale().SetAuto(FALSE);//不自动标注

m_Chart.GetPlot().GetAxis(0,var).GetCategoryScale().SetDivisionPerLable(1);

m_Chart.GetPlot().GetAxis(0,var).GetCategoryScale().SetDivisionPerTick(1);

m_Chart.GetPlot().GetAxis(0,var).GetAxisTile().SetText("时间(单位:年)");//设置横轴名称

char buf[32];//用于存储横轴名称

for(int row=1;row<=nRowCount;row++){//为横轴赋值

m_Chart.SetRow(row);

sprintf(buf,"%lf",x);

m_Chart.SetRowLabel((LPCTSTR)buf);

m_Chart.GetDataGrid().SetData(row,1,value,0) }

m_Chart.Refresh();//图形刷新

# 8.6 基础信息服务功能实现

## 8.6.1 信息查询与显示

空间数据库和属性数据库均集成于数字流域仿真平台中，数据库中的各种信息以高效的数据结构组织存储在后台数据库中。实体空间信息由图形仿真工业标准 Open Flight 格式的空间数据模型文件存储，通过数字流域仿真平台调用渲染出三维地形地物模型；属性信息在 MySQL 数据库中存储，信息查询、添加、删除、更新等操作通过 SQL 语句完成。在此基础上，通过程序设计及建立空间数据库与属性数据库的联系实现基于虚拟流域环境的信息查询与数据显示。

### 8.6.1.1 属性信息查询

系统提供了属性数据的查询与显示、数据增加与删除等功能，如图 8.19

所示。主要包括实时气象水文信息、历史信息、模拟、预报和预测结果等信息
的查询和自动显示。数据查询的 SQL 语言描述为：SELECT $field$ FROM
$table$ WHERE $field\_id = vlu$。

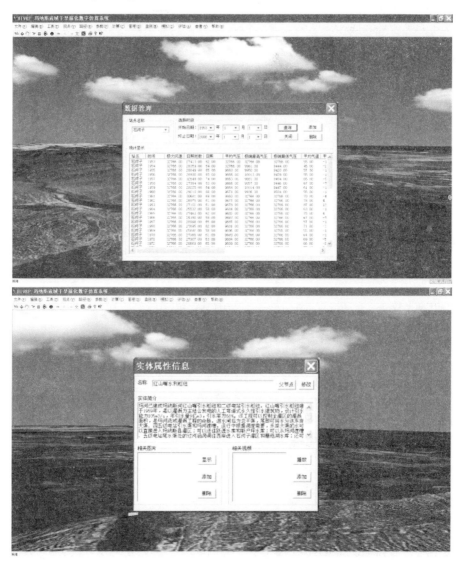

图 8.19　时空数据与实体属性信息的查询与显示

　　现在随着信息技术的飞速发展，数据监测频次和精度在提高，数值模拟的
范围在扩大、精度在提高，因此需要不断更新属性数据库。属性数据的增加包
括手工和自动两种方式。自动方式即不受人工干扰直接与数据库交互，如通过
中间件技术自动创建新的表格或在已有表格内直接写入监测或数值模拟数据；

手工方式主要是通过单条记录录入和批记录导入，批记录导入的前提是必须解析源数据存储结构和格式后，编写程序实现自动导入，如将 Excel 数据导入到数据库中。数据添加的 SQL 语言描述为：INSERT INTO $table$（$field_1$，$field_2$，$field_3$，…）VALUES（$vlu_1$，$vlu_2$，$vlu_3$，…）。

数据删除和更新是针对数据库中的无效记录或内容进行删除和更新。无效记录指表中存在重复、字段值错误或已失去意义的记录等；无效内容指记录中某些字段值存在错误或发生改变而导致记录内容失去意义等。数据删除和更新的 SQL 语言描述为：DELETE FORM $table$ WHERE $field\_id = vlu$；UPDATE $table$ SET $filed = new\_vlu$ WHERE $field = vlu$。

#### 8.6.1.2 实体信息查询与显示

实时信息的查询与显示利用鼠标与虚拟流域环境中的三维实体进行交互。虚拟流域环境中，每个实体从最基础的点开始，以点构面，以面构体，节点上附有纹理、光照、材质等图形图像信息。实体均以多叉树的数据结构存储，便于遍历和查询；实体模型在三维场景中定位后，以外部引用节点与整体模型进行连接。实体模型的空间信息以 ID 作为关键字进行存储，在数据库中，该实体的属性信息以此统一的 ID 将空间数据库和属性数据库连接起来，为实体信息查询创造了条件。

仿真系统以 OpenGVS 提供的碰撞检测函数来确定鼠标选中的实体，然后返回实体的标识名，应用 SQL 语句搜索其属性数据中该标识名对应的实体属性信息记录，将记录信息，如文本、图片、视频等，通过对话框显示出来。这项功能可以使用户在漫游于虚拟流域环境的同时，对实体信息进行直接操作并随意查询，从而实现对信息的有效集成和综合表现。

### 8.6.2 干旱演化时空动态可视化

旱情时空分布动态可视化可以从宏观上把握研究区干旱的演化趋势，三维虚拟仿真平台能够与各种信息进行交互式三维可视化，从而将流域的地形地貌、社会经济和人文等综合信息实时展现给决策者。系统平台提供了与干旱演化时空数据交互的接口，将计算过程中及计算结果或监测数据转换为图形及图像并直观显示出来，其目的在于维持信息完整性的同时，把信息变换成适合人类视觉系统理解的方式，达到将许多抽象、难于理解的原理和规律变得容易理解，冗繁的数据变得生动有趣的效果。其基本流程包括数据生成、数据精炼和处理、可视化映射、绘制及显示[246]。OpenGVS 利用"图形回调"实现动态可视化效果，具体实现流程如下：

（1）分析事件对象的绘制特点，设计动态对象的数据结构 EventObject，用来存储动态对象的实时信息，如河道网格节点的空间位置、水位、流速、纹理坐标，即回调函数的私有数据；而后声明结构体对象指针，并为其分配内存空间。

（2）声明对象定义，调用 GVS 内置函数 GV_obd _set _gfx_callback（）为对象设置图形回调函数 Event_gfx_callback（），并将动态实体实现的相关代码写入此函数；调用内置函数 GV_obd_set_gfx_data（）为对象分配私有数据。私有数据和对象实例手柄共同传递给回调函数。

（3）通过内置函数 GV_obd_set_drawing_order 设置对象绘制顺序的优先级为最高级，从而可以保证动态实体能够正确显示。

（4）将对象实例化加载到场景中，实现动态实体的三维效果。

上述步骤是 OpenGVS 动态对象绘制的通用框架，不同实体动态效果的实现主要在回调函数中完成。OpenGVS 本身没有提供动态对象的绘制功能，必须依靠 OpenGL 图形库进行混合编程实现，通过点、线、面、体的组织方式，可以实现复杂规则物体的绘制，干旱演化参数时空可视化即由该方法完成。这样不但能够充分利用二次开发的优势，减轻工作量，缩短开发周期，而且能利用底层开发工具灵活地操纵动态物体，增强了系统的交互性和对时间维的支持[247]。

通过数据库或数据文件实现干旱演化模型与仿真系统的集成。仿真系统实时运行过程中，按顺序依次读取三个计算步长的数据，分别存入内存中的 PreviousInfo、NextInfo 和 NNextInfo 三个指针；用 PreviousInfo 和 NextInfo 两个指针数组按一定的显示时间步长插值，得到进程渐变的数据并实时显示；后台调入下一时间步长的数据进行更换并继续插值：＊PreviousInfo ＝ ＊NextInfo，＊NextInfo ＝ ＊NNextInfo。这样不但实现了数据在三维可视化平台上的更新传递与实时显示，而且消耗内存资源极小。

干旱演化数据大部分是二维标量，空间位置坐标不变，而任一点的属性信息可能会发生变化。数据场分布随着时间的推进而发生变化，每循环一帧，属性值就会变化一次，以属性值为参数的绘制函数所绘制的干旱演化数据时空分布图形会重绘一次，伴随着屏幕的更新，数据各时刻的空间分布状态就可以展现在三维场景中。

属性值可视化是通过颜色映射方式表现的。首先，设置分级或连续的颜色条带；其次，在系统初始化过程中找出所有节点中相同属性的最大、最小值，并设置其对应的颜色值或者透明度值，然后线性插值得出所有节点的颜色值和透明度值；最后，通过节点位置、透明度和颜色值绘制三角形图元。

## 8.7　仿真系统基本功能实现

### 8.7.1　三维场景可视化漫游

系统提供了利用鼠标或键盘控制场景漫游的方式。通过设计相应的左右转、俯仰视、前后移和上升下降的规则，将其添加入鼠标或键盘响应函数中，鼠标在屏幕上的移动，加上键盘的配合，就能实现不同场合和用途的虚拟场景漫游。浏览方式主要包括升降、旋转和平移三种，在升降浏览模式下，通过利用鼠标和键盘操纵摄像机的位置和角度变化，自动调整摄像机的漫游速度和视角大小，且这些参数可以由用户自行定制；在旋转浏览模式下，分别按下鼠标左键和右键通过鼠标在屏幕上移动实现摄像机角度的调整和视点远离与拉近；在平移浏览模式下，按下鼠标左键通过鼠标在屏幕上的左右、上下移动实现摄像机在水平方向的位置变换。图 8.20 为玛河流域三维场景效果。

图 8.20 玛河流域三维场景效果图

图 8.21 路径漫游管理工具

### 8.7.2　路径漫游

系统提供该功能的目的是满足用户需要经常浏览重点关注水系及其周围区域的虚拟环境的要求，避免使用鼠标或键盘实现场景漫游的繁琐操作。首先通过手工漫游方式将摄像机移动到重点水系位置，并且将观察角度调整到相对最佳，然后将此时的摄像机空间位置和观看角度六个自由度参数存储到数据库中，作为漫游路径的关键帧参数。以此类推，获取预设漫游路线中摄像机浏览的最佳位置和角度，顺序存储为关键帧参数，并设定相邻位置间的漫游时间。当需要对该路径进行漫游时，选择相应数据库中路径的名称，获取摄像机关键帧参数并通过线性插值、双线性插值等方法插值计算出当前帧的摄像机参数，并将该参数赋予摄像机，就能实现相邻关键帧位置和视角的光滑过渡，从而保证路径漫游的顺畅。此外，系统还提供了对固定漫游路径添加、删除和编辑的管理功能。路径漫游基于 OpenGVS 提供的 MPT（Motion Path Tool）接口函数来实现[248,249]，漫游管理工具见图 8.21。

### 8.7.3　视点定位

视点定位功能的程序设计流程和路径漫游摄像机关键帧参数的获取类似。将摄像机置于重点虚拟环境区域关键实体或部位的最佳观察位置，获取相应的摄像机六个自由度参数，并赋予特定名称作为关键字存储到数据库表中。在用户沉浸于虚拟环境中时，若想及时了解离当前视点较远的目标区域，且观察目标区域的摄像机位置和视角已在数据库表中，通过鼠标和键盘操纵可能需要较长时间的位置移动和视角变换才能到达观察目标区域的位置，而通过视点定位功能，只需在弹出的视点定位管理对话框中选取对应目标区域观察位置的视点名称，就能迅速到达相应位置，避免了不必要的移动变换过程。此外，系统提供了数据库表中无效视点的删除与修改功能，若对视点位置不满意，可将其删除或修改。视点定位工具见图 8.22。

### 8.7.4　文字标注

文字标注是三维场景的多维可视化表达方法之一，它将数据文字经过图形处理后放置在对应的空间位置，然后通过图形变换在投影屏幕上进行显示。在程序运行过程中，在后台数据库的支持下，这些数据能够实时更新变化，且随着视点变化移动在屏幕上的显示位置，并变换字体朝向，但字体空间位置保持不变；还可以根据距离视点远近实现字体的大小变化。如在气象水文站处标上名称和实时获取的气象水文数据；在水系和湖泊所在位置标注其名称。图 8.23 所示为在玛纳斯湖位置处标注"玛纳斯湖"的名称。

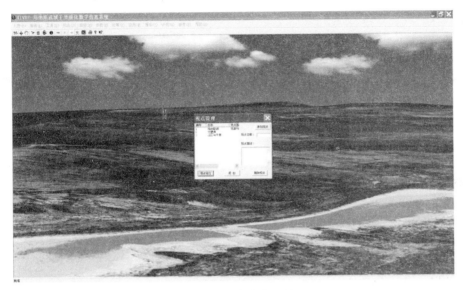

图 8.22 视点定位工具

图 8.23 文字标注结果

## 8.8 本章小结

本章基于计算机图形学技术、分布式水文模拟技术、综合评估技术、数据库技术等，初步构建了集数据管理、模拟评估、信息表达为一体的流域干旱演化模拟与评估仿真系统，提出了数字仿真系统由数据层、模型层、平台层和功能层组成的四层体系架构。在系统的数据层建设方面，集成数字高程模型、遥感影像数据和矢量数据，利用三维建模软件 Terra Vista 实现了流域三维虚拟环境的自动建模，并对重点区域建模、渠道建模和地形地物无缝建模技术进行了研究；探讨了空间数据库的生成和属性数据库的建立以及两者的连接方法。在三维仿真系统平台建设方面，结合面向对象的编程平台 VC＋＋和三维视景软件包 OpenGVS 研发了三维可视化平台，详细研究了所涉及的三维图形显示、控制漫游、海量数据调度和细节层次技术等。依据系统建设目的，分别研究了各功能的实现过程，初步实现了干旱指数计算、空间数据统计分析、空间插值和图形表达等专业应用功能，实现了信息查询与显示和时空动态可视化等基础信息服务功能，以及场景漫游、路径漫游、视点定位、文字标注等仿真系统基本功能，为干旱过程演化模拟与评估提供了综合服务平台。

# 第9章　主要成果与展望

本书研究了西北内陆河流域二元水循环与干旱演化的相互关系，构建了基于分布式水文模型的内陆河流域干旱演化模拟模型和干旱模糊综合评估模型，并以天山北坡中段玛纳斯河流域为例，进行了流域干旱过程模拟、干旱综合评估、干旱等级区划与干旱风险调控研究，最后初步建立了流域干旱演化模拟与评估仿真综合平台。

## 9.1　主要成果

本研究初步构建了基于流域二元水循环的干旱区内陆河流域干旱形成与演化机理分析理论框架，提出了以分布式水文模型耦合干旱综合评估指标体系与综合评估模型的干旱演化模拟与评估技术方法体系，构建了西北内陆河流域干旱综合评估指标体系及模糊综合评估模型，建立了玛纳斯河流域干旱演化模拟与预测模型，初步搭建了集业务应用功能、基础信息服务功能与仿真平台基本功能于一体的玛纳斯河流域干旱演化模拟与评估仿真综合平台。取得的主要成果如下：

（1）系统总结了内陆河流域干旱类型及相互间的转化关系，阐述了不同干旱类型的时空分布特征、成因及其影响因子；并根据西北内陆河流域的二元水循环特性，分析了平原区水资源-生态系统演化与生态干旱的关系，研究了水资源循环演化环节中水通量的多少与干旱类型的转化关系及其主要影响因素。

（2）在分析分布式水文模型在西北内陆河流域的适用性和局限性的基础上，对 SWAT 模型在河网提取算法、冰川融水参数、人工侧支循环中的水资源开发利用参数等方面进行了改进和模型化处理，探索构建了以干旱形成机理为基础，以分布式水文模型模拟为基本工具，耦合干旱评估指标体系及综合评估模型，并集成风险管理与数字仿真技术的内陆河流域干旱演化模拟与评估理论方法框架。

（3）探索性地提出了西北内陆河流域生态干旱的概念、评估内容、评估指标及指标获取方法，归纳、评价并优化构建了气象、水文、农业干旱的评估指标及计算方法，综合构建了内陆河流域干旱评估指标体系和干旱模糊综合评估模型，丰富了干旱评估技术方法体系。

（4）基于概率统计分析方法和典型流域模型长系列模拟结果，探索提出了内陆河流域干旱评估指标等级划分关键阈值的确定方法，并依据各子系统干旱评估结果和综合干旱结果隶属度函数，将干旱程度划分为五个等级。

（5）选择新疆天山北坡玛纳斯河流域作为应用研究区域，应用基于SWAT模型改进的玛纳斯河流域干旱演化模拟模型，以1981—1995年为模型率定期，对分布式水文模型参数进行了敏感性分析和率定；以1996—2007年为模型验证期，对玛河流域进行了长系列水文过程模拟；在分析玛河流域气象因素变化趋势的基础上，以增温10%和增雨20%作为未来气候变化的两种情景，模拟预测了流域1981—2007年两种情景下的生态水文过程。流域共划分为99个子流域，1873个水文响应单元，在正常、增温和增雨三种情况下流域水资源总量分别为23.13亿 $m^3$、20.49亿 $m^3$ 和24.13亿 $m^3$。

（6）根据模拟结果、遥感数据、图片和观测资料等多源数据，建立了玛河流域干旱评估指标体系和基于最大熵理论的干旱综合评估模型。评估结果表明，玛河流域存在南部较北部干旱程度轻、作物生长季较其他季干旱程度轻、一般用地较城镇用地区域旱情轻的规律；流域干旱状况受降水影响最大，同时受水利工程措施、下垫面条件和作物品种及生长季的影响。对干旱类型时空演化的定量分析表明，水文干旱和农业干旱是流域的主要干旱类型，同时气象、水文和农业干旱类型在不同时间段存在此消彼长的关系。根据权重关系，气象干旱权重最大，为0.347；生态干旱权重最小，为0.134；在综合干旱模糊评估结果中，各干旱类型不等于其权重时，干旱类型即有发生演化的可能，演化方向取决于各干旱类型所占比重与其权重的差异。

（7）根据评估结果，以 ArcGIS 为图形制作工具，对部分单指标评估结果进行了图形展示，并选择5%、多年平均、50%、75%、90%和95%典型降水频率年在正常状况、增温10%和增雨20%三种情景下的干旱综合结果和2007年5—11月的月过程评估结果给予了综合干旱等级区划图制作。通过对玛纳斯河流域干旱状况的深刻认知，提出了基于水资源合理优化配置和高效利用的流域干旱风险管理模式和风险防范技术，需要因地制宜，有机结合工程和非工程措施，尽快编制流域综合规划和风险管理计划，加快干旱管理立法工作，建立干旱评估预警平台。

（8）集成干旱演化模型、综合评估、虚拟现实、数据库、计算机图形学等技术，初步构建了流域干旱演化模拟与评估综合仿真平台。利用三维自动建模软件实现了玛纳斯河流域三维场景的快速建模，构建了流域三维可视化平台，研究了数字仿真系统中时空数据的精确定量统计分析算法，实现了玛纳斯河流域虚拟环境的三维可视化、场景漫游、路径漫游、视点定位等系统平台基本功能，以及实体模型信息查询、时空数据管理、干旱演化参数的区域或全区统计分析、干旱指标计算、干旱演化参数的时空插值计算、干旱演化参数图形表达和时空分布可视化等基础信息服务和专业应用功能，为新时期流域干旱风险管理提供了技术支撑和基础平台。

## 9.2 展望

由于干旱演化机理与评估理论方法研究还处于起步阶段，下一步还需要继续完善生态干旱理论方法体系，系统论述生态干旱的内涵、外延、演化机制、评估指标和方法；强化对玛河流域干旱状况的长系列评估和分析，定量分析研究降水、蒸发、下垫面条件、水利工程措施、作物类型、作物生长期等因素对干旱的影响程度；丰富流域干旱演化模拟与评估仿真综合平台的数据源和专业功能；加强基于全球气候模式与区域气候模式的干旱预报及变化趋势研究等。

# 附　　表

附表1　多年平均降水年（1990年）温度增加10％子流域模型预测结果 单位：mm

| 子流域 | 降水 | 冰雪融水 | 潜在蒸发量 | 实际蒸发量 | 土壤含水量 | 地表径流量 | 地下径流量 | 产水量 |
|---|---|---|---|---|---|---|---|---|
| 1 | 216.2 | 52.573 | 1563.704 | 161.838 | 32.854 | 29.111 | 6.07 | 40.732 |
| 2 | 216.2 | 52.573 | 1565.928 | 162.666 | 35.443 | 34.141 | 1.175 | 35.954 |
| 3 | 216.2 | 52.573 | 1565.701 | 155.181 | 32.439 | 40.128 | 1.334 | 47.603 |
| 4 | 216.2 | 52.573 | 1564.933 | 155.431 | 33.101 | 41.564 | 1.6 | 48.87 |
| 5 | 216.2 | 52.573 | 1565.293 | 153.473 | 32.229 | 40.599 | 3.693 | 50.926 |
| 6 | 216.2 | 52.573 | 1566.079 | 161.198 | 34.391 | 32.318 | 0.861 | 34.318 |
| 7 | 216.2 | 52.573 | 1565.416 | 156.793 | 33.554 | 32.5 | 0.511 | 33.592 |
| 8 | 216.2 | 52.573 | 1568.315 | 155.41 | 31.444 | 37.929 | 1.143 | 39.879 |
| 9 | 191.9 | 27.661 | 1577.215 | 155.672 | 26.2 | 28.449 | 0.941 | 32.354 |
| 10 | 191.9 | 27.661 | 1578.277 | 155.6 | 25.766 | 24.9 | 0.699 | 26.61 |
| 11 | 191.9 | 27.661 | 1578.407 | 165.886 | 26.96 | 19.766 | 0.523 | 20.486 |
| 12 | 191.9 | 27.661 | 1575.992 | 161.712 | 26.457 | 22.963 | 0.866 | 24.467 |
| 13 | 191.9 | 27.661 | 1579.201 | 160.831 | 25.369 | 24.155 | 0.382 | 24.808 |
| 14 | 191.9 | 27.661 | 1580.783 | 150.845 | 23.152 | 29.794 | 0.716 | 31.244 |
| 15 | 216.2 | 52.573 | 1565.477 | 164.012 | 35.643 | 31.416 | 0.756 | 32.685 |
| 16 | 216.2 | 52.573 | 1566.042 | 163.637 | 33.988 | 33.643 | 0.956 | 36.84 |
| 17 | 191.9 | 27.661 | 1578.897 | 149.133 | 22.252 | 32.275 | 0.484 | 33.515 |
| 18 | 216.2 | 52.573 | 1568.603 | 155.095 | 31.379 | 37.234 | 0.955 | 38.711 |
| 19 | 216.2 | 52.573 | 1566.944 | 162.824 | 35.213 | 30.76 | 1.101 | 32.336 |
| 20 | 191.9 | 27.661 | 1603.309 | 155.752 | 24.397 | 28.133 | 0.847 | 30.053 |
| 21 | 216.2 | 52.573 | 1566.586 | 163.403 | 35.582 | 32.884 | 1.981 | 35.757 |
| 22 | 216.2 | 52.573 | 1568.918 | 155.699 | 32.839 | 36.507 | 0.881 | 38.224 |
| 23 | 216.2 | 52.573 | 1567.75 | 161.272 | 31.711 | 36.521 | 1.385 | 39.017 |
| 24 | 191.9 | 27.661 | 1605.095 | 158.899 | 25.99 | 23.567 | 0.749 | 26.276 |
| 25 | 216.2 | 52.573 | 1724.709 | 362.787 | 37.454 | 32.519 | 1.365 | 34.687 |
| 26 | 216.2 | 52.573 | 1569.887 | 151.566 | 28.841 | 40.304 | 0.82 | 41.867 |

| 子流域 | 降水 | 冰雪融水 | 潜在蒸发量 | 实际蒸发量 | 土壤含水量 | 地表径流量 | 地下径流量 | 产水量 |
|---|---|---|---|---|---|---|---|---|
| 27 | 216.2 | 52.573 | 1568.831 | 160.237 | 34.458 | 35.011 | 0.863 | 36.529 |
| 28 | 191.9 | 27.661 | 1584.271 | 159.088 | 25.422 | 23.815 | 0.355 | 25.583 |
| 29 | 216.2 | 52.573 | 1572.878 | 136.757 | 22.223 | 48.825 | 0.479 | 49.903 |
| 30 | 191.9 | 27.661 | 1601.49 | 160.604 | 26.281 | 22.086 | 0.475 | 24.732 |
| 31 | 216.2 | 52.573 | 1635.61 | 242.243 | 31.781 | 36.312 | 0.817 | 37.78 |
| 32 | 216.2 | 52.573 | 1572.883 | 155.758 | 30.777 | 37.78 | 2.637 | 41.247 |
| 33 | 216.2 | 52.573 | 1569.022 | 166.377 | 33.017 | 35.8 | 0.72 | 38.099 |
| 34 | 216.2 | 52.573 | 1569.238 | 166.531 | 34.677 | 31.451 | 1.366 | 34.025 |
| 35 | 216.2 | 52.573 | 1569.22 | 162.4 | 33.458 | 33.411 | 1.285 | 41.248 |
| 36 | 216.2 | 52.573 | 1623.052 | 215.848 | 31.557 | 35.739 | 1.729 | 38.326 |
| 37 | 216.2 | 52.573 | 1571.488 | 152.923 | 32.094 | 38.01 | 1.08 | 40.097 |
| 38 | 216.2 | 52.573 | 1574.932 | 157.029 | 31.315 | 31.75 | 0.677 | 33.085 |
| 39 | 216.2 | 52.573 | 1573.815 | 161.521 | 33.319 | 32.198 | 0.805 | 33.834 |
| 40 | 216.2 | 52.573 | 1636.703 | 239.68 | 30.494 | 36.466 | 0.995 | 38.146 |
| 41 | 191.9 | 27.661 | 1640.548 | 158.03 | 25.034 | 20.216 | 0.362 | 27.391 |
| 42 | 216.2 | 52.573 | 1570.005 | 174.855 | 35.975 | 25.918 | 0.477 | 27.392 |
| 43 | 216.2 | 52.573 | 1569.323 | 161.827 | 32.143 | 35.437 | 1.385 | 39.192 |
| 44 | 216.2 | 52.573 | 1594.958 | 180.474 | 31.227 | 39.783 | 1.261 | 41.812 |
| 45 | 216.2 | 52.573 | 1582.539 | 149.131 | 28.265 | 33.752 | 0.378 | 37.776 |
| 46 | 191.9 | 27.661 | 1626.483 | 159.703 | 26.35 | 22.967 | 0.453 | 25.577 |
| 47 | 216.2 | 52.573 | 1601.911 | 198.338 | 33.963 | 35.795 | 1.485 | 43.218 |
| 48 | 191.9 | 27.661 | 1600.42 | 152.53 | 24.481 | 22.935 | 0.218 | 27.952 |
| 49 | 251.7 | 34.265 | 1455.87 | 212.192 | 37.483 | 42.883 | 1.118 | 44.977 |
| 50 | 191.9 | 27.661 | 1637.447 | 154.463 | 24.89 | 20.931 | 0.171 | 31.752 |
| 51 | 216.2 | 52.573 | 1626.445 | 177.813 | 29.197 | 33.081 | 0.445 | 42.46 |
| 52 | 467.056 | 32.331 | 1237.179 | 340.431 | 18.072 | 118.857 | 0.878 | 132.024 |
| 53 | 216.2 | 52.573 | 1584.47 | 153.042 | 31.369 | 31.921 | 0.772 | 46.244 |
| 54 | 216.2 | 52.573 | 1616.603 | 197.566 | 30.048 | 32.702 | 1.586 | 35.001 |
| 55 | 251.7 | 34.265 | 1453.306 | 173.907 | 30.843 | 40.188 | 0.78 | 53.401 |
| 56 | 251.7 | 34.265 | 1439.607 | 158.346 | 21.067 | 34.514 | 1.546 | 38.231 |

| 子流域 | 降水 | 冰雪融水 | 潜在蒸发量 | 实际蒸发量 | 土壤含水量 | 地表径流量 | 地下径流量 | 产水量 |
|---|---|---|---|---|---|---|---|---|
| 57 | 349.9 | 36.259 | 1444.06 | 268.282 | 18.634 | 59.264 | 1.225 | 69.504 |
| 58 | 467.056 | 32.331 | 1251.145 | 292.43 | 16.051 | 77.845 | 0.758 | 100.12 |
| 59 | 251.7 | 34.265 | 1446.983 | 163.492 | 23.695 | 41.472 | 0.516 | 48.632 |
| 60 | 467.056 | 31.734 | 1361.178 | 271.051 | 12.488 | 51.046 | 0.324 | 203.165 |
| 61 | 467.056 | 32.331 | 1248.293 | 284.709 | 14.116 | 61.363 | 0.529 | 187.434 |
| 62 | 349.9 | 36.244 | 1454.587 | 271.032 | 18.75 | 59.072 | 0.91 | 70.625 |
| 63 | 349.9 | 36.254 | 1447.605 | 262.92 | 18.774 | 67.103 | 1.212 | 75.556 |
| 64 | 467.056 | 32.331 | 1256.995 | 326.219 | 16.546 | 116.18 | 0.819 | 143.368 |
| 65 | 349.9 | 36.255 | 1442.447 | 240.285 | 16.397 | 48.642 | 0.755 | 75.143 |
| 66 | 467.056 | 32.331 | 1251.973 | 337.142 | 17.434 | 109.988 | 2.207 | 130.487 |
| 67 | 191.9 | 27.661 | 1675.43 | 120.318 | 13.289 | 7.336 | 0.07 | 70.771 |
| 68 | 349.9 | 36.236 | 1454.539 | 233.544 | 16.039 | 53.152 | 0.549 | 93.876 |
| 69 | 445.8 | 60.935 | 1298.516 | 295.315 | 38.752 | 107.284 | 1.336 | 138.454 |
| 70 | 467.056 | 31.734 | 1380.314 | 225.57 | 9.93 | 7.021 | 0.067 | 244.536 |
| 71 | 349.9 | 36.231 | 1455.944 | 223.244 | 14.05 | 38.884 | 0.313 | 97.241 |
| 72 | 467.056 | 32.331 | 1291.966 | 215.598 | 10.384 | 38.996 | 0.284 | 254.024 |
| 73 | 445.8 | 60.935 | 1297.94 | 262.616 | 36.849 | 90.854 | 1.021 | 180.82 |
| 74 | 467.057 | 32.331 | 1275.066 | 259.414 | 12.298 | 26.317 | 0.333 | 208.564 |
| 75 | 467.056 | 32.331 | 1293.952 | 269.693 | 13.173 | 51.45 | 0.275 | 200.494 |
| 76 | 467.056 | 31.734 | 1400.346 | 222.3 | 9.429 | 35.861 | 0.249 | 249.011 |
| 77 | 467.056 | 32.331 | 1285.193 | 214.92 | 10.434 | 50.268 | 0.408 | 254.291 |
| 78 | 467.056 | 32.331 | 1290.548 | 264.221 | 12.589 | 52.009 | 0.314 | 204.291 |
| 79 | 467.056 | 32.331 | 1296.352 | 251.825 | 12.004 | 37.821 | 0.398 | 213.727 |
| 80 | 467.056 | 32.331 | 1316.923 | 220.861 | 10.844 | 77.574 | 0.579 | 247.624 |
| 81 | 467.056 | 32.331 | 1332.881 | 216.206 | 10.38 | 54.627 | 0.37 | 251.57 |
| 82 | 467.056 | 32.331 | 1291.857 | 220.671 | 10.808 | 74.646 | 0.517 | 247.504 |
| 83 | 467.056 | 32.331 | 1342.127 | 217.791 | 10.368 | 73.648 | 0.502 | 249.798 |
| 84 | 467.056 | 39.489 | 1180.892 | 252.481 | 18.659 | 41.712 | 0.297 | 218.322 |
| 85 | 467.056 | 39.489 | 1190.982 | 222.504 | 19.069 | 15.938 | 0.072 | 248.001 |
| 86 | 445.8 | 60.935 | 1346.176 | 197.678 | 24.555 | 52.219 | 0.896 | 241.971 |

| 子流域 | 降水 | 冰雪融水 | 潜在蒸发量 | 实际蒸发量 | 土壤含水量 | 地表径流量 | 地下径流量 | 产水量 |
|---|---|---|---|---|---|---|---|---|
| 87 | 467.056 | 39.489 | 1229.661 | 207.491 | 16.082 | 59.319 | 0.333 | 261.251 |
| 88 | 467.056 | 39.489 | 1242.003 | 211.083 | 17.081 | 76.777 | 0.345 | 256.411 |
| 89 | 467.056 | 39.489 | 1228.252 | 206.439 | 16.937 | 29.147 | 0.165 | 262.245 |
| 90 | 467.056 | 39.489 | 1194.213 | 204.436 | 16.396 | 38.368 | 0.272 | 264.113 |
| 91 | 467.056 | 39.489 | 1224.417 | 206.337 | 16.745 | 77.078 | 0.419 | 259.999 |
| 92 | 467.056 | 39.489 | 1203.863 | 232.291 | 19.122 | 11.018 | 0.071 | 236.794 |
| 93 | 467.056 | 39.489 | 1216.603 | 216.195 | 17.212 | 31.266 | 0.205 | 250.924 |
| 94 | 467.056 | 39.489 | 1210.567 | 223.757 | 18.615 | 15.472 | 0.132 | 243.78 |
| 95 | 467.056 | 39.489 | 1233.661 | 212.086 | 17.23 | 66.858 | 0.535 | 255.144 |
| 96 | 467.056 | 39.489 | 1246.967 | 210.176 | 16.686 | 60.797 | 0.402 | 256.883 |
| 97 | 467.056 | 39.489 | 1260.313 | 209.189 | 16.558 | 51.719 | 0.389 | 258.452 |
| 98 | 467.056 | 39.489 | 1257.09 | 203.446 | 16.303 | 30.782 | 0.295 | 264.121 |
| 99 | 467.056 | 39.489 | 1230.646 | 219.86 | 18.148 | 25.359 | 0.289 | 248.518 |

**附表 2　多年平均降水年（1990 年）降水增加 20％子流域模型预测结果 单位：mm**

| 子流域 | 降水 | 冰雪融水 | 潜在蒸发量 | 实际蒸发量 | 土壤含水量 | 地表径流量 | 地下径流量 | 产水量 |
|---|---|---|---|---|---|---|---|---|
| 1 | 258.2 | 63.115 | 1466.036 | 194.03 | 32.921 | 31.805 | 5.302 | 41.198 |
| 2 | 258.2 | 63.115 | 1468.237 | 191.733 | 34.457 | 41.41 | 0 | 41.95 |
| 3 | 258.2 | 63.115 | 1468.027 | 185.206 | 31.351 | 45.566 | 0.295 | 50.446 |
| 4 | 258.2 | 63.115 | 1467.272 | 188.353 | 31.594 | 44.771 | 0.106 | 48.943 |
| 5 | 258.2 | 63.115 | 1467.609 | 186.705 | 30.913 | 43.152 | 1.646 | 49.428 |
| 6 | 258.2 | 63.115 | 1468.389 | 185.622 | 34.807 | 41.347 | 0 | 42.238 |
| 7 | 258.2 | 63.115 | 1467.73 | 177.025 | 35.788 | 45.328 | 0 | 45.932 |
| 8 | 258.2 | 63.115 | 1470.608 | 177.792 | 32.454 | 51.011 | 0 | 51.827 |
| 9 | 228.1 | 34.662 | 1483.87 | 181.396 | 31.336 | 24.422 | 0 | 26.074 |
| 10 | 228.1 | 34.662 | 1484.854 | 175.266 | 31.305 | 27.854 | 0 | 28.691 |
| 11 | 228.1 | 34.662 | 1484.997 | 186.816 | 33.121 | 19.694 | 0.568 | 20.451 |
| 12 | 228.1 | 34.662 | 1482.763 | 183.206 | 32.55 | 22.711 | 0.898 | 24.068 |
| 13 | 228.1 | 34.662 | 1485.745 | 182.073 | 31.871 | 24.74 | 0.403 | 25.417 |
| 14 | 228.1 | 34.662 | 1487.227 | 169.063 | 28.777 | 35.171 | 0.805 | 36.741 |

| 子流域 | 降水 | 冰雪融水 | 潜在蒸发量 | 实际蒸发量 | 土壤含水量 | 地表径流量 | 地下径流量 | 产水量 |
|---|---|---|---|---|---|---|---|---|
| 15 | 258.2 | 63.115 | 1467.805 | 190.489 | 35.484 | 38.635 | 0.642 | 39.695 |
| 16 | 258.2 | 63.115 | 1468.367 | 191.919 | 34.18 | 39.137 | 0.81 | 41.613 |
| 17 | 228.1 | 34.662 | 1485.442 | 167.073 | 27.62 | 38.16 | 0.537 | 39.494 |
| 18 | 258.2 | 63.115 | 1470.901 | 179.797 | 31.971 | 47.795 | 0.87 | 49.189 |
| 19 | 258.2 | 63.115 | 1469.251 | 187.721 | 35.286 | 39.378 | 0.987 | 40.785 |
| 20 | 228.1 | 34.662 | 1509.705 | 177.269 | 30.825 | 29.86 | 0.872 | 31.752 |
| 21 | 258.2 | 63.115 | 1468.891 | 192.971 | 34.594 | 38.722 | 1.736 | 41.18 |
| 22 | 258.2 | 63.115 | 1471.219 | 180.432 | 32.424 | 47.455 | 0.792 | 49.042 |
| 23 | 258.2 | 63.115 | 1470.036 | 187.353 | 33.33 | 44.784 | 1.319 | 47.086 |
| 24 | 228.1 | 34.662 | 1511.488 | 179.019 | 33.208 | 26.683 | 0.826 | 29.526 |
| 25 | 258.2 | 63.115 | 1626.822 | 386.099 | 34.205 | 36.375 | 1.119 | 38.059 |
| 26 | 258.2 | 63.115 | 1472.18 | 175.402 | 29.297 | 52.227 | 0.75 | 53.693 |
| 27 | 258.2 | 63.115 | 1471.122 | 188.817 | 33.524 | 42.035 | 0.74 | 43.336 |
| 28 | 228.1 | 34.662 | 1490.612 | 178.451 | 32.178 | 27.162 | 0.388 | 28.907 |
| 29 | 258.2 | 63.115 | 1475.175 | 160.376 | 20.9 | 63.595 | 0.405 | 64.624 |
| 30 | 228.1 | 34.662 | 1507.885 | 181.271 | 33.355 | 24.223 | 0.51 | 26.924 |
| 31 | 258.2 | 63.115 | 1537.807 | 267.645 | 32.83 | 43.267 | 0.711 | 44.603 |
| 32 | 258.2 | 63.115 | 1475.174 | 186.359 | 30.994 | 44.235 | 2.407 | 47.406 |
| 33 | 258.2 | 63.115 | 1471.297 | 199.273 | 34.327 | 37.999 | 0.597 | 39.895 |
| 34 | 258.2 | 63.115 | 1471.528 | 195.619 | 34.835 | 37.865 | 1.248 | 40.129 |
| 35 | 258.2 | 63.115 | 1471.512 | 193.144 | 33.53 | 37.43 | 0.981 | 43.438 |
| 36 | 258.2 | 63.115 | 1525.288 | 237.014 | 32.956 | 46.929 | 1.677 | 49.503 |
| 37 | 258.2 | 63.115 | 1473.763 | 176.106 | 33.523 | 49.732 | 0.976 | 51.736 |
| 38 | 258.2 | 63.115 | 1477.237 | 178.082 | 32.738 | 43.167 | 0.586 | 44.459 |
| 39 | 258.2 | 63.115 | 1476.099 | 185.81 | 34.742 | 41.442 | 0.713 | 42.942 |
| 40 | 258.2 | 63.115 | 1538.895 | 259.332 | 31.379 | 47.961 | 0.902 | 49.566 |
| 41 | 228.1 | 34.662 | 1547.239 | 178.017 | 32.5 | 22.824 | 0.411 | 31.267 |
| 42 | 258.2 | 63.115 | 1472.291 | 200.666 | 37.12 | 33.427 | 0.408 | 34.795 |
| 43 | 258.2 | 63.115 | 1471.616 | 191.538 | 32.189 | 40.338 | 1.17 | 43.299 |
| 44 | 258.2 | 63.115 | 1497.224 | 209.002 | 30.852 | 47.335 | 1.109 | 49.162 |

| 子流域 | 降水 | 冰雪融水 | 潜在蒸发量 | 实际蒸发量 | 土壤含水量 | 地表径流量 | 地下径流量 | 产水量 |
|---|---|---|---|---|---|---|---|---|
| 45 | 258.2 | 63.115 | 1484.892 | 173.192 | 28.111 | 43.852 | 0.318 | 47.991 |
| 46 | 228.1 | 34.662 | 1532.989 | 180.636 | 34.196 | 26.055 | 0.521 | 28.98 |
| 47 | 258.2 | 63.115 | 1504.158 | 226.644 | 32.996 | 41.259 | 1.199 | 46.984 |
| 48 | 228.1 | 34.662 | 1506.73 | 172.063 | 30.834 | 26.669 | 0.25 | 32.168 |
| 49 | 302.4 | 44.895 | 1375.163 | 243.306 | 38.617 | 57.557 | 1.083 | 59.573 |
| 50 | 228.1 | 34.662 | 1544.115 | 173.861 | 32.349 | 24.757 | 0.215 | 38.082 |
| 51 | 258.2 | 63.115 | 1528.948 | 198.243 | 30.594 | 45.41 | 0.392 | 55.881 |
| 52 | 559.906 | 38.69 | 1172.195 | 466.416 | 13.356 | 78.892 | 0.654 | 92.001 |
| 53 | 258.2 | 63.115 | 1486.816 | 174.159 | 33.001 | 44.618 | 0.71 | 61.036 |
| 54 | 258.2 | 63.115 | 1518.878 | 217.69 | 31.269 | 43.736 | 1.5 | 46.009 |
| 55 | 302.4 | 44.895 | 1373.026 | 203.801 | 31.761 | 56.093 | 0.804 | 71.771 |
| 56 | 302.4 | 44.895 | 1359.131 | 189.805 | 20.829 | 47.13 | 1.649 | 51.25 |
| 57 | 419.6 | 48.862 | 1336.7 | 307.087 | 27.91 | 68.029 | 1.054 | 78.129 |
| 58 | 559.907 | 38.69 | 1182.259 | 396.494 | 13.312 | 62.05 | 0.724 | 86.85 |
| 59 | 302.4 | 44.895 | 1366.606 | 195.101 | 23.687 | 54.695 | 0.535 | 63.114 |
| 60 | 559.906 | 43.295 | 1278.456 | 336.526 | 11.465 | 39.833 | 0.287 | 223.71 |
| 61 | 559.907 | 38.69 | 1183.497 | 366.021 | 11.67 | 42.353 | 0.429 | 193.959 |
| 62 | 419.6 | 48.862 | 1346.825 | 311.735 | 28.277 | 68.168 | 0.813 | 80.502 |
| 63 | 419.6 | 48.862 | 1340.062 | 303.21 | 27.201 | 76.125 | 1.112 | 85.415 |
| 64 | 559.907 | 38.69 | 1188.178 | 439.101 | 13.223 | 85.815 | 0.664 | 116.835 |
| 65 | 419.6 | 48.862 | 1335.078 | 269.654 | 23.265 | 65.02 | 0.752 | 96.073 |
| 66 | 559.907 | 38.69 | 1183.091 | 461.066 | 13.276 | 71.848 | 1.679 | 93.567 |
| 67 | 228.1 | 34.662 | 1582.494 | 131.896 | 17.899 | 9.262 | 0.085 | 88.177 |
| 68 | 419.6 | 48.862 | 1346.692 | 267.931 | 25.545 | 64.065 | 0.548 | 114.616 |
| 69 | 534.1 | 89.257 | 1226.626 | 351.367 | 38.875 | 123.857 | 1.244 | 155.803 |
| 70 | 559.907 | 43.295 | 1297.74 | 270.196 | 10.587 | 6.433 | 0.072 | 290.058 |
| 71 | 419.6 | 48.862 | 1348.015 | 248.391 | 23.675 | 51.556 | 0.337 | 123.595 |
| 72 | 559.907 | 38.69 | 1228.087 | 258.928 | 10.071 | 50.793 | 0.307 | 299.713 |

| 子流域 | 降水 | 冰雪融水 | 潜在蒸发量 | 实际蒸发量 | 土壤含水量 | 地表径流量 | 地下径流量 | 产水量 |
|---|---|---|---|---|---|---|---|---|
| 73 | 534.1 | 89.257 | 1226.038 | 319.955 | 37.059 | 100.891 | 0.98 | 196.66 |
| 74 | 559.907 | 38.69 | 1206.53 | 321.204 | 11.402 | 19.454 | 0.274 | 235.733 |
| 75 | 559.907 | 38.69 | 1225.758 | 341.56 | 11.235 | 42.613 | 0.234 | 218.351 |
| 76 | 559.907 | 43.295 | 1317.958 | 262.171 | 10.085 | 47.284 | 0.285 | 297.216 |
| 77 | 559.907 | 38.69 | 1221.149 | 256.001 | 9.905 | 67.859 | 0.455 | 302.314 |
| 78 | 559.907 | 38.69 | 1222.284 | 335.005 | 11.38 | 43.817 | 0.268 | 223.016 |
| 79 | 559.907 | 38.69 | 1228.217 | 311.145 | 10.964 | 37.285 | 0.361 | 243.904 |
| 80 | 559.906 | 38.69 | 1253.661 | 261.011 | 10.095 | 106.885 | 0.675 | 296.152 |
| 81 | 559.906 | 38.69 | 1265.512 | 256.85 | 10.116 | 77.199 | 0.417 | 300.62 |
| 82 | 559.907 | 38.69 | 1227.938 | 261.65 | 10.465 | 105.436 | 0.607 | 294.901 |
| 83 | 559.906 | 38.69 | 1274.966 | 255.605 | 10.187 | 104.754 | 0.589 | 300.9 |
| 84 | 559.907 | 48.381 | 1110.107 | 316.139 | 16.289 | 38.024 | 0.25 | 242.938 |
| 85 | 559.906 | 48.381 | 1120.243 | 298.417 | 15.902 | 22.002 | 0.057 | 263.332 |
| 86 | 534.1 | 89.257 | 1274.963 | 231.531 | 32.973 | 73.169 | 1.036 | 278.879 |
| 87 | 559.907 | 48.381 | 1159.354 | 249.595 | 15.137 | 77.694 | 0.341 | 307.19 |
| 88 | 559.907 | 48.381 | 1171.862 | 248.874 | 14.89 | 107.37 | 0.37 | 307.532 |
| 89 | 559.907 | 48.381 | 1157.933 | 251.679 | 15.164 | 38.163 | 0.172 | 306.89 |
| 90 | 559.906 | 48.381 | 1123.484 | 250.923 | 15.331 | 48.082 | 0.273 | 307.135 |
| 91 | 559.906 | 48.381 | 1154.006 | 239.448 | 15.532 | 110.485 | 0.46 | 315.63 |
| 92 | 559.907 | 48.381 | 1133.211 | 293.8 | 17.793 | 17.72 | 0.069 | 264.614 |
| 93 | 559.906 | 48.381 | 1146.094 | 269.332 | 16.01 | 40.275 | 0.198 | 288.002 |
| 94 | 559.907 | 48.381 | 1139.982 | 282.47 | 17.343 | 21.639 | 0.127 | 275.282 |
| 95 | 559.907 | 48.381 | 1163.357 | 254.385 | 15.467 | 87.608 | 0.564 | 301.612 |
| 96 | 559.906 | 48.381 | 1176.837 | 252.107 | 15.397 | 76.344 | 0.404 | 303.858 |
| 97 | 559.906 | 48.381 | 1190.382 | 251.837 | 15.468 | 63.436 | 0.385 | 304.686 |
| 98 | 559.906 | 48.381 | 1187.127 | 243.53 | 15.263 | 37.852 | 0.295 | 314.183 |
| 99 | 559.907 | 48.381 | 1160.246 | 274.314 | 16.323 | 22.83 | 0.266 | 283.64 |

附表 3　典型年子流域气象干旱评估结果

| 子流域编号 | 2004 年 | 多年平均 | 50%频率年 | 75%频率年 | 90%频率年 | 95%频率年 |
|---|---|---|---|---|---|---|
| 1 | 无旱 | 中旱 | 中旱 | 中旱 | 重旱 | 特大干旱 |
| 2 | 无旱 | 中旱 | 中旱 | 中旱 | 重旱 | 特大干旱 |
| 3 | 无旱 | 中旱 | 中旱 | 中旱 | 重旱 | 特大干旱 |
| 4 | 无旱 | 中旱 | 中旱 | 中旱 | 重旱 | 特大干旱 |
| 5 | 无旱 | 中旱 | 中旱 | 中旱 | 重旱 | 特大干旱 |
| 6 | 无旱 | 中旱 | 中旱 | 中旱 | 重旱 | 特大干旱 |
| 7 | 无旱 | 中旱 | 中旱 | 中旱 | 重旱 | 特大干旱 |
| 8 | 中旱 | 中旱 | 中旱 | 中旱 | 重旱 | 特大干旱 |
| 9 | 中旱 | 中旱 | 中旱 | 中旱 | 重旱 | 特大干旱 |
| 10 | 中旱 | 中旱 | 中旱 | 中旱 | 重旱 | 特大干旱 |
| 11 | 中旱 | 中旱 | 中旱 | 中旱 | 重旱 | 特大干旱 |
| 12 | 中旱 | 中旱 | 中旱 | 中旱 | 重旱 | 特大干旱 |
| 13 | 中旱 | 中旱 | 中旱 | 中旱 | 重旱 | 特大干旱 |
| 14 | 无旱 | 中旱 | 中旱 | 中旱 | 重旱 | 特大干旱 |
| 15 | 无旱 | 中旱 | 中旱 | 中旱 | 重旱 | 特大干旱 |
| 16 | 无旱 | 中旱 | 中旱 | 中旱 | 重旱 | 特大干旱 |
| 17 | 中旱 | 中旱 | 中旱 | 中旱 | 重旱 | 特大干旱 |
| 18 | 无旱 | 中旱 | 中旱 | 中旱 | 重旱 | 特大干旱 |
| 19 | 无旱 | 中旱 | 中旱 | 中旱 | 重旱 | 特大干旱 |
| 20 | 中旱 | 中旱 | 中旱 | 中旱 | 重旱 | 特大干旱 |
| 21 | 无旱 | 中旱 | 中旱 | 中旱 | 重旱 | 特大干旱 |
| 22 | 无旱 | 中旱 | 中旱 | 中旱 | 重旱 | 特大干旱 |
| 23 | 无旱 | 中旱 | 中旱 | 中旱 | 重旱 | 特大干旱 |
| 24 | 中旱 | 中旱 | 中旱 | 中旱 | 重旱 | 特大干旱 |
| 25 | 无旱 | 中旱 | 中旱 | 中旱 | 重旱 | 特大干旱 |
| 26 | 中旱 | 中旱 | 中旱 | 中旱 | 重旱 | 特大干旱 |
| 27 | 无旱 | 中旱 | 中旱 | 中旱 | 重旱 | 特大干旱 |
| 28 | 中旱 | 中旱 | 中旱 | 中旱 | 重旱 | 特大干旱 |
| 29 | 无旱 | 中旱 | 中旱 | 中旱 | 重旱 | 特大干旱 |
| 30 | 中旱 | 中旱 | 中旱 | 中旱 | 重旱 | 特大干旱 |
| 31 | 中旱 | 中旱 | 中旱 | 中旱 | 重旱 | 特大干旱 |
| 32 | 无旱 | 中旱 | 中旱 | 中旱 | 重旱 | 特大干旱 |
| 33 | 无旱 | 中旱 | 中旱 | 中旱 | 重旱 | 特大干旱 |
| 34 | 无旱 | 中旱 | 中旱 | 中旱 | 重旱 | 特大干旱 |

附表

续表

| 子流域编号 | 2004年 | 多年平均 | 50%频率年 | 75%频率年 | 90%频率年 | 95%频率年 |
|---|---|---|---|---|---|---|
| 35 | 无旱 | 中旱 | 中旱 | 中旱 | 重旱 | 特大干旱 |
| 36 | 无旱 | 中旱 | 中旱 | 中旱 | 重旱 | 特大干旱 |
| 37 | 无旱 | 中旱 | 中旱 | 中旱 | 重旱 | 特大干旱 |
| 38 | 无旱 | 重旱 | 中旱 | 中旱 | 重旱 | 特大干旱 |
| 39 | 无旱 | 中旱 | 中旱 | 中旱 | 重旱 | 特大干旱 |
| 40 | 无旱 | 中旱 | 中旱 | 中旱 | 重旱 | 特大干旱 |
| 41 | 无旱 | 中旱 | 中旱 | 中旱 | 重旱 | 特大干旱 |
| 42 | 无旱 | 中旱 | 中旱 | 中旱 | 重旱 | 特大干旱 |
| 43 | 无旱 | 中旱 | 中旱 | 中旱 | 重旱 | 特大干旱 |
| 44 | 无旱 | 中旱 | 中旱 | 中旱 | 重旱 | 特大干旱 |
| 45 | 无旱 | 中旱 | 中旱 | 中旱 | 重旱 | 特大干旱 |
| 46 | 中旱 | 中旱 | 中旱 | 中旱 | 重旱 | 特大干旱 |
| 47 | 无旱 | 中旱 | 中旱 | 中旱 | 中旱 | 特大干旱 |
| 48 | 无旱 | 中旱 | 中旱 | 中旱 | 重旱 | 重旱 |
| 49 | 中旱 | 中旱 | 中旱 | 中旱 | 重旱 | 特大干旱 |
| 50 | 中旱 | 中旱 | 中旱 | 中旱 | 重旱 | 特大干旱 |
| 51 | 无旱 | 中旱 | 中旱 | 中旱 | 重旱 | 特大干旱 |

| 子流域编号 | 2004年 | 多年平均 | 50%频率年 | 75%频率年 | 90%频率年 | 95%频率年 |
|---|---|---|---|---|---|---|
| 52 | 轻旱 | 无旱 | 轻旱 | 中旱 | 中旱 | 中旱 |
| 53 | 无旱 | 中旱 | 中旱 | 中旱 | 重旱 | 特大干旱 |
| 54 | 无旱 | 中旱 | 中旱 | 中旱 | 重旱 | 特大干旱 |
| 55 | 无旱 | 中旱 | 中旱 | 中旱 | 中旱 | 重旱 |
| 56 | 中旱 | 中旱 | 中旱 | 中旱 | 中旱 | 重旱 |
| 57 | 轻旱 | 无旱 | 轻旱 | 中旱 | 中旱 | 中旱 |
| 58 | 无旱 | 中旱 | 轻旱 | 中旱 | 中旱 | 重旱 |
| 59 | 轻旱 | 无旱 | 轻旱 | 中旱 | 中旱 | 中旱 |
| 60 | 轻旱 | 无旱 | 轻旱 | 中旱 | 中旱 | 中旱 |
| 61 | 中旱 | 中旱 | 轻旱 | 中旱 | 中旱 | 中旱 |
| 62 | 轻旱 | 中旱 | 中旱 | 中旱 | 中旱 | 中旱 |
| 63 | 轻旱 | 无旱 | 轻旱 | 中旱 | 中旱 | 中旱 |
| 64 | 中旱 | 中旱 | 轻旱 | 中旱 | 中旱 | 中旱 |
| 65 | 轻旱 | 无旱 | 轻旱 | 中旱 | 中旱 | 中旱 |
| 66 | 中旱 | 无旱 | 中旱 | 中旱 | 重旱 | 特大干旱 |
| 67 | 中旱 | 中旱 | 中旱 | 中旱 | 中旱 | 特大干旱 |
| 68 | 中旱 | 中旱 | 轻旱 | 中旱 | 中旱 | 中旱 |

续表

| 子流域编号 | 2004年 | 多年平均 | 50%频率年 | 75%频率年 | 90%频率年 | 95%频率年 |
|---|---|---|---|---|---|---|
| 69 | 中旱 | 中旱 | 中旱 | 中旱 | 中旱 | 重旱 |
| 70 | 轻旱 | 无旱 | 轻旱 | 中旱 | 中旱 | 中旱 |
| 71 | 中旱 | 中旱 | 轻旱 | 中旱 | 中旱 | 中旱 |
| 72 | 轻旱 | 无旱 | 轻旱 | 中旱 | 中旱 | 中旱 |
| 73 | 中旱 | 中旱 | 中旱 | 中旱 | 中旱 | 重旱 |
| 74 | 轻旱 | 无旱 | 轻旱 | 中旱 | 中旱 | 中旱 |
| 75 | 轻旱 | 无旱 | 轻旱 | 中旱 | 中旱 | 中旱 |
| 76 | 轻旱 | 无旱 | 轻旱 | 中旱 | 中旱 | 中旱 |
| 77 | 轻旱 | 无旱 | 轻旱 | 中旱 | 中旱 | 中旱 |
| 78 | 轻旱 | 无旱 | 轻旱 | 中旱 | 中旱 | 中旱 |
| 79 | 轻旱 | 无旱 | 轻旱 | 中旱 | 中旱 | 中旱 |
| 80 | 轻旱 | 无旱 | 轻旱 | 中旱 | 中旱 | 中旱 |
| 81 | 轻旱 | 无旱 | 轻旱 | 中旱 | 中旱 | 中旱 |
| 82 | 轻旱 | 无旱 | 轻旱 | 中旱 | 中旱 | 中旱 |
| 83 | 轻旱 | 无旱 | 轻旱 | 中旱 | 中旱 | 中旱 |
| 84 | 轻旱 | | | | | |

| 子流域编号 | 2004年 | 多年平均 | 50%频率年 | 75%频率年 | 90%频率年 | 95%频率年 |
|---|---|---|---|---|---|---|
| 85 | 轻旱 | 无旱 | 轻旱 | 中旱 | 中旱 | 重旱 |
| 86 | 中旱 | 中旱 | 中旱 | 中旱 | 中旱 | 中旱 |
| 87 | 轻旱 | 无旱 | 轻旱 | 中旱 | 中旱 | 中旱 |
| 88 | 轻旱 | 无旱 | 轻旱 | 中旱 | 中旱 | 中旱 |
| 89 | 轻旱 | 无旱 | 轻旱 | 中旱 | 中旱 | 中旱 |
| 90 | 轻旱 | 无旱 | 轻旱 | 中旱 | 中旱 | 中旱 |
| 91 | 轻旱 | 无旱 | 轻旱 | 中旱 | 中旱 | 中旱 |
| 92 | 轻旱 | 无旱 | 轻旱 | 中旱 | 中旱 | 中旱 |
| 93 | 轻旱 | 无旱 | 轻旱 | 中旱 | 中旱 | 中旱 |
| 94 | 轻旱 | 无旱 | 轻旱 | 中旱 | 中旱 | 中旱 |
| 95 | 轻旱 | 无旱 | 轻旱 | 中旱 | 中旱 | 中旱 |
| 96 | 轻旱 | 无旱 | 轻旱 | 中旱 | 中旱 | 中旱 |
| 97 | 轻旱 | 无旱 | 轻旱 | 中旱 | 中旱 | 中旱 |
| 98 | 轻旱 | 无旱 | 轻旱 | 中旱 | 中旱 | 中旱 |
| 99 | | 无旱 | | | 中旱 | 中旱 |

## 典型年子流域水文干旱评估结果

附表 4

| 子流域编号 | 2004年 | 多年平均 | 50%频率年 | 75%频率年 | 90%频率年 | 95%频率年 |
|---|---|---|---|---|---|---|
| 1 | 无旱 | 中旱 | 中旱 | 中旱 | 重旱 | 重旱 |
| 2 | 无旱 | 中旱 | 中旱 | 重旱 | 重旱 | 重旱 |
| 3 | 无旱 | 中旱 | 中旱 | 重旱 | 重旱 | 重旱 |
| 4 | 无旱 | 中旱 | 中旱 | 重旱 | 重旱 | 重旱 |
| 5 | 无旱 | 中旱 | 中旱 | 重旱 | 重旱 | 重旱 |
| 6 | 无旱 | 中旱 | 中旱 | 中旱 | 重旱 | 中旱 |
| 7 | 无旱 | 中旱 | 中旱 | 重旱 | 重旱 | 重旱 |
| 8 | 轻旱 | 轻旱 | 轻旱 | 重旱 | 重旱 | 特大干旱 |
| 9 | 轻旱 | 轻旱 | 轻旱 | 重旱 | 重旱 | 特大干旱 |
| 10 | 轻旱 | 轻旱 | 轻旱 | 重旱 | 重旱 | 特大干旱 |
| 11 | 轻旱 | 轻旱 | 轻旱 | 重旱 | 重旱 | 特大干旱 |
| 12 | 轻旱 | 轻旱 | 轻旱 | 重旱 | 重旱 | 特大干旱 |
| 13 | 轻旱 | 轻旱 | 轻旱 | 重旱 | 重旱 | 特大干旱 |
| 14 | 无旱 | 中旱 | 中旱 | 重旱 | 重旱 | 重旱 |
| 15 | 无旱 | 中旱 | 中旱 | 重旱 | 重旱 | 重旱 |
| 16 | 轻旱 | 轻旱 | 轻旱 | 重旱 | 重旱 | 特大干旱 |
| 17 | 轻旱 | 轻旱 | 轻旱 | 重旱 | 重旱 | 特大干旱 |
| 18 | 轻旱 | 中旱 | 轻旱 | 中旱 | 重旱 | 重旱 |
| 19 | 无旱 | 中旱 | 中旱 | 重旱 | 重旱 | 重旱 |
| 20 | 轻旱 | 轻旱 | 轻旱 | 中旱 | 重旱 | 特大干旱 |
| 21 | 无旱 | 中旱 | 中旱 | 中旱 | 重旱 | 重旱 |
| 22 | 轻旱 | 中旱 | 轻旱 | 重旱 | 重旱 | 重旱 |
| 23 | 无旱 | 中旱 | 中旱 | 中旱 | 重旱 | 重旱 |
| 24 | 轻旱 | 中旱 | 轻旱 | 中旱 | 中旱 | 中旱 |
| 25 | 无旱 | 中旱 | 中旱 | 中旱 | 重旱 | 重旱 |
| 26 | 轻旱 | 中旱 | 轻旱 | 中旱 | 重旱 | 重旱 |
| 27 | 轻旱 | 轻旱 | 轻旱 | 重旱 | 重旱 | 特大干旱 |
| 28 | 轻旱 | 中旱 | 中旱 | 重旱 | 重旱 | 特大干旱 |
| 29 | 轻旱 | 轻旱 | 轻旱 | 中旱 | 中旱 | 中旱 |
| 30 | 轻旱 | 中旱 | 轻旱 | 重旱 | 重旱 | 特大干旱 |
| 31 | 无旱 | 中旱 | 中旱 | 中旱 | 重旱 | 特大干旱 |
| 32 | 轻旱 | 中旱 | 中旱 | 中旱 | 重旱 | 重旱 |
| 33 | 无旱 | 中旱 | 轻旱 | 中旱 | 重旱 | 重旱 |
| 34 | 无旱 | 中旱 | 中旱 | 重旱 | 重旱 | 重旱 |

续表

| 子流域编号 | 2004年 | 多年平均 | 50%频率年 | 75%频率年 | 90%频率年 | 95%频率年 |
|---|---|---|---|---|---|---|
| 35 | 无旱 | 中旱 | 中旱 | 重旱 | 重旱 | 重旱 |
| 36 | 无旱 | 中旱 | 中旱 | 中旱 | 重旱 | 中旱 |
| 37 | 轻旱 | 中旱 | 轻旱 | 中旱 | 重旱 | 重旱 |
| 38 | 轻旱 | 中旱 | 轻旱 | 中旱 | 中旱 | 重旱 |
| 39 | 无旱 | 中旱 | 中旱 | 重旱 | 重旱 | 重旱 |
| 40 | 轻旱 | 轻旱 | 轻旱 | 重旱 | 重旱 | 特大干旱 |
| 41 | 轻旱 | 中旱 | 中旱 | 重旱 | 重旱 | 重旱 |
| 42 | 无旱 | 中旱 | 中旱 | 重旱 | 重旱 | 重旱 |
| 43 | 轻旱 | 中旱 | 中旱 | 重旱 | 重旱 | 重旱 |
| 44 | 无旱 | 中旱 | 轻旱 | 重旱 | 重旱 | 重旱 |
| 45 | 轻旱 | 中旱 | 中旱 | 重旱 | 重旱 | 重旱 |
| 46 | 无旱 | 轻旱 | 轻旱 | 重旱 | 重旱 | 特大干旱 |
| 47 | 轻旱 | 中旱 | 中旱 | 重旱 | 中旱 | 重旱 |
| 48 | 无旱 | 中旱 | 中旱 | 中旱 | 中旱 | 重旱 |
| 49 | 轻旱 | 中旱 | 中旱 | 重旱 | 重旱 | 重旱 |
| 50 | 轻旱 | 中旱 | 轻旱 | 中旱 | 中旱 | 重旱 |
| 51 | 轻旱 | 中旱 | 轻旱 | 中旱 | 中旱 | 中旱 |

| 子流域编号 | 2004年 | 多年平均 | 50%频率年 | 75%频率年 | 90%频率年 | 95%频率年 |
|---|---|---|---|---|---|---|
| 52 | 轻旱 | 中旱 | 轻旱 | 轻旱 | 中旱 | 中旱 |
| 53 | 无旱 | 中旱 | 中旱 | 重旱 | 重旱 | 重旱 |
| 54 | 轻旱 | 中旱 | 中旱 | 中旱 | 中旱 | 中旱 |
| 55 | 无旱 | 中旱 | 中旱 | 中旱 | 中旱 | 中旱 |
| 56 | 无旱 | 中旱 | 轻旱 | 中旱 | 重旱 | 重旱 |
| 57 | 轻旱 | 中旱 | 轻旱 | 中旱 | 中旱 | 中旱 |
| 58 | 无旱 | 中旱 | 中旱 | 中旱 | 中旱 | 中旱 |
| 59 | 轻旱 | 中旱 | 轻旱 | 轻旱 | 中旱 | 中旱 |
| 60 | 轻旱 | 中旱 | 轻旱 | 轻旱 | 中旱 | 中旱 |
| 61 | 轻旱 | 中旱 | 轻旱 | 中旱 | 重旱 | 中旱 |
| 62 | 轻旱 | 轻旱 | 轻旱 | 中旱 | 中旱 | 中旱 |
| 63 | 轻旱 | 中旱 | 轻旱 | 轻旱 | 中旱 | 中旱 |
| 64 | 中旱 | 中旱 | 轻旱 | 轻旱 | 中旱 | 中旱 |
| 65 | 轻旱 | 中旱 | 轻旱 | 中旱 | 中旱 | 中旱 |
| 66 | 轻旱 | 重旱 | 轻旱 | 轻旱 | 中旱 | 重旱 |
| 67 | 轻旱 | 中旱 | 轻旱 | 中旱 | 中旱 | 中旱 |
| 68 | 中旱 | 中旱 | 中旱 | 中旱 | 中旱 | 中旱 |

续表

| 子流域编号 | 2004年 | 多年平均 | 50%频率年 | 75%频率年 | 90%频率年 | 95%频率年 |
|---|---|---|---|---|---|---|
| 69 | 中旱 | 中旱 | 中旱 | 中旱 | 重旱 | 中旱 |
| 70 | 轻旱 | 中旱 | 轻旱 | 轻旱 | 中旱 | 中旱 |
| 71 | 中旱 | 中旱 | 轻旱 | 中旱 | 中旱 | 中旱 |
| 72 | 轻旱 | 中旱 | 轻旱 | 轻旱 | 中旱 | 中旱 |
| 73 | 中旱 | 中旱 | 中旱 | 中旱 | 中旱 | 中旱 |
| 74 | 轻旱 | 中旱 | 轻旱 | 轻旱 | 中旱 | 中旱 |
| 75 | 轻旱 | 中旱 | 轻旱 | 轻旱 | 中旱 | 中旱 |
| 76 | 轻旱 | 中旱 | 轻旱 | 轻旱 | 中旱 | 中旱 |
| 77 | 轻旱 | 中旱 | 轻旱 | 轻旱 | 中旱 | 中旱 |
| 78 | 轻旱 | 中旱 | 轻旱 | 轻旱 | 中旱 | 中旱 |
| 79 | 轻旱 | 中旱 | 轻旱 | 轻旱 | 中旱 | 中旱 |
| 80 | 中旱 | 中旱 | 轻旱 | 中旱 | 中旱 | 中旱 |
| 81 | 轻旱 | 中旱 | 轻旱 | 轻旱 | 中旱 | 中旱 |
| 82 | 轻旱 | 中旱 | 轻旱 | 中旱 | 中旱 | 中旱 |
| 83 | 轻旱 | 中旱 | 轻旱 | 中旱 | 中旱 | 中旱 |
| 84 | 轻旱 | 中旱 | 轻旱 | 中旱 | 中旱 | 中旱 |
| 85 | 轻旱 | 中旱 | 轻旱 | 轻旱 | 中旱 | 中旱 |
| 86 | 中旱 | 中旱 | 中旱 | 中旱 | 中旱 | 中旱 |
| 87 | 轻旱 | 中旱 | 轻旱 | 轻旱 | 中旱 | 中旱 |
| 88 | 轻旱 | 中旱 | 轻旱 | 轻旱 | 中旱 | 中旱 |
| 89 | 轻旱 | 中旱 | 轻旱 | 轻旱 | 中旱 | 中旱 |
| 90 | 轻旱 | 中旱 | 轻旱 | 轻旱 | 中旱 | 中旱 |
| 91 | 轻旱 | 中旱 | 轻旱 | 轻旱 | 中旱 | 中旱 |
| 92 | 轻旱 | 中旱 | 轻旱 | 轻旱 | 中旱 | 中旱 |
| 93 | 轻旱 | 中旱 | 轻旱 | 轻旱 | 中旱 | 中旱 |
| 94 | 轻旱 | 中旱 | 轻旱 | 轻旱 | 中旱 | 中旱 |
| 95 | 轻旱 | 中旱 | 轻旱 | 轻旱 | 中旱 | 中旱 |
| 96 | 轻旱 | 中旱 | 轻旱 | 轻旱 | 中旱 | 中旱 |
| 97 | 轻旱 | 中旱 | 轻旱 | 轻旱 | 中旱 | 中旱 |
| 98 | 轻旱 | 中旱 | 轻旱 | 中旱 | 中旱 | 中旱 |
| 99 | 轻旱 | 中旱 | 轻旱 | 中旱 | 中旱 | 中旱 |

附表 5　典型年子流域农业干旱评估结果

| 子流域编号 | 2004 年 | 多年平均 | 50%频率年 | 75%频率年 | 90%频率年 | 95%频率年 |
|---|---|---|---|---|---|---|
| 1 | 中旱 | 中旱 | 中旱 | 中旱 | 重旱 | 重旱 |
| 2 | 中旱 | 中旱 | 重旱 | 中旱 | 重旱 | 重旱 |
| 3 | 中旱 | 中旱 | 中旱 | 中旱 | 重旱 | 重旱 |
| 4 | 中旱 | 中旱 | 中旱 | 中旱 | 重旱 | 重旱 |
| 5 | 中旱 | 中旱 | 重旱 | 中旱 | 重旱 | 重旱 |
| 6 | 中旱 | 中旱 | 重旱 | 中旱 | 重旱 | 重旱 |
| 7 | 中旱 | 中旱 | 重旱 | 中旱 | 重旱 | 重旱 |
| 8 | 重旱 | 中旱 | 重旱 | 中旱 | 重旱 | 特大干旱 |
| 9 | 重旱 | 中旱 | 重旱 | 中旱 | 特大干旱 | 特大干旱 |
| 10 | 重旱 | 中旱 | 重旱 | 中旱 | 特大干旱 | 重旱 |
| 11 | 重旱 | 中旱 | 重旱 | 中旱 | 重旱 | 重旱 |
| 12 | 重旱 | 中旱 | 重旱 | 中旱 | 特大干旱 | 特大干旱 |
| 13 | 重旱 | 重旱 | 重旱 | 重旱 | 特大干旱 | 重旱 |
| 14 | 特大干旱 | 重旱 | 中旱 | 中旱 | 重旱 | 重旱 |
| 15 | 中旱 | 重旱 | 重旱 | 重旱 | 重旱 | 重旱 |
| 16 | 中旱 | 中旱 | 中旱 | 中旱 | 重旱 | 重旱 |
| 17 | 特大干旱 | 重旱 | 重旱 | 重旱 | 特大干旱 | 重旱 |
| 18 | 中旱 | 中旱 | 重旱 | 中旱 | 重旱 | 重旱 |
| 19 | 中旱 | 中旱 | 重旱 | 中旱 | 重旱 | 重旱 |
| 20 | 重旱 | 重旱 | 重旱 | 重旱 | 特大干旱 | 特大干旱 |
| 21 | 中旱 | 中旱 | 中旱 | 中旱 | 重旱 | 重旱 |
| 22 | 中旱 | 中旱 | 中旱 | 中旱 | 特大干旱 | 重旱 |
| 23 | 重旱 | 重旱 | 重旱 | 中旱 | 重旱 | 重旱 |
| 24 | 中旱 | 重旱 | 中旱 | 中旱 | 特大干旱 | 特大干旱 |
| 25 | 中旱 | 中旱 | 中旱 | 中旱 | 重旱 | 重旱 |
| 26 | 重旱 | 中旱 | 重旱 | 中旱 | 重旱 | 重旱 |
| 27 | 重旱 | 中旱 | 重旱 | 中旱 | 特大干旱 | 特大干旱 |
| 28 | 中旱 | 中旱 | 中旱 | 中旱 | 重旱 | 重旱 |
| 29 | 重旱 | 重旱 | 重旱 | 重旱 | 重旱 | 重旱 |
| 30 | 重旱 | 重旱 | 重旱 | 重旱 | 特大干旱 | 特大干旱 |
| 31 | 中旱 | 中旱 | 重旱 | 中旱 | 重旱 | 重旱 |
| 32 | 中旱 | 中旱 | 重旱 | 中旱 | 特大干旱 | 重旱 |
| 33 | 中旱 | 中旱 | 中旱 | 中旱 | 重旱 | 重旱 |
| 34 | 中旱 | 中旱 | 重旱 | 中旱 | 重旱 | 重旱 |

续表

| 子流域编号 | 2004年 | 多年平均 | 50%频率年 | 75%频率年 | 90%频率年 | 95%频率年 |
|---|---|---|---|---|---|---|
| 35 | 中旱 | 中旱 | 中旱 | 中旱 | 重旱 | 重旱 |
| 36 | 中旱 | 中旱 | 重旱 | 中旱 | 重旱 | 重旱 |
| 37 | 中旱 | 中旱 | 重旱 | 中旱 | 重旱 | 重旱 |
| 38 | 中旱 | 中旱 | 重旱 | 中旱 | 重旱 | 重旱 |
| 39 | 中旱 | 中旱 | 中旱 | 中旱 | 重旱 | 重旱 |
| 40 | 中旱 | 中旱 | 中旱 | 中旱 | 重旱 | 重旱 |
| 41 | 重旱 | 重旱 | 重旱 | 重旱 | 特大干旱 | 特大干旱 |
| 42 | 重旱 | 重旱 | 中旱 | 中旱 | 重旱 | 重旱 |
| 43 | 中旱 | 中旱 | 重旱 | 中旱 | 重旱 | 重旱 |
| 44 | 中旱 | 重旱 | 重旱 | 重旱 | 特大干旱 | 特大干旱 |
| 45 | 中旱 | 重旱 | 重旱 | 重旱 | 特大干旱 | 特大干旱 |
| 46 | 重旱 | 重旱 | 重旱 | 中旱 | 特大干旱 | 重旱 |
| 47 | 中旱 | 中旱 | 中旱 | 重旱 | 特大干旱 | 重旱 |
| 48 | 重旱 | 中旱 | 重旱 | 重旱 | 特大干旱 | 特大干旱 |
| 49 | 轻旱 | 中旱 | 中旱 | 中旱 | 重旱 | 重旱 |
| 50 | 重旱 | 重旱 | 重旱 | 重旱 | 特大干旱 | 特大干旱 |
| 51 | 中旱 | 重旱 | 重旱 | 重旱 | 重旱 | 重旱 |
| 52 | 轻旱 | 轻旱 | 轻旱 | 轻旱 | 轻旱 | 轻旱 |
| 53 | 中旱 | 重旱 | 重旱 | 重旱 | 特大干旱 | 特大干旱 |
| 54 | 中旱 | 中旱 | 重旱 | 中旱 | 重旱 | 重旱 |
| 55 | 中旱 | 中旱 | 中旱 | 中旱 | 中旱 | 中旱 |
| 56 | 轻旱 | 中旱 | 中旱 | 中旱 | 中旱 | 中旱 |
| 57 | 中旱 | 中旱 | 中旱 | 中旱 | 重旱 | 重旱 |
| 58 | 轻旱 | 轻旱 | 轻旱 | 轻旱 | 轻旱 | 轻旱 |
| 59 | 中旱 | 中旱 | 中旱 | 中旱 | 重旱 | 重旱 |
| 60 | 中旱 | 轻旱 | 中旱 | 中旱 | 中旱 | 中旱 |
| 61 | 轻旱 | 轻旱 | 轻旱 | 轻旱 | 轻旱 | 轻旱 |
| 62 | 中旱 | 中旱 | 轻旱 | 中旱 | 重旱 | 中旱 |
| 63 | 中旱 | 中旱 | 中旱 | 中旱 | 重旱 | 中旱 |
| 64 | 轻旱 | 轻旱 | 轻旱 | 轻旱 | 轻旱 | 轻旱 |
| 65 | 中旱 | 中旱 | 中旱 | 中旱 | 重旱 | 重旱 |
| 66 | 轻旱 | 轻旱 | 轻旱 | 轻旱 | 轻旱 | 轻旱 |
| 67 | 特大干旱 | 特大干旱 | 特大干旱 | 特大干旱 | 特大干旱 | 特大干旱 |
| 68 | 中旱 | 中旱 | 中旱 | 中旱 | 重旱 | 重旱 |

续表

| 子流域编号 | 2004年 | 多年平均 | 50%频率年 | 75%频率年 | 90%频率年 | 95%频率年 |
|---|---|---|---|---|---|---|
| 69 | 中旱 | 无旱 | 轻旱 | 无旱 | 中旱 | 中旱 |
| 70 | 中旱 | 中旱 | 中旱 | 中旱 | 中旱 | 中旱 |
| 71 | 中旱 | 中旱 | 中旱 | 中旱 | 重旱 | 重旱 |
| 72 | 中旱 | 无旱 | 轻旱 | 无旱 | 中旱 | 轻旱 |
| 73 | 中旱 | 轻旱 | 中旱 | 轻旱 | 中旱 | 中旱 |
| 74 | 轻旱 | 无旱 | 中旱 | 轻旱 | 轻旱 | 轻旱 |
| 75 | 中旱 | 无旱 | 中旱 | 轻旱 | 轻旱 | 轻旱 |
| 76 | 中旱 | 无旱 | 中旱 | 无旱 | 中旱 | 中旱 |
| 77 | 中旱 | 无旱 | 中旱 | 中旱 | 轻旱 | 轻旱 |
| 78 | 轻旱 | 无旱 | 中旱 | 中旱 | 轻旱 | 轻旱 |
| 79 | 轻旱 | 轻旱 | 中旱 | 轻旱 | 中旱 | 轻旱 |
| 80 | 中旱 | 无旱 | 中旱 | 无旱 | 中旱 | 轻旱 |
| 81 | 中旱 | 无旱 | 中旱 | 无旱 | 轻旱 | 轻旱 |
| 82 | 中旱 | 轻旱 | 中旱 | 无旱 | 中旱 | 轻旱 |
| 83 | 中旱 | 无旱 | 轻旱 | 轻旱 | 轻旱 | 轻旱 |
| 84 | 轻旱 | 无旱 | 轻旱 | 轻旱 | 轻旱 | 轻旱 |
| 85 | 轻旱 | 无旱 | 中旱 | 轻旱 | 轻旱 | 轻旱 |
| 86 | 中旱 | 轻旱 | 中旱 | 轻旱 | 中旱 | 中旱 |
| 87 | 轻旱 | 无旱 | 中旱 | 轻旱 | 轻旱 | 轻旱 |
| 88 | 轻旱 | 无旱 | 中旱 | 轻旱 | 轻旱 | 轻旱 |
| 89 | 中旱 | 轻旱 | 中旱 | 无旱 | 轻旱 | 轻旱 |
| 90 | 轻旱 | 无旱 | 中旱 | 轻旱 | 轻旱 | 轻旱 |
| 91 | 轻旱 | 无旱 | 中旱 | 轻旱 | 轻旱 | 轻旱 |
| 92 | 中旱 | 无旱 | 中旱 | 无旱 | 轻旱 | 中旱 |
| 93 | 中旱 | 无旱 | 中旱 | 中旱 | 中旱 | 轻旱 |
| 94 | 中旱 | 无旱 | 中旱 | 轻旱 | 轻旱 | 轻旱 |
| 95 | 轻旱 | 无旱 | 中旱 | 轻旱 | 轻旱 | 轻旱 |
| 96 | 中旱 | 无旱 | 中旱 | 无旱 | 中旱 | 轻旱 |
| 97 | 中旱 | 无旱 | 中旱 | 无旱 | 轻旱 | 中旱 |
| 98 | 中旱 | 无旱 | 中旱 | 无旱 | 轻旱 | 中旱 |
| 99 | 轻旱 | 无旱 | 中旱 | 轻旱 | 轻旱 | 轻旱 |

**附表 6**　**典型年子流域生态干旱评估结果**

| 子流域编号 | 2004年 | 多年平均 | 50%频率年 | 75%频率年 | 90%频率年 | 95%频率年 |
|---|---|---|---|---|---|---|
| 1 | 中旱 | 中旱 | 中旱 | 中旱 | 中旱 | 中旱 |
| 2 | 轻旱 | 轻旱 | 中旱 | 中旱 | 轻旱 | 中旱 |
| 3 | 中旱 | 中旱 | 中旱 | 中旱 | 中旱 | 中旱 |
| 4 | 轻旱 | 中旱 | 中旱 | 中旱 | 中旱 | 中旱 |
| 5 | 无旱 | 轻旱 | 轻旱 | 中旱 | 中旱 | 中旱 |
| 6 | 轻旱 | 轻旱 | 轻旱 | 中旱 | 中旱 | 轻旱 |
| 7 | 轻旱 | 轻旱 | 轻旱 | 中旱 | 中旱 | 轻旱 |
| 8 | 无旱 | 中旱 | 中旱 | 中旱 | 中旱 | 轻旱 |
| 9 | 中旱 | 轻旱 | 中旱 | 中旱 | 中旱 | 中旱 |
| 10 | 中旱 | 中旱 | 中旱 | 中旱 | 中旱 | 中旱 |
| 11 | 轻旱 | 中旱 | 中旱 | 中旱 | 轻旱 | 中旱 |
| 12 | 轻旱 | 中旱 | 轻旱 | 中旱 | 中旱 | 中旱 |
| 13 | 轻旱 | 轻旱 | 轻旱 | 中旱 | 中旱 | 中旱 |
| 14 | 中旱 | 中旱 | 轻旱 | 中旱 | 中旱 | 中旱 |
| 15 | 无旱 | 轻旱 | 轻旱 | 轻旱 | 中旱 | 轻旱 |
| 16 | 中旱 | 轻旱 | 中旱 | 中旱 | 中旱 | 中旱 |
| 17 | 中旱 | 轻旱 | 中旱 | 中旱 | 轻旱 | 中旱 |
| 18 | 无旱 | 轻旱 | 轻旱 | 中旱 | 中旱 | 中旱 |
| 19 | 无旱 | 轻旱 | 轻旱 | 中旱 | 中旱 | 轻旱 |
| 20 | 轻旱 | 中旱 | 中旱 | 轻旱 | 轻旱 | 中旱 |
| 21 | 轻旱 | 中旱 | 中旱 | 中旱 | 中旱 | 中旱 |
| 22 | 轻旱 | 轻旱 | 轻旱 | 中旱 | 中旱 | 中旱 |
| 23 | 无旱 | 轻旱 | 轻旱 | 中旱 | 中旱 | 中旱 |
| 24 | 中旱 | 无旱 | 中旱 | 中旱 | 中旱 | 中旱 |
| 25 | 无旱 | 中旱 | 中旱 | 中旱 | 轻旱 | 轻旱 |
| 26 | 轻旱 | 轻旱 | 中旱 | 中旱 | 轻旱 | 中旱 |
| 27 | 无旱 | 中旱 | 中旱 | 中旱 | 轻旱 | 中旱 |
| 28 | 中旱 | 中旱 | 中旱 | 中旱 | 中旱 | 中旱 |
| 29 | 中旱 | 轻旱 | 中旱 | 中旱 | 中旱 | 中旱 |
| 30 | 中旱 | 轻旱 | 轻旱 | 中旱 | 中旱 | 中旱 |
| 31 | 轻旱 | 轻旱 | 轻旱 | 中旱 | 中旱 | 轻旱 |
| 32 | 轻旱 | 中旱 | 中旱 | 中旱 | 中旱 | 中旱 |
| 33 | 无旱 | 轻旱 | 中旱 | 轻旱 | 轻旱 | 轻旱 |
| 34 | 轻旱 | 中旱 | 中旱 | 中旱 | 中旱 | 中旱 |

续表

| 子流域编号 | 2004年 | 多年平均 | 50%频率年 | 75%频率年 | 90%频率年 | 95%频率年 |
|---|---|---|---|---|---|---|
| 35 | 轻旱 | 中旱 | 中旱 | 中旱 | 轻旱 | 中旱 |
| 36 | 轻旱 | 中旱 | 中旱 | 中旱 | 中旱 | 中旱 |
| 37 | 轻旱 | 中旱 | 轻旱 | 中旱 | 中旱 | 中旱 |
| 38 | 轻旱 | 轻旱 | 轻旱 | 中旱 | 中旱 | 中旱 |
| 39 | 轻旱 | 轻旱 | 中旱 | 中旱 | 中旱 | 中旱 |
| 40 | 轻旱 | 中旱 | 轻旱 | 中旱 | 中旱 | 轻旱 |
| 41 | 中旱 | 轻旱 | 中旱 | 中旱 | 中旱 | 中旱 |
| 42 | 中旱 | 轻旱 | 中旱 | 中旱 | 中旱 | 中旱 |
| 43 | 轻旱 | 中旱 | 中旱 | 中旱 | 中旱 | 中旱 |
| 44 | 轻旱 | 中旱 | 中旱 | 中旱 | 中旱 | 中旱 |
| 45 | 中旱 | 中旱 | 中旱 | 中旱 | 轻旱 | 中旱 |
| 46 | 中旱 | 中旱 | 中旱 | 中旱 | 中旱 | 中旱 |
| 47 | 中旱 | 中旱 | 中旱 | 中旱 | 中旱 | 中旱 |
| 48 | 轻旱 | 中旱 | 轻旱 | 中旱 | 中旱 | 轻旱 |
| 49 | 中旱 | 中旱 | 中旱 | 中旱 | 中旱 | 中旱 |
| 50 | 轻旱 | 中旱 | 中旱 | 中旱 | 中旱 | 中旱 |
| 51 | 中旱 | 中旱 | 中旱 | 中旱 | 中旱 | 中旱 |

| 子流域编号 | 2004年 | 多年平均 | 50%频率年 | 75%频率年 | 90%频率年 | 95%频率年 |
|---|---|---|---|---|---|---|
| 52 | 中旱 | 中旱 | 中旱 | 中旱 | 中旱 | 中旱 |
| 53 | 中旱 | 中旱 | 中旱 | 重旱 | 重旱 | 中旱 |
| 54 | 无旱 | 中旱 | 轻旱 | 中旱 | 中旱 | 中旱 |
| 55 | 重旱 | 重旱 | 重旱 | 特大干旱 | 重旱 | 重旱 |
| 56 | 无旱 | 中旱 | 轻旱 | 中旱 | 轻旱 | 轻旱 |
| 57 | 中旱 | 重旱 | 中旱 | 重旱 | 重旱 | 重旱 |
| 58 | 重旱 | 重旱 | 中旱 | 重旱 | 重旱 | 重旱 |
| 59 | 中旱 | 轻旱 | 中旱 | 中旱 | 中旱 | 中旱 |
| 60 | 中旱 | 轻旱 | 中旱 | 中旱 | 中旱 | 中旱 |
| 61 | 中旱 | 中旱 | 重旱 | 中旱 | 中旱 | 中旱 |
| 62 | 重旱 | 中旱 | 重旱 | 中旱 | 中旱 | 特大干旱 |
| 63 | 重旱 | 轻旱 | 重旱 | 特大干旱 | 特大干旱 | 重旱 |
| 64 | 中旱 | 中旱 | 中旱 | 重旱 | 重旱 | 重旱 |
| 65 | 重旱 | 中旱 | 中旱 | 重旱 | 重旱 | 重旱 |
| 66 | 中旱 | 轻旱 | 中旱 | 轻旱 | 轻旱 | 中旱 |
| 67 | 轻旱 | 中旱 | 轻旱 | 中旱 | 中旱 | 中旱 |
| 68 | 轻旱 | 无旱 | 轻旱 | 中旱 | 中旱 | 中旱 |

续表

| 子流域编号 | 2004年 | 多年平均 | 50%频率年 | 75%频率年 | 90%频率年 | 95%频率年 |
|---|---|---|---|---|---|---|
| 69 | 轻旱 | 轻旱 | 轻旱 | 中旱 | 中旱 | 中旱 |
| 70 | 中旱 | 轻旱 | 轻旱 | 中旱 | 中旱 | 中旱 |
| 71 | 中旱 | 无旱 | 中旱 | 轻旱 | 轻旱 | 中旱 |
| 72 | 中旱 | 中旱 | 轻旱 | 中旱 | 中旱 | 中旱 |
| 73 | 中旱 | 无旱 | 中旱 | 中旱 | 轻旱 | 中旱 |
| 74 | 轻旱 | 中旱 | 中旱 | 中旱 | 中旱 | 轻旱 |
| 75 | 中旱 | 中旱 | 中旱 | 中旱 | 中旱 | 中旱 |
| 76 | 中旱 | 中旱 | 中旱 | 中旱 | 中旱 | 轻旱 |
| 77 | 轻旱 | 中旱 | 中旱 | 中旱 | 轻旱 | 轻旱 |
| 78 | 中旱 | 中旱 | 轻旱 | 中旱 | 中旱 | 中旱 |
| 79 | 中旱 | 中旱 | 中旱 | 中旱 | 中旱 | 中旱 |
| 80 | 中旱 | 中旱 | 轻旱 | 中旱 | 中旱 | 中旱 |
| 81 | 中旱 | 中旱 | 中旱 | 中旱 | 中旱 | 中旱 |
| 82 | 中旱 | 中旱 | 轻旱 | 中旱 | 中旱 | 中旱 |
| 83 | 中旱 | 轻旱 | 轻旱 | 轻旱 | 中旱 | 轻旱 |
| 84 | 中旱 | 轻旱 | 轻旱 | 轻旱 | 中旱 | 轻旱 |
| 85 | 中旱 | 中旱 | 轻旱 | 中旱 | 中旱 | 中旱 |
| 86 | 中旱 | 中旱 | 中旱 | 中旱 | 中旱 | 中旱 |
| 87 | 中旱 | 中旱 | 中旱 | 中旱 | 轻旱 | 中旱 |
| 88 | 轻旱 | 中旱 | 轻旱 | 轻旱 | 轻旱 | 轻旱 |
| 89 | 中旱 | 中旱 | 中旱 | 中旱 | 轻旱 | 中旱 |
| 90 | 中旱 | 轻旱 | 中旱 | 中旱 | 中旱 | 中旱 |
| 91 | 中旱 | 中旱 | 中旱 | 中旱 | 中旱 | 中旱 |
| 92 | 中旱 | 中旱 | 轻旱 | 中旱 | 中旱 | 中旱 |
| 93 | 中旱 | 中旱 | 中旱 | 中旱 | 中旱 | 中旱 |
| 94 | 中旱 | 轻旱 | 中旱 | 中旱 | 中旱 | 中旱 |
| 95 | 中旱 | 轻旱 | 中旱 | 中旱 | 中旱 | 中旱 |
| 96 | 轻旱 | 轻旱 | 轻旱 | 轻旱 | 轻旱 | 中旱 |
| 97 | 轻旱 | 轻旱 | 中旱 | 轻旱 | 中旱 | 中旱 |
| 98 | 轻旱 | 轻旱 | 轻旱 | 轻旱 | 轻旱 | 轻旱 |
| 99 | | | | | | 轻旱 |

**附表 7　典型年流域干旱模糊综合评估结果**

| 子流域编号 | 2004 年 | 多年平均 | 50%频率年 | 75%频率年 | 90%频率年 | 95%频率年 |
|---|---|---|---|---|---|---|
| 1 | 轻旱 | 中旱 | 中旱 | 重旱 | 重旱 | 重旱 |
| 2 | 轻旱 | 中旱 | 中旱 | 重旱 | 重旱 | 重旱 |
| 3 | 轻旱 | 中旱 | 中旱 | 重旱 | 重旱 | 重旱 |
| 4 | 轻旱 | 中旱 | 中旱 | 重旱 | 重旱 | 重旱 |
| 5 | 轻旱 | 中旱 | 中旱 | 重旱 | 重旱 | 重旱 |
| 6 | 轻旱 | 中旱 | 中旱 | 重旱 | 重旱 | 重旱 |
| 7 | 轻旱 | 中旱 | 中旱 | 重旱 | 重旱 | 重旱 |
| 8 | 轻旱 | 中旱 | 重旱 | 重旱 | 重旱 | 重旱 |
| 9 | 中旱 | 中旱 | 重旱 | 重旱 | 特大干旱 | 特大干旱 |
| 10 | 中旱 | 中旱 | 重旱 | 重旱 | 特大干旱 | 特大干旱 |
| 11 | 中旱 | 中旱 | 重旱 | 重旱 | 重旱 | 重旱 |
| 12 | 中旱 | 中旱 | 重旱 | 重旱 | 特大干旱 | 特大干旱 |
| 13 | 中旱 | 中旱 | 重旱 | 重旱 | 特大干旱 | 特大干旱 |
| 14 | 中旱 | 中旱 | 重旱 | 重旱 | 特大干旱 | 特大干旱 |
| 15 | 轻旱 | 中旱 | 中旱 | 重旱 | 重旱 | 重旱 |
| 16 | 轻旱 | 中旱 | 重旱 | 重旱 | 重旱 | 重旱 |
| 17 | 中旱 | 中旱 | 重旱 | 重旱 | 特大干旱 | 特大干旱 |
| 18 | 轻旱 | 中旱 | 中旱 | 重旱 | 重旱 | 重旱 |
| 19 | 轻旱 | 中旱 | 中旱 | 重旱 | 重旱 | 重旱 |
| 20 | 中旱 | 中旱 | 重旱 | 重旱 | 特大干旱 | 特大干旱 |
| 21 | 轻旱 | 中旱 | 中旱 | 重旱 | 重旱 | 重旱 |
| 22 | 轻旱 | 中旱 | 中旱 | 重旱 | 重旱 | 重旱 |
| 23 | 中旱 | 中旱 | 重旱 | 重旱 | 重旱 | 重旱 |
| 24 | 中旱 | 中旱 | 重旱 | 重旱 | 特大干旱 | 特大干旱 |
| 25 | 轻旱 | 中旱 | 中旱 | 中旱 | 重旱 | 重旱 |
| 26 | 轻旱 | 中旱 | 中旱 | 重旱 | 重旱 | 重旱 |
| 27 | 中旱 | 中旱 | 重旱 | 重旱 | 特大干旱 | 特大干旱 |
| 28 | 中旱 | 中旱 | 中旱 | 中旱 | 重旱 | 重旱 |
| 29 | 轻旱 | 中旱 | 重旱 | 重旱 | 特大干旱 | 特大干旱 |
| 30 | 中旱 | 中旱 | 重旱 | 重旱 | 特大干旱 | 特大干旱 |
| 31 | 轻旱 | 中旱 | 中旱 | 重旱 | 重旱 | 重旱 |
| 32 | 轻旱 | 中旱 | 中旱 | 重旱 | 重旱 | 重旱 |
| 33 | 轻旱 | 中旱 | 中旱 | 重旱 | 重旱 | 重旱 |
| 34 | 轻旱 | 中旱 | 中旱 | 重旱 | 重旱 | 重旱 |

| 子流域编号 | 2004年 | 多年平均 | 50%频率年 | 75%频率年 | 90%频率年 | 95%频率年 |
|---|---|---|---|---|---|---|
| 35 | 轻旱 | 中旱 | 中旱 | 重旱 | 重旱 | 重旱 |
| 36 | 轻旱 | 中旱 | 中旱 | 重旱 | 重旱 | 重旱 |
| 37 | 轻旱 | 中旱 | 中旱 | 中旱 | 重旱 | 重旱 |
| 38 | 轻旱 | 中旱 | 中旱 | 重旱 | 重旱 | 重旱 |
| 39 | 轻旱 | 中旱 | 中旱 | 重旱 | 重旱 | 重旱 |
| 40 | 轻旱 | 中旱 | 中旱 | 重旱 | 重旱 | 重旱 |
| 41 | 中旱 | 中旱 | 重旱 | 重旱 | 重旱 | 重旱 |
| 42 | 轻旱 | 中旱 | 中旱 | 重旱 | 特大干旱 | 特大干旱 |
| 43 | 轻旱 | 中旱 | 中旱 | 重旱 | 重旱 | 重旱 |
| 44 | 轻旱 | 中旱 | 中旱 | 重旱 | 重旱 | 重旱 |
| 45 | 轻旱 | 中旱 | 重旱 | 重旱 | 特大干旱 | 特大干旱 |
| 46 | 中旱 | 中旱 | 中旱 | 重旱 | 特大干旱 | 特大干旱 |
| 47 | 轻旱 | 中旱 | 中旱 | 重旱 | 重旱 | 重旱 |
| 48 | 中旱 | 中旱 | 中旱 | 重旱 | 重旱 | 重旱 |
| 49 | 无旱 | 中旱 | 重旱 | 重旱 | 重旱 | 特大干旱 |
| 50 | 中旱 | 中旱 | 中旱 | 重旱 | 重旱 | 重旱 |
| 51 | 轻旱 | 中旱 | 中旱 | 重旱 | 重旱 | 重旱 |

| 子流域编号 | 2004年 | 多年平均 | 50%频率年 | 75%频率年 | 90%频率年 | 95%频率年 |
|---|---|---|---|---|---|---|
| 52 | 轻旱 | 轻旱 | 中旱 | 中旱 | 中旱 | 中旱 |
| 53 | 轻旱 | 中旱 | 重旱 | 重旱 | 重旱 | 特大干旱 |
| 54 | 中旱 | 中旱 | 中旱 | 重旱 | 重旱 | 重旱 |
| 55 | 轻旱 | 中旱 | 中旱 | 中旱 | 重旱 | 重旱 |
| 56 | 无旱 | 中旱 | 中旱 | 重旱 | 中旱 | 重旱 |
| 57 | 中旱 | 中旱 | 中旱 | 中旱 | 中旱 | 重旱 |
| 58 | 轻旱 | 中旱 | 中旱 | 中旱 | 中旱 | 中旱 |
| 59 | 轻旱 | 轻旱 | 中旱 | 中旱 | 中旱 | 重旱 |
| 60 | 轻旱 | 轻旱 | 中旱 | 中旱 | 中旱 | 中旱 |
| 61 | 轻旱 | 中旱 | 中旱 | 重旱 | 中旱 | 重旱 |
| 62 | 中旱 | 中旱 | 中旱 | 中旱 | 重旱 | 重旱 |
| 63 | 中旱 | 中旱 | 中旱 | 中旱 | 中旱 | 中旱 |
| 64 | 轻旱 | 轻旱 | 中旱 | 中旱 | 中旱 | 重旱 |
| 65 | 中旱 | 中旱 | 中旱 | 中旱 | 重旱 | 中旱 |
| 66 | 轻旱 | 轻旱 | 重旱 | 中旱 | 重旱 | 中旱 |
| 67 | 中旱 | 中旱 | 中旱 | 中旱 | 中旱 | 特大干旱 |
| 68 | 中旱 | 中旱 | 中旱 | 中旱 | 重旱 | 中旱 |

续表

| 子流域编号 | 2004年 | 多年平均 | 50%频率年 | 75%频率年 | 90%频率年 | 95%频率年 |
| --- | --- | --- | --- | --- | --- | --- |
| 69 | 中旱 | 中旱 | 中旱 | 重旱 | 中旱 | 重旱 |
| 70 | 轻旱 | 中旱 | 中旱 | 中旱 | 中旱 | 中旱 |
| 71 | 中旱 | 中旱 | 中旱 | 中旱 | 中旱 | 中旱 |
| 72 | 轻旱 | 轻旱 | 中旱 | 中旱 | 中旱 | 中旱 |
| 73 | 中旱 | 中旱 | 中旱 | 中旱 | 中旱 | 中旱 |
| 74 | 轻旱 | 轻旱 | 中旱 | 中旱 | 中旱 | 中旱 |
| 75 | 轻旱 | 中旱 | 中旱 | 中旱 | 中旱 | 中旱 |
| 76 | 轻旱 | 轻旱 | 中旱 | 中旱 | 中旱 | 中旱 |
| 77 | 轻旱 | 中旱 | 中旱 | 中旱 | 中旱 | 中旱 |
| 78 | 轻旱 | 轻旱 | 中旱 | 中旱 | 中旱 | 中旱 |
| 79 | 轻旱 | 轻旱 | 中旱 | 中旱 | 中旱 | 中旱 |
| 80 | 轻旱 | 中旱 | 中旱 | 中旱 | 中旱 | 中旱 |
| 81 | 轻旱 | 轻旱 | 中旱 | 中旱 | 中旱 | 中旱 |
| 82 | 轻旱 | 中旱 | 中旱 | 中旱 | 中旱 | 中旱 |
| 83 | 轻旱 | 中旱 | 中旱 | 中旱 | 中旱 | 中旱 |
| 84 | 轻旱 | 轻旱 | 中旱 | 中旱 | 中旱 | 中旱 |

| 子流域编号 | 2004年 | 多年平均 | 50%频率年 | 75%频率年 | 90%频率年 | 95%频率年 |
| --- | --- | --- | --- | --- | --- | --- |
| 85 | 轻旱 | 轻旱 | 中旱 | 中旱 | 中旱 | 中旱 |
| 86 | 中旱 | 中旱 | 中旱 | 中旱 | 中旱 | 中旱 |
| 87 | 轻旱 | 轻旱 | 中旱 | 中旱 | 中旱 | 中旱 |
| 88 | 轻旱 | 轻旱 | 中旱 | 中旱 | 中旱 | 中旱 |
| 89 | 轻旱 | 轻旱 | 中旱 | 中旱 | 中旱 | 中旱 |
| 90 | 轻旱 | 轻旱 | 中旱 | 中旱 | 中旱 | 中旱 |
| 91 | 轻旱 | 轻旱 | 中旱 | 中旱 | 中旱 | 中旱 |
| 92 | 轻旱 | 轻旱 | 中旱 | 中旱 | 中旱 | 中旱 |
| 93 | 轻旱 | 轻旱 | 中旱 | 中旱 | 中旱 | 中旱 |
| 94 | 轻旱 | 轻旱 | 中旱 | 中旱 | 中旱 | 中旱 |
| 95 | 轻旱 | 轻旱 | 中旱 | 中旱 | 中旱 | 中旱 |
| 96 | 轻旱 | 轻旱 | 中旱 | 中旱 | 中旱 | 中旱 |
| 97 | 轻旱 | 轻旱 | 中旱 | 中旱 | 中旱 | 中旱 |
| 98 | 轻旱 | 轻旱 | 中旱 | 中旱 | 中旱 | 中旱 |
| 99 | 轻旱 | 轻旱 | 中旱 | 中旱 | 中旱 | 中旱 |

2007 年各月干旱综合评估结果

| 子流域代码 | 5 月 | 6 月 | 7 月 | 8 月 | 9 月 | 10 月 | 11 月 |
|---|---|---|---|---|---|---|---|
| 1 | 轻旱 | 中旱 | 中旱 | 中旱 | 中旱 | 重旱 | 重旱 |
| 2 | 轻旱 | 中旱 | 中旱 | 中旱 | 中旱 | 重旱 | 重旱 |
| 3 | 轻旱 | 中旱 | 中旱 | 中旱 | 中旱 | 重旱 | 重旱 |
| 4 | 中旱 | 中旱 | 中旱 | 中旱 | 中旱 | 重旱 | 重旱 |
| 5 | 轻旱 | 中旱 | 中旱 | 中旱 | 中旱 | 重旱 | 重旱 |
| 6 | 轻旱 | 中旱 | 中旱 | 中旱 | 中旱 | 重旱 | 重旱 |
| 7 | 轻旱 | 中旱 | 中旱 | 中旱 | 中旱 | 重旱 | 重旱 |
| 8 | 轻旱 | 中旱 | 中旱 | 中旱 | 中旱 | 重旱 | 重旱 |
| 9 | 轻旱 | 中旱 | 重旱 | 轻旱 | 重旱 | 重旱 | 特大干旱 |
| 10 | 轻旱 | 中旱 | 重旱 | 轻旱 | 重旱 | 重旱 | 特大干旱 |
| 11 | 轻旱 | 中旱 | 重旱 | 中旱 | 重旱 | 重旱 | 特大干旱 |
| 12 | 轻旱 | 中旱 | 重旱 | 轻旱 | 重旱 | 重旱 | 特大干旱 |
| 13 | 轻旱 | 中旱 | 重旱 | 中旱 | 重旱 | 重旱 | 特大干旱 |
| 14 | 轻旱 | 中旱 | 重旱 | 轻旱 | 重旱 | 重旱 | 特大干旱 |
| 15 | 轻旱 | 中旱 | 中旱 | 中旱 | 中旱 | 重旱 | 重旱 |
| 16 | 轻旱 | 中旱 | 中旱 | 中旱 | 中旱 | 重旱 | 重旱 |
| 17 | 轻旱 | 中旱 | 重旱 | 轻旱 | 重旱 | 重旱 | 特大干旱 |
| 18 | 轻旱 | 中旱 | 中旱 | 中旱 | 中旱 | 重旱 | 重旱 |
| 19 | 轻旱 | 中旱 | 中旱 | 中旱 | 中旱 | 重旱 | 重旱 |
| 20 | 轻旱 | 中旱 | 重旱 | 中旱 | 重旱 | 重旱 | 特大干旱 |
| 21 | 轻旱 | 中旱 | 中旱 | 中旱 | 中旱 | 重旱 | 重旱 |
| 22 | 轻旱 | 中旱 | 中旱 | 中旱 | 中旱 | 中旱 | 重旱 |
| 23 | 轻旱 | 中旱 | 中旱 | 中旱 | 中旱 | 重旱 | 重旱 |
| 24 | 轻旱 | 中旱 | 重旱 | 中旱 | 重旱 | 重旱 | 特大干旱 |
| 25 | 轻旱 | 中旱 | 中旱 | 中旱 | 中旱 | 中旱 | 重旱 |
| 26 | 轻旱 | 中旱 | 中旱 | 中旱 | 中旱 | 中旱 | 重旱 |
| 27 | 轻旱 | 中旱 | 中旱 | 中旱 | 中旱 | 中旱 | 重旱 |
| 28 | 轻旱 | 中旱 | 重旱 | 轻旱 | 重旱 | 重旱 | 特大干旱 |

| 子流域代码 | 5 月 | 6 月 | 7 月 | 8 月 | 9 月 | 10 月 | 11 月 |
|---|---|---|---|---|---|---|---|
| 29 | 轻旱 | 中旱 | 中旱 | 中旱 | 中旱 | 中旱 | 重旱 |
| 30 | 轻旱 | 中旱 | 重旱 | 中旱 | 重旱 | 重旱 | 特大干旱 |
| 31 | 中旱 | 中旱 | 中旱 | 中旱 | 中旱 | 重旱 | 重旱 |
| 32 | 轻旱 | 中旱 | 中旱 | 中旱 | 中旱 | 重旱 | 重旱 |
| 33 | 轻旱 | 中旱 | 中旱 | 中旱 | 中旱 | 中旱 | 重旱 |
| 34 | 轻旱 | 中旱 | 中旱 | 中旱 | 中旱 | 重旱 | 重旱 |
| 35 | 轻旱 | 中旱 | 中旱 | 中旱 | 中旱 | 重旱 | 重旱 |
| 36 | 轻旱 | 中旱 | 中旱 | 中旱 | 中旱 | 重旱 | 重旱 |
| 37 | 中旱 | 中旱 | 中旱 | 中旱 | 中旱 | 重旱 | 重旱 |
| 38 | 轻旱 | 中旱 | 中旱 | 中旱 | 中旱 | 中旱 | 重旱 |
| 39 | 中旱 | 中旱 | 中旱 | 中旱 | 中旱 | 重旱 | 重旱 |
| 40 | 中旱 | 中旱 | 中旱 | 中旱 | 中旱 | 重旱 | 重旱 |
| 41 | 轻旱 | 中旱 | 重旱 | 中旱 | 重旱 | 重旱 | 特大干旱 |
| 42 | 轻旱 | 中旱 | 中旱 | 中旱 | 中旱 | 重旱 | 重旱 |
| 43 | 轻旱 | 中旱 | 中旱 | 中旱 | 中旱 | 重旱 | 重旱 |
| 44 | 轻旱 | 中旱 | 中旱 | 中旱 | 中旱 | 中旱 | 重旱 |
| 45 | 中旱 | 中旱 | 中旱 | 中旱 | 中旱 | 重旱 | 重旱 |
| 46 | 轻旱 | 中旱 | 重旱 | 中旱 | 重旱 | 重旱 | 特大干旱 |
| 47 | 轻旱 | 中旱 | 中旱 | 中旱 | 中旱 | 重旱 | 重旱 |
| 48 | 轻旱 | 中旱 | 重旱 | 中旱 | 重旱 | 重旱 | 特大干旱 |
| 49 | 重旱 | 特大干旱 | 重旱 | 重旱 | 重旱 | 中旱 | 特大干旱 |
| 50 | 轻旱 | 中旱 | 重旱 | 中旱 | 重旱 | 重旱 | 特大干旱 |
| 51 | 中旱 | 中旱 | 中旱 | 中旱 | 中旱 | 重旱 | 重旱 |
| 52 | 中旱 | 中旱 | 中旱 | 中旱 | 特大干旱 | 轻旱 | 重旱 |
| 53 | 中旱 | 重旱 | 重旱 | 中旱 | 中旱 | 重旱 | 重旱 |
| 54 | 中旱 | 重旱 | 中旱 | 中旱 | 中旱 | 重旱 | 重旱 |
| 55 | 重旱 | 重旱 | 重旱 | 重旱 | 重旱 | 重旱 | 重旱 |
| 56 | 重旱 | 特大干旱 | 重旱 | 重旱 | 重旱 | 中旱 | 重旱 |

| 子流域代码 | 5月 | 6月 | 7月 | 8月 | 9月 | 10月 | 11月 |
|---|---|---|---|---|---|---|---|
| 57 | 中旱 | 中旱 | 中旱 | 轻旱 | 中旱 | 重旱 | 重旱 |
| 58 | 中旱 | 中旱 | 中旱 | 重旱 | 特大干旱 | 轻旱 | 重旱 |
| 59 | 重旱 | 重旱 | 重旱 | 重旱 | 重旱 | 重旱 | 重旱 |
| 60 | 轻旱 | 轻旱 | 中旱 | 中旱 | 特大干旱 | 轻旱 | 重旱 |
| 61 | 中旱 | 中旱 | 中旱 | 中旱 | 特大干旱 | 轻旱 | 重旱 |
| 62 | 轻旱 | 中旱 | 中旱 | 轻旱 | 中旱 | 重旱 | 中旱 |
| 63 | 轻旱 | 中旱 | 中旱 | 轻旱 | 中旱 | 重旱 | 重旱 |
| 64 | 轻旱 | 中旱 | 中旱 | 中旱 | 特大干旱 | 轻旱 | 重旱 |
| 65 | 轻旱 | 中旱 | 中旱 | 中旱 | 中旱 | 重旱 | 中旱 |
| 66 | 中旱 | 中旱 | 中旱 | 重旱 | 特大干旱 | 轻旱 | 重旱 |
| 67 | 轻旱 | 中旱 | 重旱 | 轻旱 | 重旱 | 重旱 | 特大干旱 |
| 68 | 轻旱 | 轻旱 | 中旱 | 轻旱 | 中旱 | 重旱 | 中旱 |
| 69 | 轻旱 | 中旱 | 中旱 | 中旱 | 中旱 | 重旱 | 重旱 |
| 70 | 轻旱 | 轻旱 | 中旱 | 中旱 | 特大干旱 | 轻旱 | 特大干旱 |
| 71 | 轻旱 | 轻旱 | 中旱 | 轻旱 | 中旱 | 重旱 | 重旱 |
| 72 | 中旱 | 轻旱 | 中旱 | 重旱 | 特大干旱 | 轻旱 | 重旱 |
| 73 | 轻旱 | 中旱 | 中旱 | 中旱 | 中旱 | 重旱 | 重旱 |
| 74 | 轻旱 | 轻旱 | 中旱 | 中旱 | 特大干旱 | 轻旱 | 重旱 |
| 75 | 中旱 | 轻旱 | 中旱 | 中旱 | 特大干旱 | 轻旱 | 重旱 |
| 76 | 轻旱 | 轻旱 | 中旱 | 重旱 | 特大干旱 | 轻旱 | 特大干旱 |
| 77 | 中旱 | 轻旱 | 中旱 | 中旱 | 特大干旱 | 轻旱 | 重旱 |
| 78 | 轻旱 | 轻旱 | 中旱 | 中旱 | 特大干旱 | 轻旱 | 特大干旱 |
| 79 | 轻旱 | 轻旱 | 中旱 | 中旱 | 特大干旱 | 轻旱 | 重旱 |
| 80 | 轻旱 | 轻旱 | 中旱 | 重旱 | 特大干旱 | 轻旱 | 重旱 |
| 81 | 中旱 | 轻旱 | 中旱 | 重旱 | 特大干旱 | 轻旱 | 重旱 |
| 82 | 轻旱 | 轻旱 | 中旱 | 重旱 | 特大干旱 | 轻旱 | 重旱 |
| 83 | 轻旱 | 轻旱 | 中旱 | 重旱 | 特大干旱 | 轻旱 | 重旱 |
| 84 | 轻旱 | 轻旱 | 中旱 | 中旱 | 重旱 | 轻旱 | 重旱 |

| 子流域代码 | 5月 | 6月 | 7月 | 8月 | 9月 | 10月 | 11月 |
|---|---|---|---|---|---|---|---|
| 85 | 轻旱 | 轻旱 | 中旱 | 中旱 | 重旱 | 轻旱 | 重旱 |
| 86 | 轻旱 | 中旱 | 中旱 | 中旱 | 中旱 | 重旱 | 重旱 |
| 87 | 轻旱 | 轻旱 | 中旱 | 重旱 | 重旱 | 轻旱 | 重旱 |
| 88 | 轻旱 | 轻旱 | 中旱 | 重旱 | 重旱 | 轻旱 | 重旱 |
| 89 | 轻旱 | 轻旱 | 中旱 | 中旱 | 重旱 | 轻旱 | 重旱 |
| 90 | 轻旱 | 轻旱 | 中旱 | 中旱 | 重旱 | 轻旱 | 重旱 |
| 91 | 轻旱 | 轻旱 | 中旱 | 重旱 | 重旱 | 轻旱 | 重旱 |
| 92 | 轻旱 | 轻旱 | 中旱 | 重旱 | 重旱 | 轻旱 | 重旱 |
| 93 | 轻旱 | 轻旱 | 中旱 | 中旱 | 重旱 | 轻旱 | 重旱 |
| 94 | 轻旱 | 轻旱 | 中旱 | 中旱 | 重旱 | 轻旱 | 重旱 |
| 95 | 轻旱 | 轻旱 | 中旱 | 重旱 | 重旱 | 轻旱 | 重旱 |
| 96 | 轻旱 | 轻旱 | 中旱 | 重旱 | 重旱 | 轻旱 | 重旱 |
| 97 | 轻旱 | 轻旱 | 中旱 | 重旱 | 重旱 | 轻旱 | 重旱 |
| 98 | 轻旱 | 轻旱 | 中旱 | 中旱 | 重旱 | 轻旱 | 重旱 |
| 99 | 轻旱 | 轻旱 | 中旱 | 中旱 | 重旱 | 轻旱 | 重旱 |

# 参 考 文 献

[1]  中国干旱气象网. 干旱对全球的危害 [EB/OL]. (2009 - 02 - 18) [2011 - 04 - 10]. http://61.178.78.36:5008/content/2009 - 02/360.html.

[2]  于琪洋. 对我国干旱及旱灾问题的思考 [J]. 中国水利，2003，4 (A 刊)：67 - 69.

[3]  范垂仁，夏军，张利平，李秀斌. 中国水旱灾害长期预报理论方法实践 [M]. 北京：中国水利水电出版社，2007.

[4]  杨帅英，郝芳华，宁大同. 干旱灾害风险评估的研究进展 [J]. 安全与环境学报，2004，4 (2)：79 - 82.

[5]  陈玉琼. 旱涝灾害指标的研究 [J]. 灾害学，1989，4 (4)：10 - 13.

[6]  袁林. 陕西历史旱灾发生规律研究 [J]. 灾害学，1993，8 (4)：40 - 43.

[7]  宫德吉，郝幕玲，侯琼. 旱灾成灾综合指数的研究 [J]. 气象，1996，22 (10)：3 - 7.

[8]  王石立，娄秀荣. 华北地区冬小麦干旱风险评估的初步研究 [J]. 自然灾害学报，1997，6 (3)：63 - 68.

[9]  李翠金. 异常干旱气候事件及其对农业影响评估模式研究 [J]. 地理学报，2000，55 (增刊)：39 - 45.

[10]  朱琳，叶殿秀，陈建文，等. 陕西省冬小麦干旱风险分析及区划 [J]. 应用气象学报，2002，13 (2)：201 - 206.

[11]  沈良芳，缪启龙，吕军. 近百年南京旱涝灾害动态监测指标的研究 [J]. 气象与减灾研究，2007，30 (3)：21 - 25.

[12]  沈桂霞，陆桂华，吴志勇，等. 基于 PDSI 和 SPI 的综合气象干旱指数研究 [J]. 水利水电技术，2009，40 (4)：10 - 13.

[13]  商彦蕊. 农业旱灾研究进展 [J]. 地理与地理信息科学，2004，20 (4)：101 - 105.

[14]  黄朝迎. 长江流域旱涝灾害的某些统计特征 [J]. 灾害学，1992 (3)：67 - 72.

[15]  李祚泳，邓新民. 四川旱涝灾害时间分布序列的分形特征研究 [J]. 灾害学，1994，3 (14)：88 - 91.

[16]  郭毅，赵景波. 1368—1948 年陇中地区干旱灾害时间序列分形特征研究 [J]. 地球科学进展，2010，25 (6)：630 - 637.

[17]  薛晓萍，赵红，陈延玲，等. 山东棉花产量旱灾损失评估模型 [J]. 气象，1999 (1)：25 - 29.

[18]  冯利华. 基于信息扩散理论的气象要素风险分析 [J]. 气象科技，2001 (1)：27 - 30.

[19]  任鲁川. 灾害熵：概念引入及应用案例 [J]. 自然灾害学报，2000，9 (2)：26 - 31.

[20]  丁晶. 中国主要河流干旱特性的统计分析 [J]. 地理学报，1997，52 (4)：374 - 381.

[21]  Zhang L, Singh V P. Bivariate rainfall frequency distributions using Archimedean copulas [J]. Journal of Hydrology. 2007，332 (1 - 2)：93 - 109.

[22]  袁超. 渭河流域主要河流水文干旱特性研究 [D]. 陕西：西北农林科技大学，2008.

[23]  孙荣强. 旱情评定与灾情指标之探讨 [J]. 自然灾害学报，1994，3 (3)：49 - 55.

[24]  顾颖，刘培. 应用模拟技术进行区域干旱分析 [J]. 水科学进展，1998，9 (3)：

269 - 274.

[25] 卞传恂，黄永革，沈思跃，等. 以土壤缺水量为指标的干旱模型 [J]. 水文，2000，20 (2)：5 - 10.

[26] 许继军，杨大文，雷志栋，等. 长江上游干旱评估方法初步研究 [J]. 人民长江，2008，39 (11)：1 - 5.

[27] 史培军. 人地系统动力学研究的现状与展望 [J]. 地学前缘，1997，4 (1 - 2)：201 - 210.

[28] Mishra AK，Desai，VR. Drought forecasting using stochastic models [J]. Journal of Stochastic Environmental Research and Risk Assessment，2005，19：326 - 339.

[29] Mishra AK，Desai，VR，Singh VP. Drought forecasting using a hybrid stochastic and neural network model [J]. Journal of Hydrologic Engineering. ASCE，2007，12 (6)：626 - 638.

[30] Cancelliere A. Drought forecasting using the Standardized Precipitation Index [J]. Water Resources Management，2007，21 (5)：801 - 819.

[31] 王良健. GM11 模型在湖南严重干旱预报上的应用 [J]. 干旱区地理，1995，18 (1)：83 - 86.

[32] 王文明，王文科，杜东. 灰色预测模型 GM (1. 1) 在水文预测中的应用——以玛纳斯河为例 [J]. 地下水，2007，29 (2)：10 - 12，39.

[33] 朱廷举，胡和平. 基于随机模拟和模糊聚类的水文干旱特性分析 [J]. 清华大学学报 (自然科学版)，2001，41 (8)：103 - 106.

[34] 张汉雄. 用马尔科夫链模型预测宁南山区旱情 [J]. 自然灾害学报，1994，3 (1)：47 - 54.

[35] 陈育峰. 我国旱涝空间型的马尔科夫概型分析 [J]. 自然灾害学报，1995，4 (2)：66 - 72.

[36] 阮本清，梁瑞驹，陈韶君. 一种供用水系统的风险分析与评价方法 [J]. 水利学报，2000，9：1 - 7.

[37] 韩宇平，阮本清，周杰. 马尔柯夫链模型在区域干旱风险研究中的应用 [J]. 内蒙古师范大学学报自然科学 (汉文) 版，2003，32 (1)：65 - 70.

[38] 李克让，尹思明，沙万英. 中国现代干旱灾害的时空特征 [J]. 地理研究，1996，15 (3)：6 - 15.

[39] 潘耀忠，龚道溢，王平. 中国近 40 年旱灾时空格局分析 [J]. 北京师范大学学报 (自然科学版)，1996，32 (1)：138 - 142.

[40] 王静爱，孙恒，徐伟，等. 近 50 年中国旱灾的时空变化 [J]. 自然灾害学报，2002，11 (2)：1 - 6.

[41] 方修琦，何英茹，章文波. 1978—1994 年分省农业旱灾灾情的经验正交函数 EOF 分析 [J]. 自然灾害学报，1997，6 (1)：59 - 64.

[42] 王文楷. 河南省旱涝灾害的地域分异规律和减灾对策研究 [J]. 灾害学，1991，6 (2)：48 - 53.

[43] 杨志荣，张万敏. 湖南省历史旱灾时空分布规律 [J]. 灾害学，1994，9 (2)：32 - 37.

[44] 何素兰. 近 40 年来华南地区旱涝变化特征 [J]. 灾害学，1995，10 (2)：52 - 57.

[45] 朱爱荣，梁生俊，黄祖英，等. 陕西关中近 40 年春季旱涝分析 [J]. 灾害学，

1996，11（4）：74 - 78.

[46] 解明恩，程建刚，范菠. 云南气象灾害的时空分布规律 [J]. 自然灾害学报，2004，13（5）：40 - 47.

[47] 罗培. 基于 GIS 的重庆市干旱灾害风险评估与区划 [J]. 中国农业气象，2007，28（1）：100 - 104.

[48] 张文宗，张超，赵春雷，等. 冀鲁豫灌溉条件下冬小麦干旱风险区划方法研究 [J]. 安徽农业科学，2010，38（8）：4158 - 4161，4164.

[49] 何斌，赵林，刘明. 湖南省农业旱灾风险综合分析与定量评价 [J]. 安徽农业科学，2010，38（3）：1559 - 1562，1578.

[50] 陈红，张丽娟，李文亮，等. 黑龙江省农业干旱灾害风险评价与区划研究 [J]. 中国农学通报，2010，26（3）：245 - 248.

[51] 杜鹏，李世奎. 农业气象灾害风险评价模型及应用 [J]. 气象学报，1997，55（1）：95 - 102.

[52] 王素艳. 北方冬小麦干旱风险评估及风险区划研究 [D]. 北京：中国农业大学硕士学位论文，2004.

[53] 李世奎. 中国农业灾害风险评价与对策 [M]. 北京：气象出版社，1999，122 - 149，176 - 189.

[54] 李文亮，张冬有，张丽娟. 黑龙江省气象灾害风险评估与区划 [J]. 干旱区地理，2009，32（5）：754 - 760.

[55] Zadeh，L A. Soft computing and fuzzy logic [J]. IEEE Software，1994，11（6）：48 - 56.

[56] Burrough P A，Frank A U. Geographic Objects with Indeterminate Bouderies [M]. London：Taylor & Francis，1996.

[57] Hemetsberger M，Klinger G，Niederer S，Benedikt J. Risk assessment of a avalanches-a fuzzy GIS application [C]. Proceedings of the 5th international FLINS Conference，2002. 395 - 402.

[58] Huang C F，Shi Y. Towards Efficient Fuzzy Information Processing—Using the Principle of Information Diffusion [M]. Heidelberg：Physica - Verlag（Springer），Germany，2002.

[59] 黄崇福，张俊香，陈志芬，等. 自然灾害风险区划图的一个潜在发展方向 [J]. 自然灾害学报，2004，13（2）：9 - 15.

[60] 顾颖，倪深海，王会容. 中国农业抗旱能力综合评价 [J]. 水科学进展，2005，16（5）：700 - 704.

[61] 倪深海，顾颖，王会容. 中国农业干旱脆弱性分区研究 [J]. 水科学进展，2005，16（5）：705 - 709.

[62] 张存杰，王宝灵，刘德祥，等. 西北地区旱涝指标的初步研究 [J]. 高原气象，1998，17（4）：381 - 389.

[63] 宫德吉. 干旱监测预警指数研究 [J]. 气象，1998，24（8）：14 - 17.

[64] 王劲松，冯建英. 甘肃省河西地区径流量干旱指数初探 [J]. 气象，2000，26（6）：3 - 7.

[65] 黄妙芬. 黄土高原西北部地区的旱度模式 [J]. 气象，1990，17（1）：23 - 28.

[66] 杨小利. 西北地区气象干旱监测指数的研究和应用 [J]. 气象，2007，33（8）：90 - 96.

[67]　郭铌. 植被指数及其研究进展 [J]. 干旱气象, 2003, 21 (4): 71 - 75.

[68]　郭铌, 管晓丹. 植被状况指数的改进及在西北干旱监测中的应用 [J]. 地球科学进展, 2007, 22 (11): 1160 - 1168.

[69]　张杰, 张强, 赵建华, 等. 作物干旱指标对西北半干旱区春小麦缺水特征的反映 [J]. 生态学报, 2008, 28 (4): 1646 - 1654.

[70]　李香云, 罗岩, 王立新. 近50年人类活动对西北干旱区水文过程干扰研究——以塔里木河流域为例 [J]. 郑州大学学报 (工学版), 2003, 24 (4): 93 - 98.

[71]　徐素宁, 杨景春, 李有利. 近50年玛纳斯河流量变化与气候变化的响应 [J]. 地理与地理信息科学, 2004, 20 (6): 65 - 66, 66 - 68.

[72]　程维明, 周成虎, 刘海江, 等. 玛纳斯河流域50年绿洲扩张及生态环境演变研究 [J]. 中国科学 D 辑地球科学, 2005, 35 (11): 1074 - 1086.

[73]　莫献坤, 李天宏, 李振山. 近40年来玛纳斯河流域土壤水分补给量的变化分析 [J]. 自然资源学报, 2006, 21 (6): 926 - 933.

[74]　卢宏玮, 曾光明, 谢更新, 等. 洞庭湖流域区域生态风险评价 [J]. 生态学报, 2003, 23 (12): 2520 - 2530.

[75]　贡璐, 鞠强, 潘晓玲. 博斯腾湖区域景观生态风险评价研究 [J]. 干旱区资源与环境, 2007, 21 (1): 27 - 31.

[76]　张丽丽, 殷峻暹, 侯召成. 基于模糊隶属度的白洋淀生态干旱评价函数研究 [J]. 河海大学学报 (自然科学版), 2010, 38 (3): 252 - 257.

[77]　钟政林. 环境风险评价研究进展 [J]. 环境科学进展, 1996, 4 (6): 17 - 21.

[78]　李自珍, 何俊红. 生态风险评价与风险决策模型及应用——以河西走廊荒漠绿洲开发为例 [J]. 兰州大学学报 (自然科学版), 1999, 35 (3): 149 - 156.

[79]　韩丽, 戴志军. 生态风险评价研究 [J]. 环境科学动态, 2001 (3): 7 - 10.

[80]　许学工, 林辉平, 付在毅, 等. 黄河三角洲湿地区域生态风险评价 [J]. 北京大学学报 (自然科学版), 2001, 37 (1): 111 - 120.

[81]　毛小苓, 倪晋仁. 生态风险评价研究述评 [J]. 北京大学学报 (自然科学版), 2005, 41 (4): 646 - 654.

[82]　刘红, 王慧, 刘康. 我国生态安全评价方法研究述评 [J]. 自然生态保护, 2005 (8): 34 - 37.

[83]　肖笃宁, 陈文波, 郭福良. 论生态安全的基本概念和研究内容 [J]. 应用生态学报, 2002, 13 (3): 354 - 358.

[84]　陈亚宁, 郝兴明, 李卫红. 干旱区内陆河流域的生态安全与生态需水量研究——兼谈塔里木河生态需水量问题 [J]. 地球科学进展, 2008, 23 (7): 732 - 738.

[85]　贾宝全. 绿洲景观若干理论问题的探讨 [J]. 干旱区地理, 1996, 19 (3): 57 - 65.

[86]　潘晓玲, 马映军, 顾峰雪. 中国西部干旱区生态环境演变与调控研究进展与展望 [J]. 地球科学进展, 2003, 18 (1): 50 - 57.

[87]　穆桂金, 刘嘉麒. 绿洲演变及其调控因素初析 [J]. 第四纪研究, 2000, 10 (6): 539 - 547.

[88]　方创琳. 绿洲生态系统的运行机制及退化的监控研究 [J]. 生态学杂志, 1994, 13 (5): 221 - 222.

[89]　张勃, 张凯. 干旱区绿洲空间分异演化研究——以黑河流域绿洲为例 [J]. 冰川冻

土，2002，24（4）：414-420.

[90] 郭明，肖笃宁，李新.黑河流域酒泉绿洲景观生态安全格局分析 [J].生态学报，2006，26（2）：457-466.

[91] 王根绪，程国栋.干旱荒漠绿洲景观空间格局及其受水资源条件的影响分析 [J].生态学报，2000，20（3）：362-368.

[92] 角媛梅，肖笃宁.绿洲景观空间邻接特征与生态安全分析 [J].应用生态学报，2004，15（1）：31-35.

[93] Robert M May. Thresholds and breakpoints in ecosystems with a multiplicity of stable states [J]. Nature. 1977，269（6）：471-477.

[94] 中国科学院生态环境研究中心系统生态开放实验室.马世骏论文集 [C].北京：中国环境科学出版社，1995.

[95] 马风云.生态系统稳定性若干问题研究评述 [J].中国沙漠，2002，22（4）：401-407.

[96] 曾德慧，姜凤岐.樟子松人工固沙林稳定性的研究 [J].应用生态学报，1996，7（4）：337-343.

[97] Stephen H Roxburgh，J. Bastow Wilson. Stability and coexistence in a lawn community: experimental assessment of the stability of the actual community [J]. Oikos，2000，88（2）：409-423.

[98] David A Wardle，Karen I. Bonner，Gary M. Barker. Stability of ecosystem properties in response to above ground functional group riches and composition [J]. Oikos，2000，89（1）：11-23.

[99] 蔡博峰，秦大唐.能值理论在生态系统稳定性研究中的应用 [J].环境科学，2004，25（5）：10-14.

[100] 马世骏.现代生态学透视 [M].北京：科学出版社，1990.

[101] 柳新伟，周厚诚，李萍，等.生态系统稳定性定义剖析 [J].生态学报，2004，24（11）：2635-2640.

[102] 潘晓玲.干旱区绿洲生态系统动态稳定性的初步研究 [J].第四纪研究，2001，21（4）：345-351.

[103] 周跃志，潘晓玲，何伦志.绿洲稳定性研究的几个基本理论问题 [J].西北大学学报（自然科学版），2004，34（3）：359-363.

[104] 邓永新，樊自立，韩德林.干旱区人工绿洲规模的预测研究——以新疆叶尔羌河平原绿洲为例 [J].干旱区研究，1992，9（1）：53-58.

[105] 李并成.今天的绿洲较古代绿洲大大缩小了吗——对于历史时期绿洲沙漠化过程的一些新认识 [J].资源科学，2001，23（2）：17-21.

[106] 姜逢清，穆桂金，杨德刚.绿洲规模扩张的阈限与预警指标体系框架建构 [J].干旱区资源与环境，2002，16（1）：9-14.

[107] 王兮之，Helge Bruelheide，Michael Runge，等.基于遥感数据的塔南策勒荒漠-绿洲景观格局定量分析 [J].生态学报，2002，22（9）：1491-1450.

[108] 罗格平，周成虎，陈曦.干旱区绿洲景观尺度稳定性初步分析 [J].干旱区地理，2004，27（4）：471-476.

[109] 罗格平，周成虎，陈曦.从景观格局分析人为驱动的绿洲时空变化——以天山北坡三工河流域绿洲为例 [J].生态学报，2005，25（9）：2197-2205.

[110] 汤发树，陈曦，罗格平. 干旱区绿洲两种典型的 LUCC 过程与驱动力对比分析——以天山北坡三工河流域为例 [J]. 中国科学 D 辑地球科学，2006，36（增刊Ⅱ）：58 - 67.

[111] 李新琪. 新疆艾比湖流域平原区景观生态安全研究 [D]. 湖北：华中师范大学博士学位论文，2008.

[112] Gordon R. Conway. The properties of agroecosystems [J]. Agricultural Systems，1987，24（2）：95 - 117.

[113] 马世骏，王如松. 社会-经济-自然复合生态系统 [J]. 生态学报，1984，4（1）：1 - 9.

[114] Henrik Andren. Effects of habitat fragmentation on birds and mammals in landscapes with different proportions of suitable habitat：a review [J]. Oikos，1994，71（3）：355 - 366.

[115] 徐明，潘向丽. 蒲洼农业生态系统能流的稳定性及其动态 [J]. 生态学报，1995，15，（1）：72 - 78.

[116] 丛建国. 鲁中山地侧柏林区蜘蛛群落的研究 [J]. 蛛形学报，1997，6（1）：26 - 30.

[117] 郑元润. 大青沟植物群落稳定性研究 [J]. 生态学报，1999，19（4）：578 - 580.

[118] 石永红. 半荒漠地区绿洲混播牧草群落稳定性与调控研究 [J]. 草业学报，2000，9（3）：1 - 7.

[119] 白永飞，陈佐忠. 锡林河流域羊草草原植物种群和功能群的长期变异及其对群落稳定性的影响 [J]. 植物生态学报，2000，24（6）：641 - 647.

[120] 邱林，陈晓楠，王文川，等. 滦河流域水库群联合调度及三维仿真 [M]. 北京：中国水利水电出版社，2010.

[121] 袁艳斌，王乘，杜迎泽，等. 洪水演进模拟仿真系统研制的技术和目标分析 [J]. 水电能源科学，2001，19（3）：30 - 33.

[122] 董文锋，袁艳斌，杜迎泽，等. 流域三维地形仿真及洪水演进动态模拟 [J]. 水电能源科学，2001，19（3）：37 - 39.

[123] 清华大学，都江堰管理局. 数字都江堰工程总体框架及关键技术 [M]. 北京：科学出版，2004.

[124] 张尚弘. 都江堰水资源可持续利用及三维虚拟仿真研究 [D]. 北京：清华大学，2004.

[125] 张尚弘，陈忠贤，赵刚，等. 三峡与葛洲坝梯级调度三维数字仿真平台开发 [J]. 水科学进展，2007，18（3）：451 - 455.

[126] 李月臣，王才军，杨华. 基于 VR - GIS 技术的三峡库区三维模拟飞行设计 [J]. 重庆师范大学学报（自然科学版），2007，24（4）：16 - 20.

[127] 黄健熙，毛锋，许文波，等. 基于 VegaPrime 的大型流域三维可视化管理系统实现 [J]. 计算机应用，2006，18（10）：2819 - 2823，2831.

[128] 黄少华，张德文，李小帅. 虚拟现实技术在水利工程仿真中的应用 [J]. 人民长江，2006，37（5）：36 - 38.

[129] 王光谦，刘家宏，孙金辉. 黄河流域三维仿真系统的构想与实现 [J]. 人民黄河，2003，25（11）：1 - 4.

[130] 王军良，程冀，王彤，等. 黄河下游交互式三维视景系统开发应用研究 [EB/OL]. (2007) [2009 - 10 - 01]. http://www.yellowriver.gov.cn/ zhuanti/ hhxxjt/ lwjj/ 200706/ WangJunLiang.doc.

参考文献

[131]　刘桂芳，卢鹤立，孙九林，等. 基于虚拟环境的黄河仿真系统构建 [J]. 资源科学，2008，30 (9)：1403-1408.

[132]　纪良雄，王伟，杨方廷. 南水北调工程仿真系统三维视景子系统的实现 [J]. 系统仿真学报，2002，14 (12)：1595-1597.

[133]　刘建民，钟登华，徐兴中，等. 南水北调中线枢纽工程施工可视化信息管理系统研究 [J]. 水利水电技术，2005，36 (4)：108-110.

[134]　张尚弘，赵刚，宋博，等. 南水北调中线工程三维仿真系统开发 [J]. 南水北调与水利科技，2007，5 (2)：31-35.

[135]　胡孟，杨开林，石维新. 南水北调中线北京段输水系统数字三维视景仿真 [J]. 南水北调与水利科技，2005，3 (2)：6-8，11.

[136]　王道军，龚建华，马蔼乃，等. 黄土高原小流域微地貌三维形态建模 [A]. 中国地理信息系统协会第八届年会论文集 [C]. 2004：288-292.

[137]　纪翠玲，池天河，齐清文. 黄土高原地貌形态分形算法三维表达应用 [J]. 地理信息科学，2005，7 (4)：127-131.

[138]　李壁成，李世华，闫慧敏. 数字流域三维地形景观构建的研究 [J]. 水土保持研究，2005，12 (3)：112-114.

[139]　李世华，李壁成，胡月明. 黄土高原小流域景观虚拟现实技术研究与应用 [J]. 水土保持通报，2003，23 (5)：16-19.

[140]　段军彪，上官周平，景旭，等. 基于等高线的黄土高原小流域地形虚拟 [J]. 农业工程学报，2009，25 (1)：60-63.

[141]　王雪梅，马明国，李新. VR-GIS 技术在数字黑河流域飞行模拟中的应用 [J]. 遥感技术与应用，2002，17 (6)：357-360.

[142]　甘治国，蒋云钟，赵红莉. 黑河流域虚拟仿真系统建设 [J]. 水利水电科技进展，2005，25 (3)：58-60.

[143]　黄文波，黄健熙，吴炳方. 基于虚拟现实技术的流域仿真系统实现 [J]. 计算机工程，2005，31 (16)：182-184.

[144]　江辉仙，林广发，黄万里. 基于 VRGIS 的库区三维仿真系统设计及应用 [J]. 福建师范大学学报（自然科学版），2006，22 (4)：40-44.

[145]　胡少军，何东健，汪有科，等. OpenGL 与 Creator/Vega 结合的渠系仿真优化设计 [J]. 系统仿真学报，2007，19 (5)：1157-1160.

[146]　宋洋，钟登华，段文泉. 基于 VR 的水电站调度三维图形仿真研究 [J]. 系统仿真学报，2007，19 (3)：649-653.

[147]　张强，潘学标，马柱国，等. 干旱 [M]. 北京：气象出版社，2009.

[148]　Maskrey A. DisasterMitigation：A Community Based App roach [M]. Oxford：Oxfam，1989.

[149]　United Nations Department of Humanitarian Affairs（UNDHA）. MitigatingNaturalDisasters：Phenomena，Effects and Op tions：AManual for Policy Makers and Planners [M]. New York：United Nations，1991：1-164.

[150]　袁文平，周广胜. 干旱指标的理论分析与研究展望 [J]. 地球科学进展，2004，19 (6)：982-990.

[151]　王浩，秦大庸，王研，等. 西北内陆干旱区生态环境及其演变趋势 [J]. 水利学

报，2004（8）：8-14.

[152] 国家防汛抗旱总指挥部办公室，水利部南京水文水资源研究所. 中国水旱灾害 [M]. 北京：中国水利水电出版社，1997.

[153] 丁永建，叶伯生，刘时银. 祁连山中部地区40a来气候变化及其对径流的影响 [J]. 冰川冻土，2000，22（3）：193-198.

[154] 王鹏翔. 西北地区干湿气候转型研究 [D]. 南京：南京信息工程大学，2006.

[155] 隆霄，王澄海，郭江勇. 干旱区天气、气候数值模拟的研究进展 [J]. 干旱气象，2003，21（4）：59-65.

[156] 张强，胡隐樵，曹晓彦，等. 论西北干旱气候的若干问题 [J]. 中国沙漠，2000，20（4）：357-362.

[157] 翁文斌，王浩，汪党献. 基于宏观经济的区域水资源多目标集成系统 [J]. 水科学进展，1995，17（2）：104-109.

[158] 王浩，贾仰文，王建华，等. 黄河流域水资源及其演化规律研究 [M]. 北京：科学出版社，2010.

[159] 杨志峰，崔保山，刘静玲，等. 生态环境需水量理论、方法与实践 [M]. 北京：科学出版社，2004.

[160] 张军民. 新疆玛纳斯河流域水资源及水文循环二元分化研究 [J]. 自然资源学报，2005，20（6）：858-863.

[161] 胡汝骥，樊自立，王亚俊，等. 中国西北干旱区的地下水资源及其特征 [J]. 自然资源学报，2002，17（3）：321-326.

[162] 郭占荣，刘花台. 西北内陆盆地天然植被的地下水生态埋深 [J]. 干旱区资源与环境，2005，19（3）：157-161.

[163] 曹宇，肖笃宁，欧阳华，等. 额济纳天然绿洲景观演化驱动因子分析 [J]. 生态学报，2004，24（9）：1895-1902.

[164] 梁犁丽，汪党献，王芳. SWAT模型及其应用进展研究 [J]. 中国水利水电科学研究院学报，2007，5（2）：125-131.

[165] Neitsch S L, Arnold J G, Kiniry J R, etc. Soil and Water Assessment Tool Theoretical Documentation Version 2000 [M]. Temple, Texas: Texas Water Resources Institute, College Station, 2002, 19-506.

[166] 梁犁丽. 鄂尔多斯遗鸥保护区生态水文模拟、生态需水及生态补偿研究 [D]. 北京：中国水利水电科学研究院硕士论文，2008.

[167] 王中根，刘昌明，黄友波. SWAT模型的原理结构及应用研究 [J]. 地理科学进展，2003，22（1）：79-86.

[168] Romanowicz. A A, Vanclooster. M, Rounsevell. M, et al. Sensitivity of the SWAT model to the soil and landuse data parametrisation: a case study in the Thyle catchment, Belgium [J]. Ecological Modelling, 2005, 87（1）：27-39.

[169] Arnold, J G, Williams, J R, Srinivasan, R, et al. Large area hydrologic modeling and assessment part I: Model development [J]. Journal of the American Water Resources Association, 1998, 34（1）：73-89.

[170] 黄清华，张万昌. SWAT分布式水文模型在黑河干流山区流域的改进及应用 [J]. 南京林业大学学报（自然科学版），2004，28（2）：22-26.

[171]　程磊，徐宗学，罗睿，等. SWAT 在干旱半干旱地区的应用——以窟野河流域为例 [J]. 地理研究，2009，28 (1)：65-74.

[172]　胡远安，程声通，贾海峰. 非点源模型中的水文模拟——以 SWAT 模型在芦溪小流域的应用为例 [J]. 环境科学研究，2003，16 (5)：29-32.

[173]　代俊峰，崔远来. 基于 SWAT 的灌区分布式水文模型——模型构建的原理与方法 [J]. 水利学报，2009，40 (2)：145-152.

[174]　沈中原，李占斌，李鹏，等. 基于 DEM 的流域数字河网提取算法研究 [J]. 水资源与水工程学报，2009，20 (1)：20-23.

[175]　刘学军，卢华兴，卞璐，等. 基于 DEM 的河网提取算法的比较 [J]. 水利学报，2009，37 (9)：1134-1141.

[176]　李丽，郝振纯. 基于 DEM 的流域特征提取综述 [J]. 地球科学进展，2003，18 (2)：251-256.

[177]　孙友波，宫辉力，赵文吉，等. 基于 DEM 的数字河网生成方法浅议 [J]. 首都师范大学学报 (自然科学版)，2005，26 (2)：106-111.

[178]　左文君，张金存，贾超. 基于 DEM 的城市数字河网提取 [J]. 水电能源科学，2010，28 (2)：26-29.

[179]　李翀，杨大文. 基于栅格数字高程模型 DEM 的河网提取及实现 [J]. 中国水利水电科学研究院学报，2004 (3)：208-214.

[180]　O'callaghan J F, Mark D M. The exaction of drainage networks from digital elevation data [J]. Computer Vision, Graphics and Image Processing, 1984，(28)：323-344.

[181]　Turcotte R, Fortin J P, Rousseau A N, et al. Determination of the drainage structure of a watershed using a digital elevation model and a digital river and lake network [J]. Journal of Hydrology, 2001, 240 (3-4)：225-242.

[182]　李昌峰，冯学智，赵锐. 流域水系自动提取的方法和应用 [J]. 湖泊科学，2003，15 (3)：205-212.

[183]　罗翔宇，贾仰文，王建华，等. 基于 DEM 与实测河网的流域编码方法 [J]. 水科学进展，2006，17 (2)：259-264.

[184]　刘家宏，秦大庸，李海红，等. 强人类活动平原地区河网提取中的流路强化方法 [J]. 中国水利水电科学研究院学报，2010，8 (2)：128-132，137.

[185]　叶爱中，夏军，王纲胜，等. 基于数字高程模型的河网提取及子流域生成 [J]. 水利学报，2005，36 (5)：531-537.

[186]　张强，张存杰，白虎志，等. 西北地区气候变化新动态及对干旱环境的影响——总体暖干化，局部出现暖湿迹象 [J]. 干旱气象，2010，28 (1)：1-7.

[187]　彭贵芬，张一平，刘瑜，等. 干旱气候风险评估方法及其应用研究 [A]. 中国气象学会 2008 年年会干旱与减灾——第六届干旱气候变化与减灾学术研讨会分会场论文集 [C]. 北京：2008.

[188]　袭祝香，王文跃，时霞丽. 吉林省春旱风险评估及区划 [J]. 中国农业气象，2008，29 (1)：119-122.

[189]　张强，鞠笑生，李淑华. 三种干旱指标的比较和新指标的确定 [J]. 气象科技，1998，2：48-52.

[190]　袁文平，周广胜. 标准化降水指标与 Z 指数在我国应用的对比分析 [J]. 植物生态

学报，2004，28（4）：523-529.

[191] Sen Z. Run-sums of annual flow series [J]. Journal of Hydrology. 1977，35（3-4）：311-324.

[192] 耿鸿江，沈必成. 水文干旱的定义及其意义 [J]. 干旱地区农业研究，1992，10（4）：91-94

[193] 耿鸿江. 干旱定义述评 [J]. 灾害学，1993，8（1）：19-22.

[194] 康绍忠，熊运章. 作物缺水状况的判断方法与灌水指标研究 [J]. 水利学报，1991（1）：33-39.

[195] Palmer，W. C. Keeping track of crop moisture conditions，nationwide：The new crop moisture index [J]. Weather wise，1968，21：156-161.

[196] Idso SB，Jackson RD，Reginato RJ. Remote sensing of crop yields [J]. Science，1977，196：19-25.

[197] Gardner BR，Nielsen DC，Shock CC. Infrared thermometry and the crop water stress index I. History，theory and base lines [J]. Journal of Production Agriculture，1992，5（4）：462-466.

[198] 陈晓楠，段春青，刘昌明，等. 基于两层土壤计算模式的农业干旱风险评估模型 [J]. 农业工程学报，2009，25（9）：51-55.

[199] 郝兴明，李卫红，陈亚宁. 新疆塔里木河下游荒漠河岸（林）植被合理生态水位 [J]. 植物生态学报，2008，32（4）：838-847.

[200] Palmer W C. Meteorological drought US. Weather Bureau Research Paper，1965，45-58.

[201] 姚玉璧，张存杰，邓振镛，等. 气象、农业干旱指标综述 [J]. 干旱地区农业研究，2007，25（1）：185-189.

[202] 孙荣强. 干旱定义及其指标评述 [J]. 灾害学，1994，9（1）：17-21.

[203] 安顺清，邢久星. 帕默尔旱度模式的修正 [J]. 气象科学院院刊，1986，1（1）：75-81.

[204] 王玲玲，康玲玲，王云璋. 气象、水文干旱指数计算方法研究概述 [J]. 水资源与水工程学报，2004，15（3）：15-18.

[205] 安顺清，邢久星. 修正的帕默尔干旱指数及其应用 [J]. 气象，1985，11（12）：17-19.

[206] 赵惠媛，沈必成，姜辉，等. 帕尔默气象干旱研究方法在松嫩平原西部的应用 [J]. 黑龙江农业科学，1996（3）：30-33.

[207] 马延庆，王素娥，杨云芳. 渭北旱塬地区旱度指数模式及应用结果分析 [J]. 新疆气象，1998，（2）：33-34.

[208] 罗军刚，解建仓，阮本清. 基于熵权的水资源短缺风险模糊综合评价模型及应用 [J]. 水利学报，2008，39（9）：1092-1097.

[209] 重点行业用水效率效益评估 [R]. 水利部综合事业局，2009.

[210] 林森. 复杂系统评价方法研究——以科研系统评价为例 [D]. 山东：青岛大学硕士学位论文，2007.

[211] 苏为华. 多指标综合评价评价理论与方法问题研究 [D]. 福建：厦门大学博士学位论文，2000.

[212]　王学凤. 干旱区水资源分配理论及流域演化模型研究 [D]. 北京：清华大学博士学位论文，2006.

[213]　来海亮. 水资源及其开发利用综合评价方法研究 [D]. 北京：北京工业大学硕士学位论文，2005.

[214]　许树柏. 层次分析法原理 [M]. 天津：天津大学出版社，1988.

[215]　王为人，屠梅曾. 基于层次分析法的流域水资源配置权重测算 [J]. 同济大学学报（自然科学版），2005，33 (8)：1133 - 1136.

[216]　徐建华. 现代地理学中的数学方法 [M]. 2 版. 北京：高等教育出版社，2002.

[217]　阮本清，韩宇平，王浩，等. 水资源短缺风险的模糊综合评价 [J]. 水利学报，2005，36 (8)：906 - 912.

[218]　刘金华，汪党献，龙爱华. 基于熵理论的水资源与经济社会协调发展模糊综合评价模型 [J]. 中国水利水电科学研究院学报，2010，8 (2)：81 - 87.

[219]　李登峰. 复杂模糊系统多层次多目标多人决策理论模型方法与应用研究 [D]. 大连：大连理工大学博士学位论文，1995，35 - 36.

[220]　纪中奎，刘鸿雁. 玛纳斯河流域近 50 年植被格局变化 [J]. 水土保持研究，2005，12 (4)：132 - 136.

[221]　施雅风，沈永平，胡汝骥. 西北气候由暖干向暖湿转型的信号、影响和前景初步探讨 [J]. 冰川冻土，2002，24 (3)：219 - 226.

[222]　孙福宝，杨大文，刘志雨，等. 基于 Budyko 假设的黄河流域水热耦合平衡规律研究 [J]. 水利学报，2007，38 (4)：409 - 416.

[223]　王光谦，刘家宏. 数字流域模型 [M]. 北京：科学出版社，2006.

[224]　汪党献，韩宇平，等. 中国水资源保障综合风险评价 [R]. 2009.

[225]　王密侠，马成军，蔡焕杰. 农业干旱指标研究与进展 [J]. 干旱地区农业研究，1998，16 (3)：119 - 124.

[226]　昌吉州水利科学技术研究所，新疆昌吉水文水资源勘测局. 玛纳斯县平原区地下水超采区划定报告 [R]. 2006，11.

[227]　新疆生产建设兵团勘测规划设计研究院. 新疆兵团农八师平原区地下水超采区划定说明书 [R]. 2005，11.

[228]　新疆地质工程勘察院. 新疆玛纳斯县城镇及工业园区水资源论证及供水工程规划报告 [R]. 2006，12.

[229]　马明国，潘小多，李新，等. 长时间序列中国植被指数数据集（1998 - 2007）[EB/OL]. (2007 - 10) [2011 - 04 - 15]. http://westdc. westgis. ac. cn/data/1cad1a63 - ca8d - 431a - b2b2 - 45d9916d860d/.

[230]　王芳，王浩，陈敏建，等. 中国西北地区生态需水研究（2）——基于遥感和地理信息系统技术的区域生态需水计算及分析 [J]. 自然资源学报，2002，17 (2)：129 - 137.

[231]　王芳，梁犁丽，等. 内陆河流域水资源驱动生态演化模拟研究 [R]. 中国水利水电科学研究院，2008.

[232]　张润润. 基于风险管理的干旱防灾减灾计划 [J]. 水资源保护，2010，26 (2)：83 - 87.

[233]　成福云，朱云. 对我国干旱风险管理的思考 [A]. 中国水利学会 2005 学术年会论文集 [C]. 北京：中国水利水电出版社，2005，17 - 22.

[234]　世界各国应对干旱的对策及经验 [J]. 资源与人居环境，2010 (14)：61-63.

[235]　喻朝庆. 国际干旱管理进展简述及对我国的借鉴意义 [J]. 中国水利水电科学研究院学报，2009，7 (2)：152-159.

[236]　顾颖. 风险管理是干旱管理的发展趋势 [J]. 水科学进展，2006，17 (2)：295-298.

[237]　唐明，邵东国. 旱灾风险管理的基本理论框架研究 [J]. 江淮水利科技，2008 (1)：7-9.

[238]　韩宇平. 水资源短缺风险管理研究 [D]. 西安：西安理工大学博士学位论文，2008：128-132.

[239]　李坤刚. 我国防洪减灾对策探讨 [J]. 中国水利水电科学研究院学报，2004，2 (1)：32-35.

[240]　朱增勇，聂凤英. 美国的干旱危机处理 [J]. 世界农业，2009 (6)：16-19.

[241]　顾颖，刘静楠，薛丽. 农业干旱预警中风险分析技术的应用研究 [J]. 水利水电技术，2007，38 (4)：61-64.

[242]　张尚弘，张超，郑钧，等. 基于 Terra Vista 的流域地形三维建模方法 [J]. 水力发电学报，2006，25 (3)：36-39.

[243]　Terrain Experts Inc. Terra Vista Getting Started Guide V3. 0. Tucson：Terrain Experts Inc，2001.

[244]　周启鸣，刘学军. 数字地形分析 [M]. 北京：科学出版社，2006.

[245]　魏勇，陈明强，李允. 关于方位—距离加权法的多种改进 [J]. 石油学报，1998，19 (4)：36-46.

[246]　唐泽圣. 三维数据场可视化 [M]. 北京：科学出版社，1999.

[247]　冶运涛，李丹勋，王兴奎，等. 汶川地震灾区堰塞湖溃决洪水淹没过程三维可视化 [J]. 水力发电学报，2011，30 (1)：62-69.

[248]　冶运涛，张尚弘，王兴奎. 三峡库区洪水演进三维可视化仿真研究 [J]. 系统仿真学报，2009，21 (14)：4379-4382，4388.

[249]　冶运涛. 流域水沙过程虚拟仿真研究 [D]. 北京：清华大学博士学位论文，2009.